21世纪应用型本科土木建筑系列实用规划教材

荷载与结构设计方法(第2版)

主　编　许成祥　何培玲
副主编　曹秀丽　刘开敏　陈卫华
参　编　高妍妍
主　审　徐礼华

内 容 简 介

本书根据全国高等学校土木工程专业指导委员会制定的土木工程专业本科（四年制）培养方案和确定的课程教学大纲编写而成。本书在着重介绍荷载取值计算和结构可靠度设计的基本原理的基础上，主要结合建筑结构和公路工程结构的相关标准和规范讲述荷载及设计方法。全书共分为 10 章，主要内容包括重力荷载、风荷载、地震作用、侧压力、其他荷载与作用、荷载的统计分析、结构构件抗力的统计分析、结构可靠度分析与计算、概率极限状态设计法。各章除附有思考题和习题外，还附有教学目标和教学要求，便于教学。

本书可作为高等学校土木工程及相关专业的教学用书，也可作为继续教育的教材，还可作为土建设计和工程技术人员的学习参考用书。

图书在版编目(CIP)数据

荷载与结构设计方法/许成祥，何培玲主编. —2 版. —北京：北京大学出版社，2012.8
(21 世纪应用型本科土木建筑系列实用规划教材)
ISBN 978-7-301-20332-3

Ⅰ. ①荷… Ⅱ. ①许…②何… Ⅲ. ①工程结构—结构荷载—结构设计—高等学校—教材 Ⅳ. ①TU312

中国版本图书馆 CIP 数据核字(2012)第 197878 号

书　　　　名	荷载与结构设计方法(第 2 版)
著作责任者	许成祥　何培玲　主编
策 划 编 辑	卢　东　吴　迪
责 任 编 辑	卢　东　林章波
标 准 书 号	ISBN 978-7-301-20332-3/TU·0267
出　版　者	北京大学出版社
地　　　址	北京市海淀区成府路 205 号　100871
网　　　址	http://www.pup.cn　http://www.pup6.cn
电　　　话	邮购部 010-62752015　发行部 010-62750672　编辑部 010-62750667　出版部 010-62754962
电 子 邮 箱	pup_6@163.com
印　刷　者	北京虎彩文化传播有限公司
发　行　者	北京大学出版社
经　销　者	新华书店
	787 毫米×1092 毫米　16 开本　14.5 印张　331 千字
	2006 年 7 月第 1 版
	2012 年 8 月第 2 版　2021 年 1 月第 6 次印刷(总第 10 次印刷)
定　　　价	38.00 元

未经许可，不得以任何方式复制或抄袭本书之部分或全部内容。
版权所有，侵权必究　　举报电话：010-62752024
　　　　　　　　　　　　电子邮箱：fd@pup.pku.edu.cn

第 2 版前言

本书自 2006 年出版以来，有关使用院校反映良好，并给予了高度肯定。随着近年来国家关于建设工程的新政策、新法规的不断出台，一些新的规范、规程陆续颁布实施，为了更好地开展教学，适应大学生学习的要求，我们对本书进行了修订。

本书修订的指导思想是为了更好地适应当前我国高等教育的发展，满足我国高等教育从精英教育向大众化教育转移过程中社会对高等学校应用型人才培养的需求。本书以"创新型应用人才培养"为核心，采用理论与实践相结合的理念，重视应用能力和创造性思维能力的培养，让学生毕业后即能操作，上岗就能工作，提高学生就业的竞争能力。

本书是根据高等学校土木工程专业指导委员会制定的"高等学校土木工程专业本科教育培养目标和培养方案及课程教学大纲"和《建筑结构荷载规范》(GB 50009—2001)(2006 年版)进行修订的。

本书修订时，力求做到采用国家现行最新颁布的相关建筑、路桥、起重机械的规范、规程和标准要求，反映工程结构荷载取值和结构设计方法在理论和实践上的新进展，本书的编排格式和体系相对第 1 版做了重大改变，增加了本章教学目标、教学要求、基本概念、引例和本章小结，有助于学生的学习和掌握。

本书由长期担任该课程的教师共同修订。参加第 2 版修订的教师有：何培玲(南京工程学院)、曹秀丽(南京工程学院)和高妍妍(淮阴工学院)修订第 1 章～第 6 章，许成祥(长江大学)、刘开敏(湖北工业大学)和陈卫华(江西科技师范大学)修订第 7 章～第 10 章。本书由许成祥统稿。

全国高校土木工程专业指导委员会委员、武汉大学徐礼华教授在百忙之中审阅本书，并提出宝贵意见，在此表示诚挚谢意！

由于编者知识所限，书中难免有缺漏，敬请广大读者批评指正。

编 者
2012 年 4 月

第 1 版前言

"荷载与结构设计方法"是土木工程专业必修的专业基础课程。该课程分两部分：一部分介绍工程结构可能承受的各种荷载与作用；另一部分介绍工程结构设计的可靠度背景。通过对本课程的学习，学生应掌握工程结构设计时需考虑的各种主要荷载，这些荷载产生的背景，以及各种荷载的计算方法；并掌握结构设计的主要概念、结构可靠度原理和满足可靠度要求的结构设计方法。

本书参照全国高等学校土木工程专业指导委员会对土木工程专业的学生的基本要求和审定的教学大纲而编写。教材编写内容力求做到符合国家现行结构设计规范、规程和标准要求，反映工程结构荷载取值和结构设计方法在理论和实践上的新进展。

本教材由长期担任该课程的教师共同编写。参加编写的教师有：何培玲、高妍妍（第 1 章～第 6 章）、刘开敏（第 7 章、第 8 章）、许成祥（第 9 章）、陈卫华（第 10 章）。全书由许成祥统稿。

全国高校土木工程专业指导委员会委员、武汉大学徐礼华教授在百忙之中为本教材审阅，并提出宝贵意见，在此表示诚挚谢意。

由于编者知识所限，书中难免有缺点和错误，敬请读者批评指正。

编 者
2006 年 2 月 10 日

目 录

第1章 绪论 ……………………………… 1
  1.1 结构上的作用及作用效应 …… 2
    1.1.1 结构上的作用 ……………… 2
    1.1.2 作用效应 …………………… 3
  1.2 工程结构设计理论演变简况 …… 4
    1.2.1 容许应力设计法 …………… 4
    1.2.2 破损阶段设计法 …………… 4
    1.2.3 多系数极限状态设计法 …… 5
    1.2.4 概率极限状态设计法 ……… 5
  本章小结 …………………………… 6
  思考题 ……………………………… 6

第2章 重力荷载 ……………………… 7
  2.1 结构自重 ………………………… 8
  2.2 土的自重应力 …………………… 8
  2.3 雪荷载 …………………………… 10
    2.3.1 基本雪压 …………………… 10
    2.3.2 雪荷载标准值、组合值系数、频遇值系数及准永久值系数 …………… 15
    2.3.3 屋面积雪分布系数 ………… 15
  2.4 车辆荷载 ………………………… 17
  2.5 人群荷载 ………………………… 20
  2.6 吊车荷载 ………………………… 20
    2.6.1 吊车工作制等级与工作级别 …………………… 20
    2.6.2 吊车竖向荷载和水平荷载 …………………… 24
  2.7 楼面和屋面活荷载 ……………… 27
    2.7.1 楼面活荷载的取值原则 …… 27
    2.7.2 民用建筑楼面均布活荷载 …………………… 29
    2.7.3 工业建筑楼面活荷载 ……… 32
    2.7.4 屋面活荷载和屋面积灰荷载 …………………… 35
    2.7.5 施工、检修荷载及栏杆水平荷载 ……………… 37
  本章小结 …………………………… 38
  思考题 ……………………………… 39
  习题 ………………………………… 39

第3章 风荷载 ………………………… 40
  3.1 风的有关知识 …………………… 41
    3.1.1 风的形成 …………………… 41
    3.1.2 两类性质的大风 …………… 41
    3.1.3 我国风气候总况 …………… 42
    3.1.4 风力等级 …………………… 42
  3.2 风压 ……………………………… 44
    3.2.1 风速与风压的关系 ………… 44
    3.2.2 基本风压 …………………… 44
    3.2.3 非标准条件下的风速或风压的换算 ……………… 45
  3.3 风压高度变化系数 ……………… 46
  3.4 风荷载体型系数 ………………… 49
    3.4.1 单体风载体型系数 ………… 49
    3.4.2 群体风压体型系数 ………… 52
    3.4.3 局部风压体型系数 ………… 52
  3.5 结构抗风计算的几个重要概念 … 53
    3.5.1 结构的风力与风效应 ……… 53
    3.5.2 顺风向平均风与脉动风 … 53
    3.5.3 横风向风振 ………………… 54
  3.6 顺风向结构风效应 ……………… 56
    3.6.1 风振系数 …………………… 56
    3.6.2 脉动增大系数 ……………… 56
    3.6.3 结构振型系数 ……………… 57

3.6.4 脉动影响系数 …………… 58
　　3.6.5 结构基本周期经验
　　　　 公式 ………………………… 60
　　3.6.6 阵风系数 ………………… 60
　　3.6.7 顺风向风荷载标准值 …… 61
3.7 横风向结构风效应 ………………… 61
　　3.7.1 锁定现象 ………………… 61
　　3.7.2 共振区高度 ……………… 62
　　3.7.3 横风向风振验算 ………… 62
3.8 结构总风效应 ……………………… 64
本章小结 …………………………………… 64
思考题 ……………………………………… 65
习题 ………………………………………… 65

第4章 地震作用 ……………………… 66

4.1 地震的有关知识 …………………… 69
　　4.1.1 地震的产生和类型 ……… 69
　　4.1.2 地震成因 ………………… 69
　　4.1.3 地震分布 ………………… 70
　　4.1.4 地震波、震级及地震
　　　　 烈度 ………………………… 71
4.2 地震作用及其计算方法 …………… 76
　　4.2.1 地震烈度区划与
　　　　 基本烈度 …………………… 76
　　4.2.2 单自由度弹性体系地震
　　　　 作用 ………………………… 77
4.3 多质点体系的地震作用 …………… 86
　　4.3.1 计算简图 ………………… 86
　　4.3.2 运动方程 ………………… 87
　　4.3.3 自由振动 ………………… 88
　　4.3.4 方程解耦 ………………… 89
　　4.3.5 方程求解 ………………… 90
　　4.3.6 多质点体系的地震作用
　　　　 计算方法 …………………… 90
　　4.3.7 底部剪力法计算地震
　　　　 作用 ………………………… 94
本章小结 …………………………………… 98
思考题 ……………………………………… 98
习题 ………………………………………… 98

第5章 侧压力 ………………………… 100

5.1 土的侧压力 ………………………… 101
　　5.1.1 土的侧向压力分类 ……… 101
　　5.1.2 土压力的基本原理 ……… 102
　　5.1.3 工程中挡土墙土压力
　　　　 计算 ………………………… 111
　　5.1.4 地震时的土压力 ………… 120
　　5.1.5 板桩墙及支撑板上的
　　　　 土压力 ……………………… 122
　　5.1.6 涵洞上的土压力 ………… 125
5.2 静水压力及流水压力 ……………… 127
　　5.2.1 静水压力 ………………… 127
　　5.2.2 流水压力 ………………… 128
5.3 波浪荷载 …………………………… 130
　　5.3.1 波浪特性 ………………… 130
　　5.3.2 波浪荷载 ………………… 131
5.4 冰荷载 ……………………………… 135
　　5.4.1 冰堆整体推移的静压力 … 136
　　5.4.2 大面积冰层的静压力 …… 136
　　5.4.3 冰覆盖层受到温度影响膨胀
　　　　 时产生的静压力 …………… 137
　　5.4.4 冰层因水位升降产生的
　　　　 竖向作用力 ………………… 137
　　5.4.5 流冰冲击力 ……………… 138
本章小结 …………………………………… 139
思考题 ……………………………………… 139
习题 ………………………………………… 139

第6章 其他荷载与作用 ……………… 141

6.1 温度作用 …………………………… 142
　　6.1.1 温度作用的概念 ………… 142
　　6.1.2 温度应力的计算 ………… 142
6.2 变形作用 …………………………… 144
6.3 爆炸作用 …………………………… 145
　　6.3.1 爆炸的概念及其类型 …… 145
　　6.3.2 爆炸对结构的影响及
　　　　 荷载计算 …………………… 145
6.4 浮力作用 …………………………… 148

6.5 制动力 ·················· 149
　6.5.1 汽车制动力 ·········· 149
　6.5.2 吊车制动力 ·········· 149
　6.5.3 汽车竖向冲击力 ······ 150
　6.5.4 汽车水平撞击力 ······ 151
6.6 离心力 ·················· 151
6.7 预应力 ·················· 152
　6.7.1 预应力的概念 ········ 152
　6.7.2 预应力混凝土的分类 ·· 153
本章小结 ······················ 156
思考题 ························ 156
习题 ·························· 157

第7章 荷载的统计分析 ······ 158

7.1 荷载的概率模型 ············ 159
　7.1.1 平稳二项随机过程
　　　　模型 ·················· 159
　7.1.2 荷载统计参数分析 ···· 160
7.2 荷载效应组合规则 ·········· 161
7.3 常遇荷载的统计分析 ········ 163
　7.3.1 永久荷载 ············ 163
　7.3.2 民用楼面活荷载 ······ 163
　7.3.3 办公楼楼面活荷载的
　　　　统计参数 ············ 165
　7.3.4 住宅楼楼面活荷载的
　　　　统计参数 ············ 166
7.4 荷载的代表值 ·············· 166
　7.4.1 荷载标准值 ·········· 166
　7.4.2 荷载准永久值 ········ 167
　7.4.3 荷载组合值 ·········· 167
　7.4.4 荷载频遇值 ·········· 167
本章小结 ······················ 169
思考题 ························ 169
习题 ·························· 169

第8章 结构构件抗力的统计分析 ··· 170

8.1 结构构件抗力的不定性 ······ 171
　8.1.1 结构构件材料性能的
　　　　不定性 ·············· 171
　8.1.2 结构构件几何参数的
　　　　不定性 ·············· 173
　8.1.3 结构构件计算模式的
　　　　不定性 ·············· 174
8.2 结构构件抗力的统计特征 ···· 175
　8.2.1 结构构件抗力的
　　　　统计参数 ············ 175
　8.2.2 结构构件抗力的
　　　　分布类型 ············ 176
8.3 材料强度的标准值和设计值 ·· 176
本章小结 ······················ 177
思考题 ························ 177
习题 ·························· 177

第9章 结构可靠度分析与计算 ······ 179

9.1 结构可靠度的基本概念 ······ 180
　9.1.1 结构的功能要求和
　　　　极限状态 ············ 180
　9.1.2 结构抗力 ············ 181
　9.1.3 结构功能函数 ········ 181
　9.1.4 结构可靠度和
　　　　可靠指标 ············ 182
9.2 结构可靠度计算 ············ 184
　9.2.1 均值一次二阶矩法 ···· 184
　9.2.2 改进的一次二阶矩法 ·· 185
　9.2.3 JC 法 ················ 188
9.3 相关随机变量的结构可靠度
　　计算 ······················ 190
　9.3.1 变量相关的概念 ······ 190
　9.3.2 相关变量的变换 ······ 191
　9.3.3 相关变量可靠指标的
　　　　计算 ················ 193
9.4 结构体系的可靠度计算 ······ 194
　9.4.1 结构体系可靠度 ······ 194
　9.4.2 结构系统的基本模型 ·· 195
　9.4.3 结构系统中功能函数的
　　　　相关性 ·············· 196
　9.4.4 结构体系可靠度计算
　　　　方法 ················ 198
本章小结 ······················ 203

思考题 …………………… 203
　　习题 ……………………… 203

第 10 章 概率极限状态设计法 ……… 206
　10.1 结构设计的目标与原则 ……… 207
　　10.1.1 建筑结构安全等级与可靠度 …………… 207
　　10.1.2 耐久性和设计使用年限 ……………… 208
　　10.1.3 设计状况与极限状态设计 ……………… 209
　　10.1.4 目标可靠指标 …… 209
　10.2 直接概率设计法 ……… 211
　　10.2.1 一般概念 ………… 211
　　10.2.2 直接概率法的基本方法 ……………… 211
　10.3 概率极限状态的实用设计表达式 ………………… 212
　　10.3.1 承载能力极限状态设计表达式 …………… 213
　　10.3.2 正常使用极限状态设计表达式 …………… 215
　　10.3.3 结构抗震设计表达式 … 217
　本章小结 …………………… 219
　思考题 ……………………… 220
　习题 ………………………… 220

参考文献 …………………………… 221

第1章 绪论

教学目标

(1) 掌握结构上的作用及作用效应的基本概念。
(2) 了解工程结构设计理论的发展概况。

教学要求

知识要点	能力要求	相关知识
结构上的作用	(1) 掌握作用的基本概念 (2) 掌握作用的分类	(1) 直接作用 (2) 间接作用 (3) 永久作用 (4) 可变作用 (5) 偶然作用 (6) 固定作用 (7) 自由作用 (8) 静态作用 (9) 动态作用
作用效应	(1) 掌握作用效应的概念 (2) 了解作用效应的计算方法	(1) 作用效应 (2) 作用和作用效应的关系
工程结构设计方法	了解设计理论的演变	(1) 容许应力设计法 (2) 破损阶段设计法 (3) 多系数极限状态设计法 (4) 概率极限状态设计法

基本概念

作用、作用效应

引例

工程是指用石材、砖、砂浆、水泥、混凝土、钢材、钢筋混凝土、木材、塑料、铝合金等建筑材料修建的房屋、铁路、道路、桥梁、隧道、运河、堤坝、港口、塔架等工程设施。结构是指由若干构件连接而成的能够承受作用的平面或空间体系。工程结构就是能为人们的"衣、食、住、行"提供各种活动所需要的、功能良好、舒适美观的空间和通道,并具有承受其使用过程中可能出现的各种环境作用而满足安全、适用、耐久的功能。

进行工程结构设计的目的就是要保证结构具有足够的抵抗自然界各种作用的能力,满足各种预定的功能要求。设计的结构和结构构件在规定的使用年限内,在正常的维护条件下,应能保持其使用功能,而不需大修加固。为使工程结构在规定的使用年限内具有足够的可靠度,结构设计的第一步就是要确定结构上的作用(类型和大小)。

1.1 结构上的作用及作用效应

1.1.1 结构上的作用

《建筑结构可靠度设计统一标准》(GB 50068—2001)对结构上的作用有明确的阐述。结构上的作用是指施加在结构上的集中或分布荷载,以及引起结构外加变形或约束变形的原因。

作用就其形式而言,可分为以下两类。

(1) 直接作用。当以力的形式作用于结构上时,称为直接作用,习惯上称为荷载。例如,由于地球引力而作用在结构上的结构自重,人群、家具、设备、车辆等重力,以及雪压力、土压力、水压力等。

(2) 间接作用。当以变形的形式作用于结构上时,称为间接作用。例如,基础沉降引起结构外加变形;材料收缩和徐变或温度变化引起结构约束变形;由于地震造成地面运动,致使结构产生惯性力等。

作用按时间不同可分为以下 3 类。

(1) 永久作用。在结构使用期间,其值不随时间变化,或其变化与平均值相比可以忽略不计,或其变化是单调的并能趋于限值的作用。例如,结构自重,随时间单调变化而能趋于限值的土压力、预应力,水位不变的水压力,在若干年内基本上完成的混凝土收缩和徐变、基础不均匀沉降等均可列为永久作用。

(2) 可变作用。在结构使用期间,其值随时间变化,且其变化与平均值相比不可以忽略不计的作用。例如,楼面活荷载,屋面活荷载,积灰荷载,吊车荷载,车辆、人群、设备重力,车辆冲击力和制动力,风荷载,雪荷载,波浪荷载,水位变化的水压力,温度变化等均属可变作用。

(3) 偶然作用。在结构使用期间不一定出现，一旦出现，其值很大且持续时间很短的作用。例如，地震作用、爆炸力、撞击力等均属偶然作用。

随时间变异的作用分类是结构作用的基本分类，应用非常广泛。在分析结构可靠度时，它直接关系到作用概率模型的选择；在按各类极限状态设计时，它关系到荷载代表值及其效应组合形式的选择。比如可变作用的变异性比永久作用的变异性大，可变作用的相对取值应比永久作用的相对取值大；偶然作用出现的概率小，结构抵抗偶然作用的可靠度可比抵抗永久作用的可靠度小。

永久荷载和可变荷载类同于以往所谓的恒荷载和活荷载，而偶然荷载也相当于特殊荷载。

作用按空间位置不同可分为以下两类。

(1) 固定作用。在结构空间位置上具有固定不变的分布，但其量值可能具有随机性。例如，固定设备荷载、屋顶水箱重量等。

(2) 自由作用。在结构空间位置上一定范围内可以任意分布，出现的位置和量值都可能是随机的。例如，车辆荷载、吊车荷载等。

由于自由作用是可以任意分布的，结构设计时应考虑其位置变化在结构上引起的最不利效应分布。

作用按结构反应不同可分为以下两类。

(1) 静态作用。不使结构或结构构件产生加速或产生的加速度很小可以忽略不计的作用。例如，结构自重、楼面上人员荷载、雪荷载、土压力等。

(2) 动态作用。使结构或结构构件产生不可忽略的加速度的作用。例如，地震作用、吊车荷载、设备振动、作用在高耸结构上的风荷载、打桩冲击等。

在进行结构分析时，对于动态作用应当考虑其动力效应，用结构动力学方法进行分析；或采用乘以动力系数的简化方法，将动态作用转换为等效静态作用。

1.1.2 作用效应

由于直接作用或间接作用于结构构件上，在结构内产生的内力(如轴力、弯矩、剪力、扭矩等)和变形(如挠度、转角、裂缝等)被称为"作用效应"，用 S 表示。当作用为直接作用(荷载)时，其效应也被称为"荷载效应"。荷载 Q 与荷载效应之间，一般近似按线性关系考虑，即

$$S = CQ \qquad (1-1)$$

式中，C——为荷载效应系数，为常数。例如，均布荷载 q 作用在 $l/2$ 处的简支梁，最大弯矩为 $M = ql^2/8$，M 就是荷载效应，$l^2/8$ 就是荷载效应系数，l 为梁的计算跨度。

结构上的作用，除永久作用外，都是不确定的随机变量，有时还与时间变量甚至空间参数有关，所以作用效应一般来说也是随机变量或随机过程，甚至是随机场，它的变化规律与结构可靠度的分析关系密切。

1.2 工程结构设计理论演变简况

工程结构设计的目的在于保证设计结构和结构构件在施工和使用过程中能满足预期的安全性和使用性能要求。早期的工程结构中,保证结构安全主要依赖经验。随着科学的发展和技术的进步,工程结构设计理论经历了从弹性理论到极限状态理论的转变,设计方法经历了从定值法到概率法的发展。我国的工程结构方法经历了容许应力设计法、破损阶段设计法、多系数极限状态设计法和概率极限状态设计法4个阶段。

1.2.1 容许应力设计法

早期由于人们对结构材料的性能及其内在规律尚未认识,大多数国家采用以弹性理论为基础的容许应力设计方法。实践证明,这种设计方法与结构的实际情况有很大出入,并不能正确揭示结构或构件受力性能的内在规律,现在已不被绝大多数国家采用。容许应力设计法是建立在弹性理论基础上的设计方法。其表达式为

$$\sigma \leqslant [\sigma] \tag{1-2}$$

式中,σ——构件在使用阶段(使用荷载作用下)截面上的最大应力;

$[\sigma]$——材料的容许应力。

容许应力设计法计算简单,但其有许多问题:①没有考虑材料塑性性质;②没有对作用阶段给出明确的定义,也就是使用期间荷载的取值原则规定得不明确;实际上,使用荷载是由传统经验或个人判断确定的,缺乏科学根据;③把影响结构可靠的各种因素(荷载的变异、施工的缺陷、计算公式的误差等)统统归结在反映材料性质的容许应力$[\sigma]$上,显然不够合理;④$[\sigma]$的取值无科学根据,纯属经验的,历史上曾多次提高过材料的容许应力值;⑤按容许应力法设计的构件是否安全可靠,无法用实验来验证。

1.2.2 破损阶段设计法

针对容许应力设计法存在的缺陷,之后出现了假定材料均已达到塑性状态,依据截面所能抵抗的破损内力建立的计算公式。其设计表达式为

$$M \leqslant M_u / K \tag{1-3}$$

式中,M_u——构件最终破坏时的承载能力;

K——安全系数,用来考虑影响结构安全的所有因素。

式(1-3)的优点为:①它可以反映材料的塑性性质,结束了长期以来假定混凝土为弹性体的局面;②采用一个安全系数,使构件有了总的安全度的概念;③它以承载能力值(如M_u)为依据,其计算值是否正确可由实验检验。

前苏联曾把该理论用下式来表达。

$$KM(\textstyle\sum q_i) \leqslant M_u(\mu_{f1}, \mu_{f2}, \cdots, a, \cdots) \tag{1-4}$$

式中,M——正常使用时,由各种荷载q_i所产生的截面内力;

a——反映截面尺寸等的尺寸函数；

μ_{f1}, μ_{f2}——材料强度的平均值。

破损阶段理论仍存在一些重大缺点：①破损阶段计算，构件的承载力得以保证，但却无法了解构件在正常使用时能否满足正常使用要求；②安全系数 K 的取值仍须经验确定，并无严格的科学依据；③采用笼统的单一安全系数，无法就不同荷载、不同材料结构件安全的影响加以区别对待，不能正确地度量结构的安全度；④荷载 q_i 的取值仍然也是经验值；⑤表达式中采用的材料强度是平均值，它不能正确反映材料强度的变异程度，显然也是不够合理的。

1.2.3 多系数极限状态设计法

由于破损阶段理论仍有许多缺点，进一步发展的极限状态理论便应运而生。极限状态的主要概念是明确结构或构件进入某种状态后就丧失其原有功能，这种状态被称为极限状态。当时曾提出了3种极限状态：承载力极限状态、挠度极限状态、裂缝开展宽度极限状态。其表达式分别为

$$M \leqslant M_u \quad (1-5)$$
$$f_{max} \leqslant f_{lim} \quad (1-6)$$
$$W_{max} \leqslant W_{lim} \quad (1-7)$$

这样，它就克服了破损阶段理论无法了解构件在正常使用时能否满足正常使用要求的缺陷。

1.2.4 概率极限状态设计法

概率极限状态设计法是以概率理论为基础，将作用效应和影响结构抗力的主要因素作为随机变量，根据统计分析确定可靠概率来度量结构可靠性的结构设计方法。其特点是有明确的、用概率尺度表达的结构可靠度的定义，通过预先规定的可靠指标值，使结构各构件间，以及不同材料组成的结构之间有较为一致的可靠度水平。

国际上把处理可靠度的精确程度分为以下 3 个水准。

（1）水准 I——半概率方法。对荷载效应和结构抗力的基本变量部分地进行数理统计分析，并与工程经验结合引入某些经验系数，所以尚不能定量地估计结构的可靠性。

（2）水准 II——近似概率法。该法对结构可靠性赋予概率定义，以结构的失效概率或可靠指标来度量结构可靠性，并建立了结构可靠度与结构极限状态方程之间的数学关系，在计算可靠指标时考虑了基本变量的概率分布类型，并采用了线性化的近似手段，在设计截面时一般采用分项系数的实用设计表达式。目前我国的《工程结构可靠度设计统一标准》(GB 50153—2008)、《建筑结构可靠度设计统一标准》(GB 50068—2001)都采用了这种近似概率法，在此基础上颁布了各种结构设计的规范。

（3）水准 III——全概率法。这是完全基于概率论的结构整体优化设计方法，要求对整个结构采用精确的概率分析，求得结构最优失效概率作为可靠度的直接度量，由于这种方法无论在基础数据的统计方面还是在可靠度计算方面都不成熟，目前尚处于研究探索阶段。

本 章 小 结

> 施加在结构上的集中或分布荷载，以及引起结构外加变形或约束变形的所有原因被称为结构上的作用。由于作用，在结构内产生内力（如轴力、弯矩、剪力、扭矩等）和变形（如挠度、转角、裂缝等），即"作用效应"；当作用为直接作用（荷载）时，其效应也被称为"荷载效应"。作用可按时间变化、空间位置变异，以及结构反应性质进行分类。随着科学的发展和技术的进步，工程结构设计理论经历了从弹性理论到极限状态理论的转变，设计方法经历了从定值法到概率法的发展。我国的工程结构设计方法经历了容许应力设计法、破损阶段设计法、多系数极限状态设计法和概率极限状态设计法4个阶段。

思 考 题

1. 工程结构设计的目的是什么？
2. 什么是施加于工程结构上的作用？荷载与作用的概念有什么不同？
3. 工程结构设计中，如何对结构上的作用进行分类？
4. 作用（荷载）有哪些类型？
5. 什么是概率极限状态设计法？为什么目前采用的方法称为近似概率设计法？

第 2 章 重力荷载

教学目标
(1) 掌握各种重力荷载的取值。
(2) 掌握各种重力荷载的计算方法。

教学要求

知识要点	能力要求	相关知识
结构自重	掌握结构自重的计算方法	(1) 结构的材料种类 (2) 材料体积 (3) 材料容重
土的自重应力	掌握土的自重应力的计算方法	(1) 天然重度 (2) 有效重度
雪荷载	(1) 掌握雪荷载的计算方法 (2) 了解基本雪压的取值原则和分布 (3) 了解雪荷载的影响因素	(1) 基本雪压 (2) 积雪分布系数
车辆、人群荷载	(1) 掌握车辆荷载的组成 (2) 掌握车辆、人群荷载的确定方法	(1) 公路等级 (2) 汽车荷载等级
吊车荷载	(1) 掌握吊车相关概念 (2) 掌握吊车荷载的计算方法	(1) 吊车工作制等级 (2) 工作级别 (3) 机构分级
楼面和屋面活荷载	(1) 了解楼面和屋面活荷载的取值原则 (2) 掌握楼面和屋面活荷载的计算方法	(1) 荷载标准值 (2) 组合值 (3) 频遇值 (4) 准永久值
施工、检修荷载及栏杆水平荷载	了解施工、检修荷载及栏杆水平荷载的取值原则	倾覆

基本概念

重力荷载、基本雪压、吊车工作制等级、吊车工作级别、吊车机构分级

 引例

地球上一定高度范围内的物体均会受到地球引力的作用而产生重力,该重力导致的荷载即称为重力荷载,主要包括结构自重、土的自重、雪荷载、车辆重力、屋面和楼面活荷载等。

2.1 结构自重

结构的自重是由地球引力产生的组合结构的材料重力,一般而言,可以根据结构的材料种类、材料体积和材料容重计算结构自重[式(2-1)]。结构自重一般按照均匀分布的原则计算,在施工阶段,构件在吊装运输或悬臂施工时引起的结构内力,有可能大于正常设计荷载产生的内力,因此,在施工阶段演算构件的强度和稳定时,构件重力应乘以适当的动力系数。

$$G_k = \gamma V \tag{2-1}$$

式中,G_k——构件的自重(kN);
  γ——构件材料的重度(kN/m³);
  V——构件的体积,一般按照设计尺寸确定(m³)。

常见材料和构件的容重见《建筑结构荷载规范》(GB 50009—2001)(2006年版)附录A。式(2-1)适用于一般建筑结构、桥梁结构及地下结构等各构件自重的计算,但要注意土木工程中结构各构件的材料容重可能不同,计算结构自重时可将结构人为地划分为许多基本构件,然后叠加即得到结构总自重,即

$$G = \sum_{i=1}^{n} \gamma_i V_i \tag{2-2}$$

式中,G——结构总自重(kN);
  n——组成结构的基本构件数;
  γ_i——第i个基本构件的重度(kN/m³);
  V_i——第i个基本构件的体积(m³)。

在工程的简化设计及施工验算中,为应用方便起见,有时将建筑物看成是一个整体,将建筑结构自重简化为平均楼面恒载。近似估算为:一般木结构建筑为2.0~2.5kN/m²,钢结构建筑为2.5~4.0kN/m²,钢筋混凝土结构建筑为5.0~7.5kN/m²。

2.2 土的自重应力

土是由土颗粒、水和气所组成的三相非连续介质。若把土体简化为连续体,则应用连

续介质力学(如弹性力学)来研究土中应力的分布。在计算土中应力时,通常将土体视为均匀连续的弹性介质。假设天然地面是一个无限大的水平面,土体在自重作用下只产生竖向变形,而无侧向变形和剪切变形,因此在任意竖直面和水平面均无剪应力存在。土中任意截面都包括土体骨架的面积和孔隙的面积,地基应力计算时只考虑土中某单位面积上的平均应力。实际上,只有通过颗粒接触点传递的粒间应力才能使土粒彼此挤紧,引起土体变形。因此粒间应力是影响土体强度的重要因素,粒间应力又被称为有效应力。若土层天然重度为 γ,在深度 z 处 α-α 水平面 [图 2.1(a)],土体因自身重量产生的竖向应力可取该截面上单位面积的土柱体的重力,即

$$\sigma_{cz} = \gamma z \qquad (2-3)$$

可见自重应力 σ_{cz} 沿水平面均匀分布,且与 z 成正比,即随深度按直线规律增加,如图 2.1(b)所示。

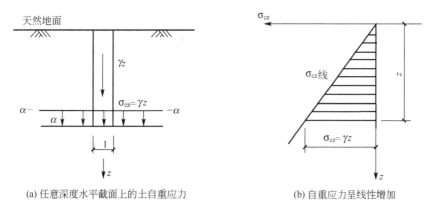

(a) 任意深度水平截面上的土自重应力   (b) 自重应力呈线性增加

图 2.1 均质土中竖向自重应力

一般情况下,地基土由不同重度的土层所组成。如图 2.2 所示,天然地面下深度 z 范围内各层土的厚度自上而下分别为 h_1,h_2,$\cdots$,h_i,$\cdots$,h_n,则多层土深度 z 处的竖直有效自重应力的计算公式为

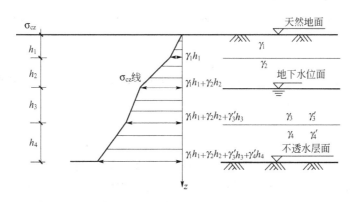

图 2.2 成层土中竖向自重应力沿深度分布

$$\sigma_{cz} = \gamma_1 h_1 + \gamma_2 h_2 + \cdots + \gamma_n h_n = \sum_{i=1}^{n} \gamma_i h_i \qquad (2-4)$$

式中，n——从天然地面起到深度 z 处的土层数；

h_i——第 i 层土的厚度(m)；

γ_i——第 i 层土的天然重度(kN/m^3)；若土层位于地下水位以下，由于受到水的浮力作用，单位体积中，土颗粒所受的重力扣除浮力后的重度称为土的有效重度 γ'_i，即

$$\gamma'_i = \gamma_i - \gamma_\omega \quad (2-5)$$

γ_ω 为水的重度，一般取值为 $10kN/m^3$，这时计算土的自重应力应取土的有效重度 γ'_i 代替天然重度 γ_i。

地下水位以下，若埋藏有不透水的岩层或不透水的坚硬粘土层，由于不透水层中不存在水的浮力，所以不透水层界面以下的自重应力应按上覆土层的水土总量计算。在上覆土层与不透水层界面处自重应力有突变。

2.3 雪荷载

2.3.1 基本雪压

1. 基本雪压的取值原则

根据当地气象台(站)观察并收集的每年最大雪压，经概率统计得出的 50 年一遇的最大雪压(重现期为 50 年的最大雪压)，即为当地的基本雪压。在确定雪压时，观察并收集雪压的场地应符合下列要求。

(1) 观察场地周围的地形空旷平坦。

(2) 积雪的分布保持均匀。

(3) 设计项目地点应在观察场地的范围内，或它们具有相同的地形。

雪压是指单位水平面积上的雪重，决定雪压值大小的是积雪深度与积雪密度，因此年最大雪压 $S(kN/m^2)$ 可按下式确定。

$$S = h\rho g \quad (2-6)$$

式中，h——年最大积雪深度，指从积雪表面到地面的垂直深度(m)。以每年 7 月份至次年 6 月份间的最大积雪深度确定；

ρ——积雪密度(t/m^3)；

g——重力加速度($9.81m/s^2$)。

由于我国大部分气象台(站)收集的资料是每年最大雪深的数据，缺乏相应的积雪密度数据，当缺乏同时、同地平行观测到的积雪密度时，均以当地的平均积雪密度取值。考虑到我国国土幅员辽阔，气候条件差异较大，对不同的地区取用不同的积雪平均密度：东北及新疆北部地区取 $0.15t/m^3$；华北及西北地区取 $0.13t/m^3$，其中青海取 $0.12t/m^3$；淮河、秦岭以南地区一般取 $0.15t/m^3$，其中江西、浙江取 $0.2t/m^3$。

表 2-1 为全国主要大城市的 50 年一遇雪压值。

表2-1 全国主要大城市的50年一遇雪压和风压值

省市名	城市名	风压/(kN/m²)			雪压/(kN/m²)			雪荷载准永久值系数分区
		$n=50$	$n=100$	$n=10$	$n=50$	$n=100$	$n=10$	
北京		0.30	0.45	0.50	0.25	0.40	0.45	Ⅱ
天津		0.30	0.50	0.60	0.25	0.40	0.45	Ⅱ
上海		0.40	0.55	0.60	0.10	0.20	0.25	Ⅲ
重庆		0.25	0.40	0.45				
河北	石家庄	0.25	0.35	0.40	0.20	0.30	0.35	Ⅱ
	张家口市	0.35	0.55	0.60	0.15	0.25	0.30	Ⅱ
	承德市	0.30	0.40	0.45	0.20	0.30	0.35	Ⅱ
	秦皇岛市	0.35	0.45	0.50	0.15	0.25	0.30	Ⅱ
	唐山市	0.30	0.40	0.45	0.20	0.35	0.40	Ⅱ
山西	太原市	0.30	0.40	0.45	0.25	0.35	0.40	Ⅱ
	大同市	0.35	0.55	0.65	0.15	0.25	0.30	Ⅱ
	临汾市	0.25	0.40	0.45	0.15	0.25	0.30	Ⅱ
	运城市	0.30	0.40	0.45	0.15	0.25	0.30	Ⅱ
内蒙古	呼和浩特市	0.35	0.55	0.60	0.25	0.40	0.45	Ⅰ
	包头市	0.35	0.55	0.60	0.15	0.25	0.30	Ⅱ
	赤峰市	0.30	0.55	0.65	0.20	0.30	0.35	Ⅱ
辽宁	沈阳市	0.40	0.55	0.60	0.30	0.50	0.55	Ⅰ
	锦州市	0.40	0.60	0.70	0.30	0.40	0.45	Ⅱ
	鞍山市	0.30	0.50	0.60	0.30	0.40	0.45	Ⅱ
	大连市	0.40	0.65	0.75	0.25	0.40	0.45	Ⅱ
吉林	长春市	0.45	0.65	0.75	0.25	0.35	0.40	Ⅰ
	四平市	0.40	0.55	0.60	0.20	0.35	0.40	Ⅰ
	通化市	0.30	0.50	0.60	0.50	0.80	0.90	Ⅰ
黑龙江	哈尔滨市	0.35	0.55	0.65	0.30	0.45	0.50	Ⅰ
	齐齐哈尔市	0.35	0.45	0.50	0.25	0.40	0.45	Ⅰ
	佳木斯市	0.40	0.65	0.75	0.45	0.65	0.70	Ⅰ
山东	济南市	0.30	0.45	0.50	0.20	0.30	0.35	Ⅱ
	烟台市	0.40	0.55	0.60	0.30	0.40	0.45	Ⅱ
	威海市	0.45	0.65	0.75	0.30	0.45	0.50	Ⅱ
	青岛市	0.45	0.60	0.70	0.15	0.20	0.25	Ⅱ

(续)

省市名	城市名	风压/(kN/m²)			雪压/(kN/m²)			雪荷载准永久值系数分区
		n=50	n=100	n=10	n=50	n=100	n=10	
江苏	南京市	0.25	0.40	0.45	0.40	0.65	0.75	Ⅱ
	徐州市	0.25	0.35	0.40	0.25	0.35	0.40	Ⅱ
	连云港市	0.35	0.55	0.65	0.25	0.40	0.45	Ⅱ
	吴县东山市	0.30	0.45	0.50	0.25	0.40	0.45	Ⅲ
浙江	杭州市	0.30	0.45	0.50	0.30	0.45	0.50	Ⅲ
	宁波市	0.30	0.50	0.60	0.20	0.30	0.35	Ⅲ
	温州市	0.35	0.60	0.70	0.25	0.35	0.40	Ⅲ
安徽	合肥市	0.25	0.35	0.40	0.40	0.60	0.70	Ⅱ
	蚌埠市	0.25	0.35	0.40	0.30	0.45	0.55	Ⅱ
	黄山市	0.25	0.35	0.40	0.30	0.45	0.50	Ⅲ
江西	南昌市	0.30	0.45	0.55	0.30	0.45	0.50	Ⅲ
	赣州市	0.20	0.30	0.35	0.20	0.35	0.40	Ⅲ
	九江市	0.25	0.35	0.40	0.30	0.40	0.45	Ⅲ
福建	福州市	0.40	0.70	0.85				
	厦门市	0.50	0.80	0.95				
陕西	西安市	0.25	0.35	0.40	0.20	0.25	0.30	Ⅱ
	榆林市	0.25	0.40	0.45	0.20	0.25	0.30	Ⅱ
	延安市	0.25	0.35	0.40	0.15	0.25	0.30	Ⅱ
	宝鸡市	0.20	0.35	0.40	0.15	0.20	0.25	Ⅱ
甘肃	兰州市	0.20	0.30	0.35	0.10	0.15	0.20	Ⅱ
	酒泉市	0.40	0.55	0.60	0.20	0.30	0.35	Ⅱ
	天水市	0.20	0.35	0.40	0.15	0.20	0.25	Ⅱ
宁夏	银川市	0.40	0.65	0.75	0.15	0.20	0.25	Ⅱ
	中卫	0.30	0.45	0.50	0.05	0.10	0.15	Ⅱ
青海	西宁市	0.25	0.35	0.40	0.15	0.20	0.25	Ⅱ
	格尔木市	0.30	0.40	0.45	0.10	0.20	0.25	Ⅱ
新疆	乌鲁木齐市	0.40	0.60	0.70	0.60	0.80	0.90	Ⅱ
	克拉玛依市	0.65	0.90	1.00	0.20	0.30	0.35	Ⅰ
	吐鲁番市	0.50	0.85	1.00	0.15	0.20	0.25	Ⅱ
	库尔勒市	0.30	0.45	0.50	0.15	0.25	0.30	Ⅱ

（续）

省市名	城市名	风压/(kN/m²)			雪压/(kN/m²)			雪荷载准永久值系数分区
		n=50	n=100	n=10	n=50	n=100	n=10	
河南	郑州市	0.30	0.45	0.50	0.25	0.40	0.45	Ⅱ
	洛阳市	0.25	0.40	0.45	0.25	0.35	0.40	Ⅱ
	开封市	0.30	0.45	0.50	0.20	0.30	0.35	Ⅱ
	信阳市	0.25	0.35	0.40	0.35	0.55	0.65	Ⅱ
湖北	武汉市	0.25	0.35	0.40	0.30	0.50	0.60	Ⅱ
	宜昌市	0.20	0.30	0.35	0.20	0.30	0.35	Ⅲ
	荆州市	0.20	0.30	0.35	0.25	0.40	0.45	Ⅱ
	黄石市	0.25	0.35	0.40	0.25	0.35	0.40	Ⅲ
湖南	长沙市	0.25	0.35	0.40	0.30	0.45	0.50	Ⅲ
	衡阳市	0.25	0.40	0.45	0.25	0.35	0.40	Ⅲ
	郴州市	0.20	0.30	0.35	0.20	0.30	0.35	Ⅲ
广东	广州市	0.30	0.50	0.60				
	汕头市	0.50	0.80	0.95				
	深圳市	0.45	0.75	0.90				
广西	南宁市	0.25	0.35	0.40				
	桂林市	0.20	0.30	0.35				
	柳州市	0.20	0.30	0.35				
	北海市	0.45	0.75	0.90				
海南	海口市	0.45	0.75	0.90				
	三亚市	0.50	0.85	1.05				
四川	成都市	0.20	0.30	0.35	0.10	0.10	0.15	Ⅲ
	绵阳市	0.20	0.30	0.35				
	宜宾市	0.20	0.30	0.35				
	西昌市	0.20	0.30	0.35	0.20	0.30	0.35	Ⅲ
贵州	贵阳市	0.20	0.30	0.35	0.10	0.20	0.25	Ⅲ
	遵义市	0.20	0.30	0.35	0.10	0.15	0.20	Ⅲ
云南	昆明市	0.20	0.30	0.35	0.20	0.30	0.35	Ⅲ
	丽江	0.25	0.30	0.35	0.20	0.30	0.35	Ⅲ
	大理市	0.45	0.65	0.75				
西藏	拉萨市	0.20	0.30	0.35	0.10	0.15	0.20	Ⅲ
	日喀则市	0.20	0.30	0.35	0.10	0.15	0.15	Ⅲ

(续)

省市名	城市名	风压/(kN/m²)			雪压/(kN/m²)			雪荷载准永久值系数分区
		$n=50$	$n=100$	$n=10$	$n=50$	$n=100$	$n=10$	
台湾	台北市	0.40	0.70	0.85				
	新竹市	0.50	0.80	0.95				
	台中市	0.50	0.80	0.90				
香港	香港	0.80	0.90	0.95				
	横澜岛	0.95	1.25	1.40				
澳门		0.75	0.85	0.90				

为了满足实际工程中某些情况下需要的不是重现期为 50 年的雪压数据要求,在《建筑结构荷载规范》(GB 50009—2001)(2006 年版)附录 D 中对部分城市给出重现期为 10 年、50 年和 100 年的雪压数据。已知重现期为 10 年及 100 年的雪压时,求当重现期为 R 年时的相应雪压值时可按下式确定。

$$X_R = X_{10} + (X_{100} - X_{10})(\ln R / \ln 10 - 1) \tag{2-7}$$

式中,X_R——重现期为 R 年的雪压值(kN/m²);

X_{10}——重现期 10 年的雪压值(kN/m²);

X_{100}——重现期为 100 年的雪压值(kN/m²)。

2. 基本雪压的确定

当城市或建设地点的基本雪压在全国基本雪压分布图中或《建筑结构荷载规范》(GB 50009—2001)(2006 年版)附录 D 中没有明确数值时,可通过资料的统计分析确定其基本雪压。

当地有 10 年或 10 年以上的年最大雪压资料时,可通过资料统计分析确定其基本雪压。

当地的年最大雪压资料不足 10 年时,可通过与有长期资料或有规定基本雪压的附近地区进行比较分析,确定其基本雪压。

当地没有雪压资料时,可通过对气象和地形条件的分析,并参照全国基本雪压分布图上的等压线用插入法确定其基本雪压。

山区的基本雪压应通过实际调查后确定,无实测资料时,可按当地空旷平坦地面的基本雪压值乘以系数 1.2 采用。但对于积雪局部变异特别大的地区,以及高原地形的山区,应予以专门调查和特殊处理。

对雪荷载敏感的结构,基本雪压应适当提高,并应由有关结构设计规范具体规定。

3. 我国基本雪压的分布特点

(1) 新疆北部是我国突出的雪压高值区。该地区由于冬季受到北冰洋南侵冷湿气流影响,雪量丰富,且阿尔泰山、天山等山脉对气流有阻滞作用,更有利于降雪。加上温度低,积雪可以保持整个冬季不融化,新雪覆盖老雪,形成了特大雪压。在阿尔泰山区域雪压值可达 1kN/m²。

(2) 东北地区由于气旋活动频繁，并有山脉对气流起抬升作用，冬季多降雪天气，同时气温低，更有利于积雪。因此大兴安岭及长白山区是我国另一个雪压高值区。黑龙江北部和吉林东部地区，雪压值可达 $0.7kN/m^2$ 以上。而吉林西部和辽宁北部地区，地处大兴安岭的东南背风坡，气流有下沉作用，不易降雪，雪压值仅为 $0.2kN/m^2$ 左右。

(3) 长江中下游及淮河流域是我国稍南地区的一个雪压高值区。该地区冬季积雪情况很不稳定，有些年份一冬无积雪，而有些年份遇到寒潮南下，冷暖气流僵持，即降大雪，积雪很深，还带来雪灾。1955 年元旦，江淮一带普降大雪，合肥雪深达 40cm，南京雪深达 51cm。1961 年元旦，浙江中部遭遇大雪，东阳雪深达 55cm，金华雪深达 45cm。江西北部以及湖南一些地区也曾出现过 40~50cm 以上的雪深。因此，这些地区不少地点的雪压为 $0.40\sim0.50kN/m^2$。但积雪期较短，短则一两天，长则十来天。

(4) 川西、滇北山区的雪压也较高。该地区海拔高、气温低、湿度大，降雪较多而不易融化。但该地区的河谷内，由于落差大，高度相对较低，气温相对较高，积雪不多。

(5) 华北及西北大部地区，冬季温度虽低，但空气干燥。水汽不足，降雪量较少，雪压一般为 $0.2\sim0.3kN/m^2$。西北干旱地区，雪压在 $0.2kN/m^2$ 以下。该区内的燕山、太行山、祁连山等山脉，因有地形影响，降雪稍多，雪压可达 $0.3kN/m^2$ 以上。

(6) 南岭、武夷山脉以南，冬季气温高，很少降雪，基本无积雪。

2.3.2 雪荷载标准值、组合值系数、频遇值系数及准永久值系数

1. 雪荷载标准值

屋面水平投影面上的雪荷载标准值应按下式计算。

$$s_k = \mu_r s_0 \tag{2-8}$$

式中，s_k——雪荷载标准值(kN/m^2)；

μ_r——屋面积雪分布系数；

s_0——基本雪压(kN/m^2)。

2. 雪荷载的组合值系数、频遇值系数及准永久值系数

雪荷载的组合值系数可取 0.7；雪荷载的频遇值系数可取 0.6；雪荷载的准永久值系数应按规范分区图的Ⅰ、Ⅱ和Ⅲ的分区，分别取 0.5、0.2、0；对部分城市的准永久系数分区也可按《建筑结构荷载规范》(GB 50009—2001)(2006 年版)附录 D 的规定查出。

2.3.3 屋面积雪分布系数

基本雪压是针对平坦的地面上积雪荷载定义的，屋面的雪荷载由于多种因素的影响，往往与地面雪荷载不同。造成屋面积雪与地面积雪不同的主要原因有屋面形式、朝向、屋面散热及风力等。

1. 风对屋面积雪的影响

下雪过程中，风会把部分将要飘落或者已经飘积在屋面上的雪吹积到附近地面或邻近较低的物体上，这种影响称为风对雪的飘积作用。当风速较大或房屋处于暴风位置时，部分已经积在屋面上的雪会被风吹走，从而导致平屋面或小坡度（坡度小于10°）屋面上的雪压一般比邻近地面上的雪压小。如果用平屋面上的雪压值与地面上的雪压值之比 μ_e 来衡量风的飘积作用大小，则 μ_e 值的大小与房屋的暴风情况及风速的大小有关，风速越大，μ_e 越小（小于1）。加拿大的研究表明，对避风较好的房屋 μ_e 取 0.9；对周围无挡风障碍物的房屋 μ_e 取 0.6；对完全暴风的房屋 μ_e 取 0.3。

对于高低跨屋面或带天窗屋面，由于风对雪的飘积作用，会将较高屋面上的雪吹落在较低屋面上，在低屋面处形成局部较大飘积雪荷载。有时这种积雪非常严重，最大可出现3倍于地面积雪的情况。低屋面上这种飘积雪大小及其分布情况与高低屋面上的高差有关。由于高低跨屋面交接处存在风涡作用，积雪多按曲线分布堆积（图 2.3）。

对于多跨屋面，屋谷附近区域的积雪比屋脊区大，其原因之一是风作用下的雪飘积，屋脊处的部分积雪被风吹落到屋谷附近，飘积雪在天沟处堆积较厚（图 2.4）。

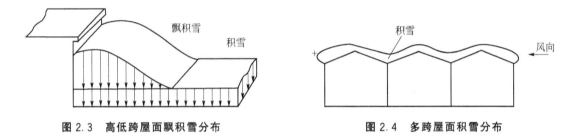

图 2.3 高低跨屋面飘积雪分布　　　　图 2.4 多跨屋面积雪分布

2. 屋面坡度对积雪的影响

屋面雪荷载分布与屋面坡度密切相关，一般随坡度的增加而减小，主要原因是风的作用和雪滑移所致。

当屋面坡度大到某一角度时，积雪就会在屋面上产生滑移或滑落，坡度越大，滑移的雪越多。屋面表面的光滑程度对雪滑移的影响也较大，对于类似铁皮、石板屋面这样的滑移表明，滑移更易发生，往往是屋面积雪全部滑落。双坡屋面向阳一侧受太阳照射，加之屋内散发的热量，易于使紧贴屋面的积雪融化形成润滑层，导致摩擦力减小，该侧积雪可能滑落，可能出现一坡有雪而另一坡无雪的不平衡雪荷载情况。

雪滑移若发生在高低跨屋面或带天窗屋面，滑落的雪堆积在与高屋面邻接的低屋面上，这种堆积可能出现很大的局部堆积雪荷载，结构设计时应加以考虑。

当风吹过双坡屋面时，迎风面因"爬坡风"效应风速增大，吹走部分积雪。坡度越陡这种效应越明显。而背风面风速降低，迎风面吹来的雪往往在背风一侧屋面上飘积，引起屋面不平衡雪荷载，结构设计时均应加以考虑。

因此，《建筑结构荷载规范》（GB 50009—2001）（2006年版）规定对不同类别的屋面，其屋面积雪分布系数 μ_r（屋面荷载与地面荷载之比）按表 2-2 采用。

表 2-2 屋面积雪分布系数

项次	类别	屋面形式及积雪分布系数	项次	类别	屋面形式及积雪分布系数
1	单跨单坡屋面	μ_e α: ≤25° 30° 35° 40° 45° ≥50° μ_e: 1.0 0.8 0.6 0.4 0.2 0	5	带窗有挡风板的屋面	均匀分布的情况 1.0 不均匀分布的情况 1.0 1.4 0.8 1.4 1.0
2	单跨双坡屋面	均匀分布的情况 μ_e 不均匀分布的情况 0.76μ_r 1.25μ_r μ_r按第1项规定采用	6	多跨单坡屋面（锯齿形屋面）	均匀分布的情况 1.0 不均匀分布的情况 0.6 1.4 0.6 1.4 0.6 1.4
3	拱形屋面	$\mu_e=\dfrac{1}{8f}$ μ_r (0.4≤μ_r≤1.0)	7	双跨双坡或拱形屋面	均匀分布的情况 1.0 不均匀分布的情况 μ_r 1.4 μ_r μ_r按第1或第3项规定采用
4	带天窗的屋面	均匀分布的情况 1.0 不均匀分布的情况 1.1 0.8 1.1	8	高低屋面	1.0 2.0 1.0 $a=2h$，但不小于4m，不大于8m

注：① 第2项单跨双坡屋面仅当20°≤α≤30°时，可采用不均匀分布情况。
② 第4、5项只适用于坡度α≤25°的一般工业厂房屋面。
③ 第7项双跨双坡或拱形屋面，当α≤25°或f/l≤0.1时，只采用均匀分布情况。
④ 多跨屋面的积雪分布系数，可参照第7项的规定采用。

建筑结构设计考虑积雪分布的原则：屋面板和檩条按积雪不均匀分布的最不利情况采用；屋架或拱、壳可分别按积雪全跨均匀分布情况、不均匀分布情况和半跨的均匀分布的情况采用；框架和柱可按积雪全跨均匀分布情况采用。

2.4 车辆荷载

公路桥梁上行驶的车辆荷载种类繁多，设计时不可能对每种情况都进行计算，而是在设计中采用统一的荷载标准。《公路桥涵设计通用规范》(JTJ D60—2004)中规定了公路桥涵设计汽车荷载分为公路Ⅰ级和公路Ⅱ级两个等级。

汽车荷载由车道荷载和车辆荷载组成。车道荷载由均布荷载和集中荷载组成。

桥梁结构整体计算应采用车道荷载；桥梁局部加载及涵洞、桥台台后汽车引起的土压力和挡土墙上汽车引起的土压力等的计算应采用车辆荷载。车辆荷载与车道荷载的作用不得叠加。

汽车荷载等级应符合表2-3规定。

表2-3 汽车荷载等级

公路等级	高速公路	一级公路	二级公路	三级公路	四级公路
汽车荷载等级	公路—Ⅰ级	公路—Ⅰ级	公路—Ⅱ级	公路—Ⅱ级	公路—Ⅱ级

汽车荷载等级的选用应根据公路等级和远景发展需求确定。一条公路上的桥涵宜采用同一汽车荷载等级。

公路—Ⅰ级汽车荷载的车道荷载的计算图式如图2.5所示。

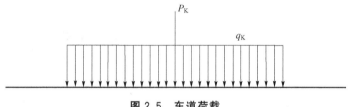

图2.5 车道荷载

其中：(1) 均布荷载标准值为 $q_K=10.5\text{kN/m}$。

(2) 集中荷载标准值 P_K 按以下规定选取。

① 桥梁计算跨径 $L_j \leqslant 5\text{m}$ 时，$P_K=180\text{kN}$。

② 桥梁计算跨径 $L_j \geqslant 50\text{m}$ 时，$P_K=360\text{kN}$。

③ 桥梁计算跨径 $5\text{m}<L_j<50\text{m}$ 时，P_K 值采用直线内插求得。

④ 计算剪力效应时，上述均布荷载和集中荷载的标准值应乘以1.2的系数。

(3) 桥梁设计时，应根据通则规范确定的设计车道数布置车道荷载。每条设计车道上均应布置车道荷载。

① 纵向：均布荷载标准值 q_K 沿桥梁纵向可任意截取，并满布于使结构产生最不利荷载效应的同号影响线上；集中荷载标准值 P_K 则作用于相应影响线中一个影响线峰值处。

② 横向：均布荷载和集中荷载都均匀分布在设计车道3.5m宽度内。

公路—Ⅰ级汽车荷载的车辆荷载以一辆标准车表示，车辆荷载的立面、平面尺寸如图2.6所示，其主要技术指标应符合表2-4规定。

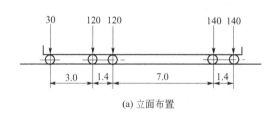

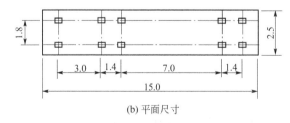

图2.6 车辆荷载的立面、平面尺寸
（图中尺寸单位为m，荷载单位为kN）

表 2-4 车辆荷载主要技术指标

项目	单位	技术指标
车辆重力标准值	kN	550
前轴重力标准值	kN	30
中轴重力标准值	kN	2×120
后轴重力标准值	kN	2×140
轴距	m	3+1.4+7+1.4
轮距	m	1.8
前轮着地宽度及长度	m	0.3×0.2
中、后轮着地宽度及长度	m	0.6×0.2
车辆外形尺寸(长×宽)	m	15×2.5

车辆荷载在每条设计车道上布置一辆单车。车辆荷载的横向布置应符合图 2.7 的规定，并应按通则规范的规定计算横向折减。

公路—Ⅱ级汽车荷载的车道荷载标准值应取公路—Ⅰ级汽车荷载的车道荷载标准值的 75%；公路—Ⅱ级汽车荷载的车辆荷载标准值应与公路—Ⅰ级汽车荷载的车辆道荷载标准值相同。

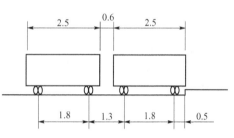

图 2.7 车辆荷载横向布置

重型车辆少的四级公路的桥梁设计所采用的汽车荷载标准值可取公路—Ⅰ级汽车荷载标准值的 60%。

桥涵设计车道数应符合表 2-5 规定。

表 2-5 桥涵设计车道数

桥面行车道宽度 W/m		桥涵设计车道数/条
单向行驶桥梁	双向行驶桥梁	
W<6.0		1
6.0≤W<10.5	6.0≤W<14.0	2
10.5≤W<14.0		3
14.0≤W<17.5	14.0≤W<21.0	4
17.5≤W<21.0		5
21.0≤W<24.5	21.0≤W<28.0	6
24.5≤W<28.0		7
28.0≤W<31.5	28.0≤W<35.0	8

施加于大跨桥梁上的汽车荷载应考虑纵向折减。

当桥梁计算跨径 $L \geqslant 150\mathrm{m}$ 时,应按表 2-6 规定的纵向折减系数进行折减。

当为多跨连续结构时,整个结构均应按最大的计算跨径考虑汽车荷载效应的纵向折减。

表 2-6　纵向折减系数

计算跨径 L/m	纵向折减系数
$150 \leqslant L < 400$	0.97
$400 \leqslant L < 600$	0.96
$600 \leqslant L < 800$	0.95
$800 \leqslant L < 1000$	0.94
$L \geqslant 1000$	0.93

多车道桥梁上的汽车荷载应考虑横向折减。

当桥涵设计车道数大于 2 时,应按表 2-7 规定的横向折减系数进行折减,但折减后的效应不得小于 2 条设计车道的荷载效应。

表 2-7　横向折减系数

横向布置设计车道数	3	4	5	6	7	8
横向折减系数	0.78	0.67	0.60	0.55	0.52	0.50

2.5 人群荷载

设有人行道的公路桥梁进行计算时,应同时计入人行道上的人群荷载。考虑跨径较小时,人群荷载所占总荷载的比例较大,当桥梁计算跨径小于或等于 50 米时,人群荷载一般取值为 $3\mathrm{kN/m^2}$;当桥梁计算跨径大于 50 米时,按 0.85 折减,取 $2.5\mathrm{kN/m^2}$。由于取值来源于城市桥梁行人的高峰期,而公路桥梁上一般行人较少,采用此值应该是偏于安全的。专用人行桥梁取值为 $3.5\mathrm{kN/m^2}$,也可根据实际情况或参照所在地区城市桥梁设计的规定确定。对于城镇郊区行人密集的桥梁,其人群荷载标准值在调查统计的基础上再提高 15%。公路桥梁上的人行道板可以一块板为单元,按标准值 $4.0\mathrm{kN/m^2}$ 的均布荷载计算。计算人行道栏杆时,作用在栏杆立柱顶上的水平推力一般取值为 $0.75\mathrm{kN/m}$;作用在栏杆扶手上的竖向力一般取值为 $1.0\mathrm{kN/m}$。

2.6 吊车荷载

2.6.1 吊车工作制等级与工作级别

工业厂房因工艺上的要求常设有桥式吊车,按吊车荷载设计结构时,有关吊车的技术资料(包括吊车的最大或最小轮压)都应由工艺提供。因此,设计时仍应直接参照制造厂当时的产品规格作为设计依据。

对不同类型和不同工作要求的吊车应采用不完全相同的设计计算。对一台构造简单、工作清闲或标准部件组成的吊车,其计算可简略一些,而不要求按规范所列的全部内容逐项进行设计计算,但必须保证安全和可靠。

1. 吊车整机的分级

吊车整机的工作级别,由吊车的使用等级和吊车载荷状态级别两个因素决定。

1) 吊车的使用等级

吊车的使用等级表明了该吊车工作忙闲程度,由吊车的总工作循环数决定,它可以由吊车预计的使用年数(该吊车报废或被更新之前的使用年数)、每年平均的工作日数、每工作日内平均的起重工作循环次数 3 个数的乘积得到。

吊车的设计预期寿命是指设计预设的该吊车从开始使用起到最终报废时止能完成的总工作循环数。吊车的一个工作循环是指从起吊一个物品起,到能开始起吊下一个物品时止,包括吊车运行及正常的停歇在内的一个完整的过程。

吊车的使用等级是将吊车可能完成的总工作循环数划分成 10 个等级,用 U_0、U_1、U_2、$\cdots$、U_9 表示,见表 2-8。

表 2-8 吊车的使用等级

使用等级	起重机总工作循环数 C_T	起重机使用频繁程度
U_0	$C_T \leqslant 1.60 \times 10^4$	很少使用
U_1	$1.60 \times 10^4 < C_T \leqslant 3.20 \times 10^4$	
U_2	$3.20 \times 10^4 < C_T \leqslant 6.30 \times 10^4$	
U_3	$6.30 \times 10^4 < C_T \leqslant 1.25 \times 10^4$	
U_4	$1.25 \times 10^5 < C_T \leqslant 2.50 \times 10^5$	不频繁使用
U_5	$2.50 \times 10^5 < C_T \leqslant 5.00 \times 10^5$	中等频繁使用
U_6	$5.00 \times 10^5 < C_T \leqslant 1.00 \times 10^6$	较频繁使用
U_7	$1.00 \times 10^6 < C_T \leqslant 2.00 \times 10^6$	频繁使用
U_8	$2.00 \times 10^6 < C_T \leqslant 4.00 \times 10^6$	特别频繁使用
U_9	$4.00 \times 10^6 < C_T$	

2) 吊车的起升载荷状态级别

吊车的起升载荷是指吊车在实际的起吊作业中每一次吊运的物品质量(有效起重量)与吊具及属具质量的总和(即起升质量)的重力,其单位为牛顿(N)或千牛(kN)。

吊车的额定起升载荷是指吊车起吊额定起重量时能够吊运的物品最大质量与吊具及属具质量的总和(即总起升质量)的重力,其单位为牛顿(N)或千牛(kN)。

吊车的起升载荷状态级别是指在该吊车的设计预期寿命期限内,它的各个有代表性的起升载荷值的大小及各相应的起吊次数,与吊车的额定起升载荷的大小及总的起吊次数的比值情况。

吊车的载荷状态级别表明了该吊车起吊载荷的轻重程度,由式(2-9)计算出的载荷谱系数K_P。

$$K_P = \sum \left[\frac{C_i}{C_T} \left(\frac{P_{Qi}}{P_{Qmax}} \right)^m \right] \qquad (2-9)$$

式中,K_P——吊车的载荷谱系数;

$\quad C_i$——与吊车各个有代表性的起升载荷相应的工作循环数,$C_i = C_1, C_2, C_3 \cdots, C_n$;

$\quad C_T$——吊车总工作循环数,$C_T = \sum\limits_{i=1}^{n} C_i = C_1 + C_2 + C_3 + \cdots + C_n$;

$\quad P_{Qi}$——能表征吊车在预期寿命期内工作任务的各个有代表性的起升载荷,$P_{Qi} = P_{Q2}, P_{Q3}, P_{Q3} \cdots, P_{Qn}$;

$\quad P_{Qmax}$——吊车的额定起升载荷;

$\quad m$——幂指数,为了便于级别的划分,约定取$m=3$。

展开后,式(2-9)变为

$$K_P = \frac{C_1}{C_T}\left(\frac{P_Q}{P_{Qmax}}\right)^3 + \frac{C_2}{C_T}\left(\frac{P_{Q2}}{P_{Qmax}}\right)^3 + \frac{C_3}{C_T}\left(\frac{P_{Q2}}{P_{Qmax}}\right)^3 + \cdots\cdots + \frac{C_n}{C_T}\left(\frac{P_{Qn}}{P_{Qmax}}\right)^3 \qquad (2-10)$$

由式(2-10)算得的吊车载荷谱系数的值后,即可按表2-9确定该吊车相应的载荷状态级别。

表2-9 吊车的载荷状态级别及载荷谱系数

载荷状态级别	起重机的载荷谱系数 K_p	说明
Q1	$K_p \leqslant 0.125$	很少吊运额定载荷,经常吊运较轻载荷
Q2	$0.125 < K_p \leqslant 0.250$	较少吊运额定载荷,经常吊运中等载荷
Q3	$0.250 < K_p \leqslant 0.500$	有时吊运额定载荷,较多吊运较重载荷
Q4	$0.500 < K_p \leqslant 1.000$	经常吊运额定载荷

3)吊车整机的工作级别

根据吊车的10个使用等级和4个载荷状态级别,吊车整机的工作级别划分为$A_1 \sim A_8$共8个级别,见表2-10。

表2-10 吊车整机的工作级别

载荷状态级别	起重机的载荷谱系数 K_p	起重机的使用等级									
		U_0	U_1	U_2	U_3	U_4	U_5	U_6	U_7	U_8	U_9
Q1	$K_p \leqslant 0.125$	A_1	A_1	A_1	A_2	A_3	A_4	A_5	A_6	A_7	A_8
Q2	$0.125 < K_p \leqslant 0.250$	A_1	A_1	A_2	A_3	A_4	A_5	A_6	A_7	A_8	A_8
Q3	$0.250 < K_p \leqslant 0.500$	A_1	A_2	A_3	A_4	A_5	A_6	A_7	A_8	A_8	A_8
Q4	$0.500 < K_p \leqslant 1.000$	A_2	A_3	A_4	A_5	A_6	A_7	A_8	A_8	A_8	A_8

2. 机构的分级

1)机构的使用等级

机构的设计预期寿命是指设计预设的该机构从开始使用起到预期更换或最终报废为止的总运转时间,它只是该机构实际运转小时累计之和,而不包括工作中此机构的停歇时间,机构的使用等级是将该机构的总运转时间分成 10 个等级,以 T_0、T_1、T_2…T_9 表示,见表 2-11。

表 2-11 机构的使用等级

使用等级	总使用时间 t_T/h	机构运转频繁情况
T_0	$t_T \leq 200$	很少使用
T_1	$200 < t_T \leq 400$	
T_2	$400 < t_T \leq 800$	
T_3	$800 < t_T \leq 1500$	
T_4	$1600 < t_T \leq 3200$	不频繁使用
T_5	$3200 < t_T \leq 6300$	中等频繁使用
T_6	$6300 < t_T \leq 12500$	较频繁使用
T_7	$12500 < t_T \leq 25000$	频繁使用
T_8	$25000 < t_T \leq 50000$	
T_9	$50000 < t_T$	

2) 机构的载荷状态级别

机构的载荷状态级别表明了机构所受载荷的轻重情况。机构的载荷谱系数可用式(2-11)计算得到。

$$K_m = \sum \left[\frac{t_i}{t_T} \left(\frac{P_i}{P_{max}} \right)^m \right] \qquad (2-11)$$

式中,K_m——机构载荷谱系数;

t_i——与机构承受各个大小不同等级载荷的相应持续时间,$t_i = t_1, t_2, t_3, \cdots, t_n(h)$;

t_T——机构承受所有大小不同等级载荷的时间总和,$t_T = \sum_{i=1}^{n} t_i = t_1 + t_2 + t_3 + \cdots + t_n(h)$;

P_i——能表征机构在服务期内工作特征的各个大小不同等级的载荷,$P_i = P_1, P_2, P_3, \cdots, P_n(N)$;

P_{max}——机构承受的最大载荷(N);

m——同式(2-9)。

展开后,式(2-11)变为

$$K_m = \frac{t_1}{t_T} \left(\frac{P_1}{P_{max}} \right)^3 + \frac{t_2}{t_T} \left(\frac{P_2}{P_{max}} \right)^3 + \frac{t_3}{t_T} \left(\frac{P_3}{P_{max}} \right)^3 + \cdots + \frac{t_n}{t_T} \left(\frac{P_n}{P_{max}} \right)^3 \qquad (2-12)$$

式中符号同式(2-11)。

由式(2-12)算得机构载荷谱系数的 4 个范围值后,即可按表 2-12 确定机构相应的载荷状态级别。

表 2-12 机构的载荷状态级别及载荷谱系数

载荷状态级别	机构载荷谱系数 K_m	说明
L_1	$K_m \leqslant 0.125$	机构很少承受最大载荷，一般承受轻小载荷
L_2	$0.125 < K_m \leqslant 0.250$	机构较少承受最大载荷，一般承受中等载荷
L_3	$0.250 \leqslant K_m \leqslant 0.250$	机构有时承受最大载荷，一般承受较大载荷
L_4	$0.200 < K_m \leqslant 1.000$	机构经常承受最大载荷

3) 机构的工作级别

吊车机构工作级别是将各单个机构分别作为一个整体进行的载荷大小程度及运转频率情况总的评价，它概略地表示了由该机构的使用等级(设计寿命、工作小时数)和载荷状态级别(反映载荷轻重状态的级别或载荷谱系数)所决定的机构工作的总体状态，但它并不表示该机构中所有的零部件都有与此相同的受载及运转情况。

根据机构的 10 个使用等级和 4 个载荷状态级别，机构单独作为一个整体进行分级的工作级别划分为 $M_1 \sim M_8$ 共 8 个级别，见表 2-13。

表 2-13 机构的工作级别

载荷状态级别	机构载荷谱系数 K_m	机构的使用等级									
		T_0	T_1	T_2	T_3	T_4	T_5	T_6	T_7	T_8	T_9
L1	$K_m \leqslant 0.125$	M_1	M_1	M_2	M_2	M_3	M_4	M_5	M_6	A_7	M_8
L2	$0.125 < K_m \leqslant 0.250$	M_1	M_1	M_2	M_3	M_4	M_5	M_6	M_7	M_8	M_8
L_3	$0.250 < K_m \leqslant 0.500$	M_1	M_2	M_3	M_4	M_5	M_6	M_7	M_8	M_8	M_8
L_4	$0.500 < K_m \leqslant 1.000$	M_2	M_3	M_4	M_5	M_6	M_7	M_8	M_8	M_8	M_8

2.6.2 吊车竖向荷载和水平荷载

1. 吊车竖向荷载标准值

桥式吊车由大车(桥架)和小车组成，大车在吊车梁的轨道上沿厂房纵向行驶，小车在大车的轨道上沿厂房横向运行，带有吊钩的起重卷扬机安装在小车上。当小车吊有额定的最大起重量开到大车某一极限位置时(图 2.8)，一侧的每个大车轮压即为吊车的最大轮压标准值 $P_{max,k}$，另一侧的每个大车轮压即为吊车的最小轮压标准值 $P_{min,k}$。设计中吊车竖向荷载标准值应采用吊车最大轮压和最小轮压。其中最大轮压在吊车生产厂提供的各类型吊车技术规格中已明确给出，或一般由工艺提供，或可查阅产品手册得到。但最小轮压则往往需由设计者自行计算，其计算公式如下。

(1) 对每端有两个车轮的吊车(如电动单梁起重机、起重量不大于 50t 的普通电动吊钩桥式起重机等)，其最小轮压为

$$P_{min} = \frac{G+Q}{2}g - P_{max} \qquad (2-13)$$

(2) 对每端有 4 个车轮的吊车(如起重量超过 50t 的普通电动吊钩桥式起重机等),其最小轮压为

$$P_{\min} = \frac{G+Q}{4}g - P_{\max} \quad (2-14)$$

式中,$P_{\min}$——吊车的最小轮压(kN);
  $P_{\max}$——吊车的最大轮压(kN);
  G——吊车的总重量(t);
  Q——吊车的额定起重量(t);
  g——重力加速度(9.81m/s²)。

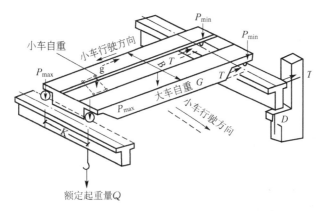

图 2.8 吊车荷载示意图

吊车荷载是移动的,利用结构力学中影响线的概念,即可求出通过吊车梁作用于排架柱上的最大竖向荷载和最小竖向荷载,进而求得排架结构的内力。

2. 吊车竖向荷载的动力系数

当计算吊车梁及其连续的强度时,吊车竖向荷载应乘以动力系数。动力系数可按表 2-14 取用。

表 2-14 吊车竖向荷载的动力系数

悬挂吊车、电动葫芦、工作级别为 $A_1 \sim A_5$ 的吊车	工作级别为 $A_6 \sim A_8$ 的软钩吊车、硬钩吊车、其他特种吊车
1.05	1.10

3. 吊车水平荷载标准值

吊车水平荷载有纵向和横向两种。

1) 吊车纵向水平荷载标准值

吊车纵向水平荷载标准值应按作用在一边轨道上所有刹车轮的最大轮压之和的 10% 采用。该项荷载的作用点位于刹车轮与轨道的接触点,其方向与轨道方向一致。

2) 吊车横向水平荷载标准值

吊车横向水平荷载标准值,应取横行小车重量与额定起重量之和乘以软(硬)钩吊车相应的系数,其方向与轨道方向一致,按下式计算。

$$H = \alpha_H (Q + G_1) g \tag{2-15}$$

式中，H——吊车横向水平荷载标准值；

α_H——系数，对软钩吊车：当额定起重量不大于10t时，应取0.12；当额定起重量为16~50t时，应取0.10；当额定起重量不小于75t时，应取0.08。对硬钩吊车：应取0.20；横向水平荷载应等分于吊车桥架的两端，分别由轨道上的车轮平均传至轨道，其方向与轨道垂直，并考虑正反方向刹车情况；

Q——吊车的额定起重量；

G_1——横行小车质量。

4. 多台吊车的组合

设计厂房的吊车梁和排架时，考虑参与组合的吊车台数是根据所计算的结构能同时产生效应的吊车台数确定的。它主要取决于柱距大小和厂房跨间数量，其次是各吊车同时聚集在同一柱距范围内的可能性。对于单跨厂房，同一跨度内，两台吊车以邻近距离运行是常见的，3台吊车相邻运行十分罕见，即使偶然发生，由于柱距所限，能对一榀排架产生的影响也只限于两台。因此，对单跨厂房设计时最多考虑两台吊车。

对于多跨厂房，在同一柱距内同时出现超过两台吊车的机会增加。但考虑到隔跨吊车对结构影响减弱，为了计算上的方便，容许在计算吊车竖向荷载时，最多只考虑4台吊车。而在计算吊车水平荷载时，由于同时启动和制动的机会很小，容许最多只考虑两台吊车。

对于多层吊车的单跨或多跨厂房的每个排架，参与组合的吊车台数应按实际情况考虑；当有特殊情况时，参与组合的吊车台数也应按实际情况考虑。

计算排架考虑多台吊车水平荷载时，对单跨或多跨的每个排架，参与组合的吊车台数不应多于两台。

按照以上组合方法，吊车荷载不论是由两台还是由4台吊车引起的，都按照各台吊车同时处于最不利位置，且同时满载的极端情况考虑，实际上这种最不利情况出现的概率是极小的。从概率观点来看，可将多台吊车共同作用时的吊车荷载效应组合予以折减。在实测调查和统计分析的基础上，可得到多台吊车的荷载折减系数（表2-15）。

表2-15 多台吊车荷载折减系数

参与组合的吊车台数	吊车工作级别	
	$A_1 \sim A_5$	$A_6 \sim A_8$
2	0.90	0.95
3	0.85	0.90
4	0.80	0.85

注：对于多层吊车的单跨或多跨厂房，计算排架时，参与组合的吊车荷载的折减系数应按实际情况考虑。

5. 吊车荷载的组合值、频遇值及准永久值系数

吊车起吊重物处于工作状态时，一般很少持续地停留在某一个位置上，所以在正常条件下，吊车荷载作用的时间是短暂的，所以设计厂房排架时，在荷载准永久组合中不考虑吊车荷载。但在吊车梁按正常使用极限状态设计时，可采用吊车荷载的准永久值计算吊车梁的长期荷载效应。

吊车荷载的组合值、频遇值及准永久值系数可按表 2-16 中的规定采用。

表 2-16　吊车荷载的组合值、频遇值及准永久值系数

吊车工作级别		组合值系数 ψ_c	频遇值系数 ψ_f	准永久值系数 ψ_q
软钩吊车	工作级别 $A_1 \sim A_3$	0.7	0.6	0.5
	工作级别 A_4、A_5	0.7	0.7	0.6
	工作级别 A_6、A_7	0.7	0.7	0.7
	工作级别 A_8	0.95	0.95	0.95
硬钩吊车		0.95	0.95	0.95

2.7　楼面和屋面活荷载

2.7.1　楼面活荷载的取值原则

1. 楼面活荷载的标准值

虽然《建筑结构荷载规范》(GB 50009—2001)(2006 年版)对一般民用建筑和某些类别的工业建筑有明确的楼面荷载取值规定，但设计中有时会遇到要求确定某种规范中未明确的楼面活荷载的情况，此时可按下列方法确定其标准值。

(1) 对该种楼面活荷载的观测进行统计，当有足够资料并能对其统计分布作出合理估计时，则在房屋设计基准期(50 年)最大值的分布上，根据协定的百分位取其某分位值作为该种楼面活荷载的标准值。

所谓协定的百分位值，原则上可取荷载最大值分布上能表征其集中趋势的统计特征值，例如均值、中值或众值(概率密度最大值)，当认为数据代表性不够充分或统计方法不够完善而没有把握时，也可取更完全的高分位值。

(2) 对不能取得充分资料进行统计的楼面活荷载，可根据已有的工程经验，通过分析判断后，协定一个可能出现的最大值作为该类楼面活荷载的标准值。

楼面活荷载在楼面上的位置是任意布置的，为方便起见，工程设计时一般可将楼面活荷载处理为等效均布载荷，均布活荷载的量值与房屋使用功能有关，根据楼面上人员活动状态和设施分布情况，其取值大致可分为 7 个档次：①活动的人较少，如住宅、旅馆、医院、教室等，活荷载的标准值可取 $2.0 kN/m^2$；②活动的人较多且有设备，如食堂、餐厅在某一时段有较多人员聚集，办公楼内的档案室、资料室可能堆积较多文件资料，活荷载标准值可取 $2.5 kN/m^2$；③活动的人很多且有较重的设备，如礼堂、剧场、影院人员可能十分拥挤，公共洗衣房常常搁置较多洗衣设备，活荷载标准值可取 $3.0 kN/m^2$；④活动的人很集中，有时很拥挤或有较重的设备，如商店、展览厅既有拥挤的人群，又有较重的物品，活荷载标准值可取 $3.5 kN/m^2$；⑤人员活动的性质比较剧烈，如健身房、舞厅由于人的跳跃、翻滚会引起楼面瞬间振动，通常把楼面静力荷载适当放大来考虑这种动力效应，活荷

载标准值可取 $4.0kN/m^2$；⑥储存物品的仓库，如藏书库、档案库、储藏室等，柜架上往往堆满图书、档案和物品，活荷载标准值可取 $5.0kN/m^2$；⑦有大型的机械设备，如建筑物内的通风机房、电梯机房，因运行需要放有重型设备，活荷载标准值可取 $6.0\sim7.50kN/m^2$。

(3) 对房屋内部设施比较固定的情况，设计时可直接按给定布置图式或按对结构安全产生最不利效应的荷载布置图式，对结构进行计算。

(4) 对使用性质类同的房屋，如内部配置的设施大致相同，一般可对其进行合理分类，在同一类别的房屋中，选取各种可能的荷载布置图式，经分析研究后选出最不利的布置作为该类房屋楼面活荷载标准值的确定依据，采用等效均布荷载方法求出楼面活荷载标准值。

2. 楼面活荷载准永久值

对《建筑结构荷载规范》(GB 50009—2001)(2006 年版)未明确的楼面活荷载准永久值可按下列原则确定。

(1) 按可变荷载准永久值定义，由荷载任意时点分布上的中值确定。

(2) 对有可能将可变荷载划分为持久性和临时性两类荷载时，可直接引用持久性荷载分布中的规定分位值为该活荷载的准永久值。

(3) 当缺乏系统的观测资料时，可根据楼面使用性质的类同性，参照《建筑结构荷载规范》(GB 50009—2001)(2006 年版)中给出的楼面活荷载准永久值系数经分析比较后确定。

3. 楼面活荷载频遇值

对《建筑结构荷载规范》(GB 50009—2001)(2006 年版)未明确的楼面活荷载频遇值可按下列原则确定。

(1) 按可变荷载准频遇值定义，可近似在荷载任意时点分布上取其超越概率为较小值的荷载值，该超越荷载值建议不大于 10%。

(2) 当缺乏系统的观测资料时，可根据楼面使用性质的类同性，参照《建筑结构荷载规范》(GB 50009—2001)(2006 年版)中给出的楼面活荷载准频遇值系数经分析比较后确定。

4. 楼面活荷载组合值

可变荷载的组合值的定义是指按该荷载与主导荷载组合后取值的超越概率与该荷载单独出现时取值的超越概率相一致的原则确定。

在大量数据分析的基础上，认为对楼面活荷载的组合值一般情况可取 0.7，此外为偏于保守又规定其取值不得小于频遇值系数。

5. 楼面活荷载的动力系数

楼面在荷载作用下的动力响应来源于其作用的活动状态，大致可分为两大类：一类是在正常活动下发生的楼面稳态振动，例如机械设备的运行，车辆的行驶，竞技运动场上观众的持续欢腾、跳舞和走步等；另一类是偶尔发生的楼面瞬态振动，例如，重物坠落、人自高处跳下等。前一种作用在结构上可以是周期性的，也可以是非周期性的；后一种是冲击荷载，引起振动都将因结构阻尼而消逝。

楼面设计时，对一般结构的荷载效应，可不经过结构的动力分析，而直接对楼面上的静力荷载乘以动力系数后，作为楼面活荷载，按静力分析确定结构的荷载效应。

在很多情况下，由于荷载效应中的动力部分占比重不大，在设计中往往可以忽略，或直接包含在标准值的取值中。对冲击荷载，由于影响比较明显，在设计中应予以考虑。

《建筑结构荷载规范》(GB 50009—2001)(2006 年版)明确规定,对搬运和装卸重物以及车辆启动和刹车时的动力系数可取 1.1~1.3;对屋面上直升机的活荷载也应考虑动力系数,具有液压轮胎起落架的直升机可取 1.4。此外动力荷载只传至直接承受该荷载的楼板和梁。

另外,当楼面放有特别重的设备、无过道的密集书柜、消防车等大型车辆时应另行考虑。

2.7.2 民用建筑楼面均布活荷载

1. 民用建筑楼面均布活荷载的标准值及组合值、频遇值和准永久值系数

民用建筑楼面活荷载是指建筑物中的人群、家具、设施等产生的重力作用,这些荷载的量值随时间发生变化,位置也是可移动的,亦称可变荷载。楼面活荷载按其随时间变异的特点,可分为持久性和临时性两部分。持久性活荷载是指楼面上在某个时段内基本保持不变的荷载,如住宅内的家具、物品、常住人员等,这些荷载在住户搬迁入住后一般变化不大;临时性活荷载是指楼面上偶尔出现的短期荷载,如聚会的人群、装修材料的堆积等。《建筑结构荷载规范》(GB 50009—2001)(2006 年版)在调查和统计的基础上给出了民用建筑楼面均布活荷载的标准值及其组合值、频遇值和准永久值系数(表 2-17),设计时对于表中列出的项目应直接取用表中所给的数据。

2. 民用建筑楼面活荷载标准值折减

作用在楼面上的活荷载不可能以标准值的大小同时布满在所有的楼面上,因此在设计梁、墙、柱和基础时,还要考虑实际荷载沿楼面分布的变异情况,也即在确定梁、墙、柱和基础的荷载标准值时,还应按楼面荷载标准值乘以折减系数。折减系数的确定是一个比较复杂的问题,按照概率统计方法来考虑实际荷载沿楼面分布的变异情况尚不成熟,目前大多数国家均采用半经验的传统方法,根据荷载从属面积的大小来考虑折减系数。

1) 国际通行做法

在国际标准 ISO 2103 中,建议按下述不同情况对楼面均布荷载乘以折减系数 λ。

(1) 在计算梁的楼面活荷载效应时。

① 对住宅、办公楼等房屋或其房间,公式为:

$$\lambda = 0.3 + \frac{3}{\sqrt{A}} \quad (A > 18\text{m}^2) \tag{2-16}$$

② 对公共建筑或其房间,公式为

$$\lambda = 0.5 + \frac{3}{\sqrt{A}} \quad (A > 18\text{m}^2) \tag{2-17}$$

式中,A——所计算梁的从属面积,指向梁两侧各延伸 1/2 梁间距范围内的实际楼面面积。

(2) 在计算多层房屋的柱、墙或基础的楼面活荷载效应时。

① 对住宅、办公楼等房屋,公式为

$$\lambda = 0.3 + \frac{0.6}{\sqrt{n}} \tag{2-18}$$

② 对公共建筑,公式为

$$\lambda = 0.5 + \frac{0.6}{\sqrt{n}} \tag{2-19}$$

式中,n——所计算截面以上楼层数,$n \geq 2$。

表 2-17 民用建筑楼面均布活荷载的标准值及其组合值、频遇值和准永久值系数

项次	类别	标准值/(kN/m²)	组合值系数 ψ_c	频遇值系数 ψ_f	准永久值系数 ψ_q
1	(1) 住宅、宿舍、旅馆、办公楼、医院病房、托儿所、幼儿园 (2) 教室、实验室、阅览室、会议室、医院门诊室	2.0	0.7	0.5 0.6	0.4 0.5
2	食堂、餐厅、一般资料档案室	2.5	0.7	0.6	0.5
3	(1) 礼堂、剧场、影院、有固定座位的看台 (2) 公共洗衣房	3.0 3.0	0.7 0.7	0.5 0.6	0.3 0.5
4	(1) 商店、展览厅、车站、港口、机场大厅及其旅客等候室 (2) 无固定座位的看台	3.5 3.5	0.7 0.7	0.6 0.6	0.5 0.3
5	(1) 健身房、演出舞台 (2) 舞厅	4.0 4.0	0.7 0.7	0.6 0.6	0.5 0.3
6	(1) 书库、档案库、贮藏室 (2) 密集柜书库	5.0 12.0	0.9	0.9	0.8
7	通风机房、电梯机房	7.0	0.9	0.9	0.8
8	汽车通道及停车库： (1) 单向板楼盖（板跨不小于 2m） 客车 消防车 (2) 双向板楼盖和无梁楼盖（柱网尺寸不小于 6m×6m） 客车 消防车	 4.0 35.0 2.5 20.0	 0.7 0.7 0.7 0.7	 0.7 0.7 0.7 0.7	 0.6 0.6 0.6 0.6
9	厨房： (1) 一般的 (2) 餐厅的	 2.0 4.0	 0.7 0.7	 0.6 0.7	 0.5 0.7
10	浴室、厕所、盥洗室： (1) 第 1 项中的民用建筑 (2) 其他民用建筑	 2.0 2.5	 0.7 0.7	 0.5 0.6	 0.4 0.5
11	走廊、门厅、楼梯： (1) 宿舍、旅馆、医院病房、托儿所、幼儿园、住宅 (2) 办公楼、教室、餐厅、医院门诊部 (3) 消防疏散楼梯、其他民用建筑	 2.0 2.5 3.5	 0.7 0.7 0.7	 0.5 0.6 0.5	 0.4 0.5 0.3
12	阳台： (1) 一般情况 (2) 当人群有可能密集时	 2.5 3.5	0.7	0.6	0.5

注：① 本表所给各项活荷载适用于一般使用条件，当使用荷载较大或情况特殊时，应按实际情况采用。
② 第 6 项中当书架高度大于 2m 时，书库活荷载应按每米书架高度不小于 2.5kN/m² 确定。
③ 第 8 项中的客车活荷载只适用于停放载人少于 9 人的客车；消防车活荷载是适用于满载总重为 300kN 的大型车辆；当不符合本表的要求时，应将车轮的局部荷载按结构效应的等效原则换算为等效均布荷载。
④ 第 11 项中楼梯活荷载，对预制楼梯踏步平板，应按 1.5kN 集中荷载验算。
⑤ 本表中各项荷载不包括隔墙自重和二次装修荷载，对固定隔墙的自承应按恒荷载考虑。当隔墙位置可灵活自由布置时，非固定隔墙的自重应取每延米长墙面(kN/m)的 1/3 作为楼面活荷载的(kN/m²)附加值计入，附加值不小于 1.0kN/m²。

2)《建筑结构荷载规范》(GB 50009—2001)(2006年版)规定

《建筑结构荷载规范》(GB 50009—2001)(2006年版)在借鉴国际标准的同时,结合我国设计经验作了合理的简化与修正,给出了设计楼面梁、墙、柱及基础时,不同情况下楼面活荷载的折减系数(表2-18),设计时可根据不同情况直接取用。

(1) 设计楼面梁时的折减系数。

① 表2-17中第1(1)项当楼面从属面积超过25m²时,应取0.9。

② 表2-17中第1(2)~第7项当楼面梁从属面积超过50m²时应取0.9。

③ 表2-17中第8项对单向板楼盖的次梁和槽形板的纵肋应取0.8;对单向板楼盖的主梁应取0.6;对双向板楼盖的梁应取0.8。

④ 表2-17中第9~第12项应采用与所属房屋类别相同的折减系数。

(2) 设计墙、柱和基础时的折减系数。

① 表2-17中第1(1)项应按表2-10规定采用。

② 表2-17中第1(2)~第7项应采用与其楼面梁相同的折减系数。

③ 表2-17中第8项对单向板楼盖应取0.5;对双向板楼盖和无梁楼盖应取0.8。

④ 表2-17中第9~第12项应采用与所属房屋类别相同的折减系数。

表2-18 活荷载按楼层的折减系数

墙、柱、基础计算截面以上层数	1	2~3	4~5	6~8	9~20	>20
计算截面以上各楼层活荷载总和的折减系数	1.00(0.90)	0.85	0.70	0.65	0.60	0.55

注:当楼面梁的从属面积超过25m²时,应采用括号内的系数。

【例2.1】 某存放一般资料的两层档案馆,其承重结构为现浇钢筋混凝土无梁楼盖板柱体系。柱网尺寸为7.8m×7.8m,楼层净高为3.0m,楼板厚度为0.26m,楼面层建筑做法为0.04m。各层楼面上设置可灵活布置的C型轻钢龙骨,不保温两层12mm纸面石膏板隔墙,求柱在基础顶部截面处由楼面活荷载标准值产生的轴向力。

解:(1) 隔墙产生的附加楼面活荷载标准值。由于隔墙位置可灵活布置,其自重作为楼面活荷载的附加值应计入,可通过以下方法求得。

查《建筑结构荷载规范》(GB 50009—2001)(2006年版)附录A第11项得隔墙自重为0.27kN/m²,隔墙高度等于楼层净高3.0m,按规定可取每延米长墙重的1/3作为隔墙产生的附加楼面活荷载标准值。

$$Q_{ak}=\frac{1}{3}\times 3.0\times 0.27=0.27\text{kN/m}^2$$

但其值小于1kN/m²,取等于1kN/m²。

(2) 楼面均布活荷载标准值。对存放一般资料的档案室楼面均布活荷载标准值按《建筑结构荷载规范》(GB 50009—2001)(2006年版)规定为2.5kN/m²(见表2-17中的第2项)。

因此档案馆每层楼面活荷载标准值为$q=2.5+1=3.5\text{kN/m}^2$

(3) 楼面活荷载产生的轴向力标准值。设计基础时,对于楼面活荷载标准值的折减系数,《建筑结构荷载规范》(GB 50009—2001)(2006年版)规定其值为0.9,因此由楼面活荷载产生的轴向力标准值(忽略楼板不平衡弯矩产生的轴向力影响)为

$$N_k=3.5\times 2\times 0.9\times 7.8\times 7.8=383.3\text{kN}$$

2.7.3 工业建筑楼面活荷载

工业建筑楼面在生产使用或安装检修时，由设备、管道、运输工具及可能拆移的隔墙产生的局部荷载，均应按实际情况考虑，可采用等效均布活荷载来代替。工业建筑楼面活荷载的组合值系数、频遇值系数和准永久值系数，除本书明确给出外，应按实际情况采用，但在任何情况下，组合值和频遇值系数都不应小于 0.7，准永久值系数不应小于 0.6。

1. 工业建筑的楼面等效均布活荷载

在《建筑结构荷载规范》(GB 50009—2001)(2006 年版) 附录 C 中列出了金工车间、仪器仪表生产车间、半导体器件车间、棉纺织造车间、轮胎厂准备车间和粮食加工车间等工业建筑楼面活荷载的标准值，供设计人员设计时参照采用。

2. 操作荷载及楼梯荷载

工业建筑楼面(包括工作台)上无设备区域的操作荷载，包括操作人员、一般工具、零星原料和成品的自重，可按均布活荷载考虑，其标准一般采用 $2.0 kN/m^2$。但堆积料较多的车间可取 $2.5 kN/m^2$；此外有的车间由于生产的不均衡性，在某个时期的成品或半成品堆放特别严重，则操作荷载的标准值可根据实际情况确定，操作荷载在设备所占的楼面面积内不予考虑。

生产车间的楼梯活荷载标准值可按实际情况采用，但不宜小于 $3.5 kN/m^2$。

这些车间楼面上荷载的分布形式不同，生产设备的动力性质也不尽相同，安装在楼面上的生产设备以局部荷载形式作用于楼面，而操作人员、加工原料、成品部件多为均匀分布；另外，不同用途的厂房，工艺设备动力性能各异，对楼面产生的动力效应也存在差别。为方便起见，常将局部荷载折算成等效均布荷载，并乘以动力系数，将静力荷载适当放大，来考虑机器上楼引起的动力作用。

3. 楼面等效均布活荷载的确定方法

工业建筑在生产、使用过程中和安装检修设备时，由设备、管道、运输工具及可能拆移的隔墙在楼面上产生的局部荷载可采用以下方法确定其楼面等效均布活荷载。

(1) 楼面(板、次梁及主梁)的等效均布活荷载应在其设计控制部位上，根据需要按照内力(弯矩、剪力等)、变形及裂缝的等值要求来确定等效均布活荷载。在一般情况下，可仅按控制截面内力的等值原则确定。

(2) 由于实际工程中生产、检修、安装工艺以及结构布置的不同，楼面活荷载差别可能较大，此情况下应划分区域，分别确定各区域的等效均布活荷载。

(3) 连续梁、板的等效均布荷载可按单跨简支梁、简支板计算，但在计算梁、板的实际内力时仍按连续结构进行分析，可考虑梁、板塑性内力重分布，并按弹性阶段分析内力确定等效均布活荷载。

(4) 板面等效均布荷载按板内分布弯矩等效的原则确定，即简支板在实际的局部荷载作用下引起的绝对最大弯矩，应等于该简支板在等效均布荷载作用下引起的绝对最大弯矩。单向板上局部荷载的等效均布活荷载可按下式计算。

$$q_0 = \frac{8M_{max}}{bl_0^2} \quad (2-20)$$

式中，l_0——板的计算跨度；

b——板上局部荷载的有效分布宽度；

M_{max}——简支单向板的绝对最大弯矩，即沿板宽方向按设备的最不利布置确定的总弯矩。计算时设备荷载应乘以动力系数，并扣去设备在该板跨度内所占面积上有操作荷载引起的弯矩。动力系数应根据实际情况考虑。

（5）计算板面等效均布荷载时，还必须明确搁置于楼面上的工艺设备局部荷载的实际作用面尺寸，作用面一般按矩形考虑，并假定荷载按45°扩散线传递，这样可以方便地确定荷载扩散到板中性层处的计算宽度，从而确定单向板上局部荷载的有效分布宽度。单向板上局部荷载的有效分布宽度b可按下列规定计算。

① 当局部荷载作用面的长边平行于板跨时，简支板上荷载的有效分布宽度b按以下两种情况取值［图2.9(a)］。

当$b_{cx} \geq b_{cy}$，$b_{cy} \leq 0.6l_0$，$b_{cx} \leq l_0$时
$$b = b_{cy} + 0.7l_0 \quad (2-21)$$

当$b_{cx} \geq b_{cy}$，$0.6l_0 < b_{cy} \leq l_0$，$b_{cx} \leq l_0$时
$$b = 0.6b_{cy} + 0.94l_0 \quad (2-22)$$

② 当局部荷载作用面的短边平行于板跨时，简支板上荷载的有效分布宽度b按以下两种情况取值［图2.9(b)］。

当$b_{cx} < b_{cy}$，$b_{cy} \leq 2.2l_0$，$b_{cx} \leq l_0$时
$$b = \frac{2}{3}b_{cy} + 0.73l_0 \quad (2-23)$$

当$b_{cx} < b_{cy}$，$b_{cy} > 2.2l_0$，$b_{cx} \leq l_0$时
$$b = b_{cy} \quad (2-24)$$

式中，l_0——板的跨度；

b_{cx}——局部荷载作用面平行于板跨的计算宽度，$b_{cx} = b_{tx} + 2s + h$；

b_{cy}——局部荷载作用面垂直于板跨的计算宽度，$b_{cy} = b_{ty} + 2s + h$；

b_{tx}——局部荷载作用面平行于板跨的宽度；

b_{ty}——局部荷载作用面垂直于板跨的宽度；

s——垫层厚度；

h——板的厚度。

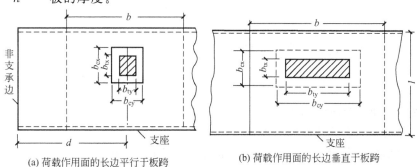

(a) 荷载作用面的长边平行于板跨　　(b) 荷载作用面的长边垂直于板跨

图2.9　简支板上局部荷载的有效分布宽度

对于不同用途的工业厂房,板、次梁和主梁的等效均布荷载的比值没有共同的规律,难以给出统一的折减系数。因此,《建筑结构荷载规范》(GB 50009—2001)(2006 年版)对板、次梁和主梁分别列出了等效均布荷载的标准值,对于多层厂房的柱、墙和基础不考虑按楼层数的折减。不同用途的工业建筑,其工艺设备的动力性质不尽相同,一般情况下,《建筑结构荷载规范》(GB 50009—2001)(2006 年版)所给的各类车间楼面活荷载取值中已考虑动力系数 1.05~1.10,对特殊的专用设备和机器可提高到 1.20~1.30。

【例2.2】 某工业建筑的楼面板,在使用过程中最不利情况的设备位置如图 2.10 所示,设备重 8kN,设备平面尺寸为 $0.5m \times 1m$,设备下有混凝土垫层厚 0.1m,使用过程中设备产生的动力系数为 1.1,楼面板为现浇钢筋混凝土单向连续板,其厚度为 0.1m,无设备区域的操作荷载为 $2.0kN/m^2$,求此情况下等效楼面均布活荷载标准值。

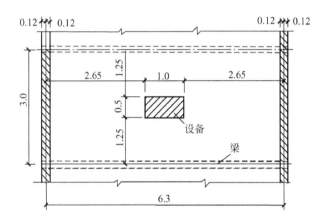

图 2.10 例 2.2 最不利情况设备位置

解:(1)局部荷载的有效分布宽度。

板的计算跨度 $l_0 = l_c = 3m$。

设备荷载作用面平行于板跨的计算宽度为
$$b_{cx} = b_{tx} + 2s + h = 0.5 + 2 \times 0.1 + 0.1 = 0.8m$$

设备荷载作用面垂直于板跨的计算宽度为
$$b_{cy} = b_{ty} + 2s + h = 1 + 2 \times 0.1 + 0.1 = 1.3m$$

符合 $b_{cx} < b_{cy}$(即 $0.8m < 1.3m$);$b_{cy} < 2.2l_0$(即 $1.3m < 2.2 \times 3 = 6.6m$);$b_{cx} < l_0$(即 $0.8m < 3m$)的条件。

故设备荷载在板上的有效分布宽度为
$$b = \frac{2}{3}b_{cy} + 0.73l_0 = \frac{2}{3} \times 1.3 + 0.73 \times 3 = 3.06m$$

(2)等效楼面均布活荷载标准值。

按简支单跨板计算作用在板上的荷载。

无设备区域的操作荷载在板的有效分布宽度内产生的沿板跨均布线荷载为
$$q_1 = 2 \times 3.06 = 6.12kN/m$$

设备荷载乘以动力系数扣除设备在板跨内所占面积上的操作荷载后产生的沿板跨均布线荷载为

$$q_2 = (8 \times 1.1 - 2 \times 0.5 \times 1)/0.8 = 9.75 \text{kN/m}$$

板的最大弯矩为

$$M_{\max} = \frac{1}{8} \times 6.12 \times 3^2 + \frac{1}{8} \times 9.75 \times 0.8 \times 3 \times \left(2 - \frac{0.8}{3}\right) = 11.96 \text{kN} \cdot \text{m}$$

等效楼面均布活荷载标准值为

$$q_e = \frac{8 M_{\max}}{b l_0^2} = \frac{8 \times 11.96}{3.06 \times 3^2} = 3.47 \text{kN/m}^2$$

2.7.4 屋面活荷载和屋面积灰荷载

1. 屋面均布活荷载

房屋建筑的屋面可分为上人屋面和不上人屋面。当屋面为平屋面,并有楼梯直达屋面时,有可能出现人群的聚集,按上人屋面考虑屋面均布活荷载;当屋面为斜屋面或设有上人孔的平屋面时,仅考虑施工或维修荷载,按不上人屋面考虑屋面均布活荷载。屋面由于环境的需要有时还设有屋顶花园,屋顶花园除承重构件、防水构造等材料外,尚应考虑花池砌筑、卵石滤水层、花圃土壤等重量。

工业及民用房屋的屋面,其水平投影面上屋面均布活荷载的标准值、组合值系数、频遇值系数及准永久值系数按表 2-19 采用。

表 2-19 屋面均布活荷载

项次	类别	标准值/(kN/m²)	组合值系数 ψ_c	频遇值系数 ψ_f	准永久值系数 ψ_q
1	不上人的屋面	0.5	0.7	0.5	0.0
2	上人的屋面	2.0	0.7	0.5	0.4
3	屋顶花园	3.0	0.7	0.6	0.5

注:① 不上人的屋面,当施工或维修荷载较大时,应按实际情况采用;对不同结构应按有关设计规范的规定,将标准值作 0.2kN/m² 的增减。
② 上人的屋面,当兼作其他用途时,应按相应楼面活荷载采用。
③ 对于因屋面排水不畅、堵塞等引起的积水荷载,应采取构造措施加以防止;必要时,应按积水的可能深度确定屋面活荷载。
④ 屋顶花园活荷载不包括花圃土石等材料自重。

设计时注意屋面活荷载不应与雪荷载同时考虑,此外该活荷载是屋面的水平投影面上的荷载。由于我国大多数地区的雪荷载标准值小于屋面均布活荷载标准值,因此在屋面结构和构件计算时,往往是屋面均布活荷载对设计起控制作用。

高档宾馆、大型医院等建筑的屋面有时还设有直升机停机坪,直升机总重引起的局部荷载可按直升机的实际最大起飞重量并考虑动力系数确定,同时其等效均布荷载不低于 5.0kN/m²。当没有机型技术资料时,一般可依据轻、中、重 3 种类型的不同要求,按表 2-20 规定选用局部荷载标准值及作用面积。

表 2-20 直升机的局部荷载及作用面积

类型	最大起飞重量/t	局部荷载标准值/kN	作用面积/m²
轻型	2	20	0.20×0.20
中型	4	40	0.25×0.25
重型	6	60	0.30×0.30

注：荷载的组合值系数应取 0.7，频遇值系数应取 0.6，准永久值系数应取 0。

2. 屋面积灰荷载

(1) 机械、冶金、水泥等行业在生产过程中有大量排灰产生，易于在厂房及其邻近建筑屋面堆积，形成积灰荷载。影响积灰厚度的主要因素有除尘装置的使用、清灰制度的执行、风向和风速、烟囱高度、屋面坡度和屋面挡风板等。当工厂设有一定除尘设施，且能坚持正常清灰的前提下，屋面水平投影面上的积灰荷载应按表 2-21 采用。

(2) 对于屋面上易形成灰堆处，当设计屋面板、檩条时，积灰荷载标准值可乘以下列规定的增大系数。

① 在高低跨处两倍于屋面高差但不大于 6.0m 的分布宽度内（图 2.11）取 2.0。

② 在天沟处不大于 3.0m 的分布宽度内（图 2.12）取 1.4。

表 2-21 屋面积灰荷载

项次	类别	标准值/(kN/m²) 屋面无挡风板	标准值/(kN/m²) 屋面有挡风板 挡风板内	标准值/(kN/m²) 屋面有挡风板 挡风板外	组合值系数 ψ_c	频遇值系数 ψ_f	准永久值系数 ψ_q
1	机械厂铸造车间（冲天炉）	0.50	0.75	0.30	0.9	0.9	0.8
2	炼钢车间（氧气转炉）	—	0.75	0.30			
3	锰、铬铁合金车间	0.75	1.00	0.30			
4	硅、钨铁合金车间	0.30	0.50	0.30			
5	烧结室、一次混合室	0.50	1.00	0.20			
6	烧结厂通廊及其他车间	0.30	—	—			
7	水泥厂有灰源车间（窑房、磨房、联合储库、烘干房、破碎房）	1.00	—	—			
8	水泥厂无灰源车间（空气压缩机站、机修间、材料库、配电站）	0.50	—	—			

注：① 表中的积灰均布荷载，仅应用于屋面坡度 $a \leqslant 25°$；当 $a \geqslant 45°$ 时，可不考虑积灰荷载；当 $25° < a < 45°$ 时，可按插值法取值。

② 清灰设施的荷载另行考虑。

③ 对第 1～第 4 项的积灰荷载，仅应用于距烟囱中心 20m 半径范围内的屋面；当邻近建筑在该范围内时，其积灰荷载对第 1、第 3、第 4 项应按车间屋面无挡风板的采用，对第 2 项应按车间屋面挡风板外的采用。

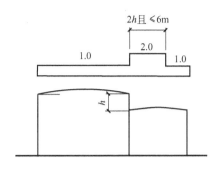
图 2.11 高低跨屋面积灰荷载的增大系数

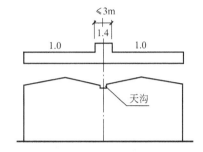
图 2.12 天沟处积灰荷载的增大系数

对有雪地区,积灰荷载应与雪荷载一道考虑;雨季的积灰吸水后重度增加,可通过不上人屋面的活荷载来补偿。因此,积灰荷载应与雪荷载或不上人的屋面均布活荷载两者中的较大值同时考虑。

【例 2.3】 要求确定某水泥厂的机修车间天沟处的钢筋混凝土大型屋面板的屋面积灰荷载标准值。

解:查表 2-21,该车间属水泥厂无灰源的车间且屋面坡度 $\alpha<25°$,因此,其屋面积灰荷载标准值为 0.5kN/m^2,但根据规定天沟处的屋面积灰荷载标准值应乘以增大系数 1.4,故该处的屋面积灰荷载标准值 q_{ak} 为

$$q_{ak}=0.5\times1.4=0.7\text{kN/m}^2$$

2.7.5 施工、检修荷载及栏杆水平荷载

1. 施工和检修荷载标准值

设计屋面板、檩条、钢筋混凝土挑檐、雨篷和预制小梁时,除了考虑屋面均布活荷载外,还应按下列施工、检修集中荷载(人和工具自重)标准值出现在最不利位置上的情况进行验算。

(1) 屋面板、檩条、钢筋混凝土挑檐和预制小梁,施工或检修时集中荷载应取 1.0kN,并应作用在最不利位置处进行验算。

(2) 计算挑檐、雨篷承载力时,应沿板宽每隔 1.0m 取一个集中荷载;在验算挑檐、雨篷倾覆时,应沿板宽每隔 2.5～3.0m 取一个集中荷载,集中荷载的位置作用于挑檐、雨篷端部(图 2.13)。

(3) 对于轻型构件或较宽构件,当施工荷载超过上述荷载时,应按实际情况验算,或采用加垫板、支承等临时设计承受。

2. 栏杆水平荷载标准值

设计楼梯、看台、阳台和上人屋面等的栏杆时,考虑到人群拥挤可能会对栏杆产生侧向推力,应在栏杆顶部作用水平荷载进行验算(图 2.14)。栏杆水平荷载的取值与人群活动密集程度有关,可按下列规定采用。

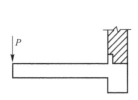

图 2.13 挑檐、雨篷集中荷载　　　　图 2.14 栏杆水平荷载

(1) 住宅、宿舍、办公楼、旅馆、医院、托儿所、幼儿园，栏杆水平荷载应取 0.5kN/m。

(2) 学校、食堂、剧场、电影院、车站、礼堂、展览馆或体育场，应取 1.0kN/m。

(3) 当采用荷载准永久组合时，可不考虑施工和检修荷载及栏杆水平荷载。

【例 2.4】 验算某食堂的支承于 $b \times h = 240\text{mm} \times 350\text{mm}$ 梁上的宽度为 2.72m，挑出 1.1m 的雨篷由于施工及检修集中荷载产生的倾覆弯矩标准值。

解：(1) 倾覆荷载。雨篷总宽度为 2.72m。按规定验算倾覆时，沿板宽每隔 2.5～3m 考虑一个集中荷载，故本例情况只考虑一个集中荷载，其作用的最不利位置在板端，其值取 1.0kN。

(2) 倾覆点至墙外边缘的距离。雨篷倾覆时，参照《砌体结构设计规范》(GB 50003—2011)第 7.4.2 条关于挑梁倾覆点的规定，由于雨篷板支于雨篷梁上，即埋入墙深度为雨篷梁的宽度，其值小于 2.2 倍的梁高，因此，计算倾覆点离墙外边缘的距离 x 应为 13% 的雨篷梁宽度，即

$$x = 0.13 \times 0.24 = 0.031\text{m}$$

(3) 倾覆弯矩标准值。由施工荷载或检修荷载产生的倾覆弯矩标准值为

$$M = 1.0 \times (1.1 + 0.031) = 1.13\text{kN} \cdot \text{m}$$

本 章 小 结

由地球引力产生的结构的材料重力即结构的自重，一般而言，可以根据结构的材料种类、材料体积和材料容重计算；土体因自身重量产生的竖向应力可取该截面上单位面积的土柱体的重力；雪压是指单位水平面积上的雪重，雪荷载标准值可按屋面水平投影面上的基本雪压进行计算。楼面活荷载在楼面上的位置是任意布置的，为方便起见，工程设计时一般可将楼面活荷载处理为等效均布载荷，均布活荷载的量值与房屋使用功能有关，根据楼面上人员活动状态和设施分布情况取值。房屋建筑的屋面可分为上人屋面和不上人屋面，一般屋面按均布活荷载考虑。工业厂房吊车荷载需要考虑吊车工作制等级、工作级别、机构分级等众多因素，计算复杂。桥梁工程中车辆荷载及人群荷载规范给出了确定途径。

思 考 题

1. 土的自重应力计算可以分几种情况，如何确定？
2. 屋面活荷载都应考虑哪些内容，如何计算？
3. 如何确定桥面上的荷载？
4. 吊车荷载应考虑哪些方面，如何计算？
5. 楼面活荷载如何取值，应注意哪些问题？

习 题

1. 某地基由多层土组成，各土层的厚度、容重如图 2.15 所示，试求各土层交界处的竖向自重应力，并绘出自重应力分布图。

2. 已知某市基本雪压 $S_0 = 0.5 \text{kN/m}^2$，某建筑物为拱形屋面，拱高 $f = 5\text{m}$，跨度为 $l = 21\text{m}$，试求该建筑物的雪压标准值。

3. 某单跨 24m 屋架如图 2.16 所示，屋架间距为 6m，上弦铺设 3m×6m 钢筋混凝土大型屋面板并支承在屋架节点上，屋面坡度 $\alpha = 5.71°$，当地基本雪压为 0.55kN/m^2，求设计屋架时所需由雪压荷载产生的杆件 1 内力标准值。（设计屋架时可分别按积雪全跨均匀分布、不均匀分布和半跨均匀分布 3 种情况考虑）

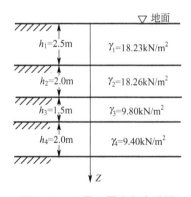

图 2.15 习题 1 厚度和容重图

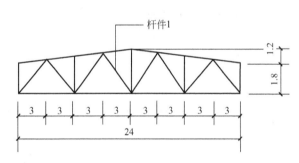

图 2.16 习题 3 屋架外形尺寸（单位：m）

4. 有一单层单跨工业厂房，跨度为 18m，柱距为 6m。简支钢筋混凝土吊车梁自重、联结件的标准值为 6.0kN/m，计算跨度为 5.8m。设计时考虑两台 10tA5 级电动吊钩桥式吊车，吊车主要技术参数为：桥架跨度 $B = 5.55\text{m}$，轮距 $K = 4.4\text{m}$，小车自重 $Q_{1k} = 38\text{kN}$，吊车最大轮压 $P_{\max,k} = 115\text{kN}$，吊车总重 $Q_{1k} + Q_{bk} = 180\text{kN}$，求按《混凝土结构设计规范》(GB 50010—2010)验算吊车梁挠度时，所需要的荷载效应标准组合最大设计值及荷载效应准永久组合最大设计值。

第3章 风荷载

教学目标

(1) 掌握风荷载的计算方法和取值原则。
(2) 了解风荷载产生的条件和对结构的影响。
(3) 熟知各种风效应的计算方法。

教学要求

知识要点	能力要求	相关知识
风荷载	(1) 掌握风荷载的计算方法 (2) 掌握风荷载的取值原则	(1) 基本风压 (2) 风压高度变化系数 (3) 风荷载体型系数
风对结构影响	(1) 了解风荷载产生的条件 (2) 了解风荷载对结构的影响	(1) 风力 (2) 风效应
顺风、横风向 结构风效应	(1) 熟知其计算方法 (2) 了解其影响因素	(1) 风振 (2) 脉动 (3) 振型 (4) 锁定现象 (5) 基本周期 (6) 共振

第3章 风荷载

基本概念

风速、风压、基本风压、重现期

引例

风荷载是空气流动对工程结构所产生的压力。风荷载与基本风压、地形、地面粗糙度、距离地面高度以及建筑体型等因素有关。对于高层建筑、高耸结构以及一些对风荷载敏感的建筑，风荷载往往是工程结构设计的主要控制荷载。

3.1 风的有关知识

3.1.1 风的形成

风是空气相对于地面的运动。由于太阳对地球各处辐射程度和大气升温的不均衡性，在地球上的不同地区产生大气压力差，空气从气压大的地方向气压小的地方流动就形成了风。

由于地球是一个球体，太阳光辐射到地球上的能量随纬度不同而有差异，赤道和低纬度地区受热量较多，而极地和高纬度地区受热量较少。在受热量较多的赤道附近地区，气温高，空气密度小，则气压小，大气因加热膨胀由表面向高空上升。受热量较少的极地附近地区，气温低，空气密度大，则气压大，大气因冷却收缩由高空向地表下沉。因此，在低空受指向低纬气压梯度力的作用，空气从高纬地区流向低纬地区；在高空气压梯度指向高纬，空气则从低纬流向高纬地区，这样就形成了如图3.1所示的全球性南北向环流。

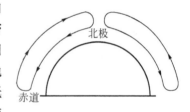
图3.1 大气热力学环流模型

3.1.2 两类性质的大风

1. 台风

台风是发生在热带海洋上空的一种气旋。在一个高水温的暖热带洋面上空，若有一个弱的热带气旋性系统产生或移来，在合适的环境下，因摩擦作用使气流产生向弱涡旋内部流动的分量，把高温洋面上蒸发进入大气的大量水汽带到涡旋内部，把高温高湿空气辐合到弱涡旋中心，产生上升和对流运动，释放潜热以加热涡旋中心上空的气柱，形成暖心。由于涡旋中心变暖，空气变轻，中心气压下降，低涡变强。当低涡变强，反过来又使低空暖湿空气向内辐合更强，更多的水汽向中心集中，对流更旺盛，中心变得更暖，中心气压更为下降，如此循环，直至增强为台风。

2. 季风

由于大陆和海洋在一年之中增热和冷却程度不同,在大陆和海洋之间大范围的、风向随季节有规律改变的风,称为季风。形成季风最根本的原因是由于地球表面性质不同,热力反映有所差异引起的。

冬季大陆上辐射冷却强烈,温度低,空气密度大,就形成高压;与它相邻的海洋,由于水的热容量大,辐射冷却不如大陆强烈,相对而言,它的温度高,气压低。夏季则出现相反的情况。由此便形成了冬季风从陆地吹向海洋,夏季风从海洋吹向陆地,从而形成了一年内周期性转变的季风环流。在季风盛行的地区,常形成特殊的季风天气和季风气候。在夏季风控制时,空气来自暖湿海洋,易形成多云多雨天气;冬季风影响时,则产生晴朗干冷的天气。我国是季风显著的地区,因此具有夏季多云雨,冬季晴朗干冷的季风气候。

3.1.3 我国风气候总况

我国的风气候总体情况如下。

(1) 台湾、海南和南海诸岛由于地处海洋,常年受台风的直接影响,是我国最大的风区。

(2) 东南沿海地区由于受台风影响,是我国大陆的大风区。风速梯度由沿海指向内陆。台风登陆后,受地面摩擦的影响,风速削弱很快。统计表明,在离海岸 100km 处,风速约减小一半。

(3) 东北、华北和西北地区是我国的次大风区,风速梯度由北向南,与寒潮入侵路线一致。华北地区夏季受季风影响,风速有可能超过寒潮风速。黑龙江西北部处于我国纬度最北地区,它不在蒙古高压的正前方,因此那里的风速不大。

(4) 青藏高原地势高,平均海拔在 4~5km 之间,属较大风区。

(5) 长江中下游、黄河中下游是小风区,一般台风到此已大为减弱,寒潮风到此也是强弩之末。

(6) 云贵高原处于东亚大气环流的死角,空气经常处于静止状态,加之地形闭塞,形成了我国的最小风区。

3.1.4 风力等级

风力等级简称风级,是风强度(风力)的一种表示方法。国际通用的风力等级是由英国人蒲福(Beaufort)于 1805 年拟定的,故又称"蒲福风力等级"。它最初是根据风对炊烟、沙尘、地物、渔船、渔浪等的影响大小分为 0~12 级,共 13 个等级。风速越大,风级越大。由于早期人们还没有仪器来测定风速,因此就按照风所引起的现象来划分等级。风的 13 个等级见表 3-1。

表 3-1 蒲福风力等级表

风力等级	名称	海面状况浪高/m		海岸渔船征象	陆地地面物征象	距地 10m 高处相当风速		
		一般	最高			km/h	mile/h	m/s
0	静风	—	—	静	静、烟直上	<1	<10	0~0.2

(续)

风力等级	名称	海面状况浪高/m		海岸渔船征象	陆地地面物征象	距地 10m 高处相当风速		
		一般	最高			km/h	mile/h	m/s
1	软风	0.1	0.1	普通渔船略觉摇动	烟能表示风向，但风向标不能转动	1~5	1~3	0.3~1.5
2	轻风	0.2	0.3	渔船张帆时，可随风移行每小时 2km~3km	人面感觉有风，树叶有微响，风向标能转动	6~11	4~6	1.6~3.3
3	微风	0.6	1.0	渔船渐觉簸动，随风移行每小时 5~6km	树叶及微枝摇动不息，旌旗展开	12~19	7~10	3.4~5.4
4	和风	1.0	1.5	渔船满帆时船身倾于一侧	能吹起地面的灰尘和纸张，树的小枝摇动	20~28	11~16	5.5~7.9
5	清劲风	2.0	2.5	渔船缩帆（收去帆的一部分）	有叶的小树摇摆，内陆的水面有小波	29~38	17~21	8.0~10.7
6	强风	3.0	4.0	渔船加倍缩帆，捕鱼须注意风险	大树枝摇动，电线呼呼有声，举伞困难	39~49	22~27	10.8~13.8
7	疾风	4.0	5.5	渔船停息港中，在海上下锚	全树摇动，迎风步行感觉不便	50~61	28~33	13.9~17.1
8	大风	5.5	7.5	近港渔船皆停留不出	微枝折毁，人向前行，感觉阻力甚大	62~74	30~40	17.2~20.7
9	烈风	7.0	10.0	汽船航行困难	烟囱顶部及平瓦移动，小屋有损	75~88	41~47	20.8~24.4
10	狂风	9.0	12.5	汽船航行颇危险	陆上少见，有时可使树木拔起或将建筑物吹毁	89~102	48~55	24.5~28.4
11	暴风	11.5	16.0	汽船遇之极危险	陆上很少，有时必有重大损毁	103~117	56~63	28.5~32.6
12	飓风	14	—	海浪滔天	陆上绝少，其捣毁力极大	118~133	64~71	32.7~36.9

3.2 风　　压

3.2.1 风速与风压的关系

风的强度常用风速表示。当风以一定的速度向前运动遇到建筑物、构筑物、桥梁等阻碍物时，将对这些阻碍物产生压力，即风压。

风荷载是工程结构的主要侧向荷载之一，它不仅对结构物产生水平风压作用，还会引起多种类型的振动效应（风振）。由于这种双重作用，建筑物既受到静力的作用，又受到动力的作用。确定作用于工程结构上的风荷载时，必须依据当地风速资料确定基本风压。风的流动速度随离地面高度不同而变化，还与地貌环境等多种因素有关。

为了设计上的方便，可按规定的测量高度、地貌环境等标准条件确定风速。对于非标准条件下的情况由此进行换算。在规定条件下确定的风速称为基本风速，它是结构抗风设计必须具有的基本数据。

风速和风压之间的关系可由流体力学中的伯努利方程得到。自由气流的风速产生的单位面积上的风压力为

$$w_0 = \frac{1}{2}\rho v_0^2 = \frac{\gamma}{2g}v_0^2 \tag{3-1}$$

式中，w_0——单位面积上的风压力（kN/m^2）；

ρ——空气密度（kg/m^3）；

γ——空气单位体积重力（kN/m^3）；

g——重力加速度（m/s^2）；

v_0——平均风速（m/s）。

在标准大气压情况下，$\gamma = 0.012018 kN/m^3$，$g = 9.80 m/s^2$，可得

$$w_0 = \frac{\gamma}{2g}v_0^2 = \frac{0.012018}{2 \times 9.80}v_0^2 = \frac{v_0^2}{1630} \ (kN/m^2) \tag{3-2}$$

在不同的地理位置，大气条件是不同的，γ 和 g 值也不相同。资料缺乏时，空气密度可假设海拔高度为 0m，取 $\rho = 1.25(kg/m^3)$；重力加速度 g 不仅随高度变化，而且与纬度有关；空气重度 γ 是气压、气温和温度的函数，因此，各地的 γ/g 的值均不相同。为了比较不同地区风压的大小，必须对地貌、测量高度进行统一规定。

根据统一规定，《建筑结构荷载规范》(GB 50009—2001)(2006 年版)给出了全国各城市 50 年一遇的风压值，见表 2-1。当城市或建设地区的基本风压值在表中未列出时，也可按《建筑结构荷载规范》(GB 50009—2001)(2006 年版)中全国基本风压分布图查得。在进行桥梁结构设计时，可按《公路桥涵设计通用规范》中全国基本风压分布图查得基本风压值。

3.2.2 基本风压

按规定的地貌、高度、时距等测量的风速所确定的风压称为基本风压，基本风压通常按以下规定的条件定义。

1. 标准高度的影响

风速随高度而变化。离地表越近,由于地表摩擦耗能越大,因而平均风速越小。《建筑结构荷载规范》(GB 50009—2001)(2006 年版)对房屋建筑取为距地面 10m 为标准高度;《桥规》对桥梁工程取为距地面 20m 为标准高度,并定义标准高度处的最大风速为基本风速。

2. 标准地貌的规定

同一高度处的风速与地貌粗糙程度有关。地面粗糙程度高,风能消耗多,风速则低。测定风速处的地貌要求空旷平坦,一般应远离城市,大城市中心地区房屋密集,对风的阻碍及摩擦均大。

3. 公称风速的时距

公称的风速实际是一定时间间隔内(称为时距)的平均风速。风速随时间不断变化,常取某一规定时间内的平均风速作为计算标准。风速记录表明,10min 的平均风速已趋于稳定。时距太短,易突出风的脉动峰值作用;时距太长,势必把较多的小风平均进去,致使最大风速值偏低。根据我国风的特性,大风约在 1min 内重复一次,风的卓越周期约为 1min。如取 10min 时距,可覆盖 10 个周期的平均值,在一定长度的时间和一定次数的往复作用下,才有可能导致结构破坏。《建筑结构荷载规范》(GB 50009—2001)(2006 年版)规定的基本风速的时距为 10min。

4. 最大风速的样本时间

由于气候的重复性,风有着它的自然周期,每年季节性地重复一次。因此,年最大风速最有代表性。我国和世界上绝大多数国家一样,取一年最大风速记录值为统计样本。

5. 基本风速的重现期

取年最大风速为样本,可获得各年的最大风速。每年的最大风速值是不同的。工程设计时,一般应考虑结构在使用过程中几十年时间范围内,可能遭遇到的最大风速。该最大风速并不经常出现,而是间隔一段时间后再出现,这个间隔时间称为重现期。

设基本风速重现期为 T_0,则 $1/T_0$ 为超过设计最大风速的概率,因此不超过该设计最大风速的概率或保证率为

$$p_0 = 1 - 1/T_0$$

重现期越长,保证率越高。《建筑结构荷载规范》(GB 50009—2001)(2006 年版)规定:对于一般结构,重现期为 50 年;对于高层建筑、高耸结构及对风荷载比较敏感的结构,重现期应适当提高。

3.2.3 非标准条件下的风速或风压的换算

当《建筑结构荷载规范》(GB 50009—2001)(2006 年版)没有给出建设场地基本风压值时,可按基本风压定义,根据当地风速资料确定。基本风压是按照规定的标准条件得到的,在分析当地风速资料时,往往会遇到实测风速的高度、时距、重现期不符合标准条件的情况,因而有必要了解非标准条件与标准条件之间风速或风压的换算关系。

1. 不同高度换算

即使在同一地区,高度不同,风速也会不同。当实测风速高度不足 10m 标准高度时,应由气象台(站)根据不同高度风速的对比观测资料,并考虑风速大小的影响,给出非标准高度风速与 10m 标准高度风速的换算系数。缺乏观测资料时,实测风速高度换算系数也可按表 3-2 取值。

表 3-2 实测风速高度换算系数

实测风速高度/m	4	6	8	10	12	14	16	18	20
高度换算系数	1.158	1.085	1.036	1.000	0.971	0.948	0.928	0.910	0.895

2. 不同时距换算

时距不同,所求得的平均风速也不同。有时天气变化剧烈,气象台(站)瞬时风速记录时距小于 10min,因此在某些情况下需要进行不同时距之间的平均风速换算。实测结果表明,各种不同时距间平均风速的比值受到多种因素影响,具有很大的变异性。不同时距与 10min 时距风速换算系数可近似按表 3-3 取值。

表 3-3 不同时距与 10min 时距风速换算系数

实测风速时距	60min	10min	5min	2min	1min	0.5min	20s	10s	5s	瞬时
时距换算系数	0.940	1.00	1.07	1.16	1.20	1.26	1.28	1.35	1.39	1.50

应该指出,表中所列出的是平均比值。实际上有许多因素影响该比值,其中最重要的有以下两点。

(1) 平均风速值。实测表明,10min 平均风速越小,该比值越大。

(2) 天气变化情况。一般天气变化越剧烈,该比值越大。如雷暴大风最大,台风次之,而寒潮大风(冷空气)则最小。

3. 不同重现期换算

重现期不同,最大风速的保证率将不同,相应的最大风速值也不同。我国目前按重现期 50 年的概率确定基本风压。重现期的取值直接影响到结构的安全度,对于风荷载比较敏感的结构、重要性不同的结构,设计时有可能采用不同重现期的基本风压,以调整结构的安全水准。不同重现期风速或风压之间的换算系数可按表 3-4 取值。

表 3-4 不同重现期与重现期为 50 年的基本风压换算系数

重现期/年	100	60	50	40	30	20	10	5
重现期换算系数	1.10	1.03	1.00	0.97	0.93	0.87	0.77	0.66

3.3 风压高度变化系数

通常认为在离地表 300~500m 以上的高度时,风速才不再受地表粗糙度的影响,也即达到所谓的"梯度风速"。大气以梯度风速度流动的起点高度称为梯度风高度,又称大气边界层高度,用 H_T 表示。在大气边界层内,风速随距地面的高度的增大而增大。当气压场随高度不变时,风速随高度增大的规律主要取决于地面粗糙度和温度垂直梯度。地面粗糙度等级低的地区,其梯度风高度比等级高的地区低,如图 3.2 所示。

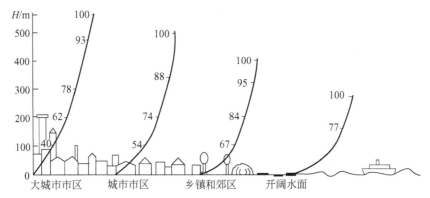

图 3.2 不同粗糙度下的平均风剖面

根据实测结果分析,大气边界层内平均风速沿高度变化的规律可用指数函数来描述,即

$$\frac{v}{v_0} = \left(\frac{z}{z_0}\right)^\alpha \tag{3-3}$$

式中,v——任一高度 z 处的平均风速;
v_0——标准高度处的平均风速;
z——离地面任一高度(m);
z_0——离地面标准高度,通常取为 10m;
α——与地面粗糙度有关的指数,地面粗糙度越大,α 越大。

由式(3-1)可知,风压与风速的平方成正比,将式(3-3)代入,可得

$$\frac{w_\alpha(z)}{w_{0\alpha}} = \frac{v^2}{v_0^2} = \left(\frac{z}{z_0}\right)^{2\alpha} \tag{3-4}$$

式中,$w_\alpha(z)$——任一地貌高度 z 处的风压;
$w_{0\alpha}$——任一地貌标准高度处的风压。

整理式(3-4),并将标准高度 $z_0=10$m 代入,可得

$$w_\alpha(z) = w_{0\alpha}\left(\frac{z}{10}\right)^{2\alpha} \tag{3-5}$$

设标准地貌下梯度风高度为 H_{T0},粗糙度指数为 α_0,基本风压值为 w_0;任一地貌下梯度风高度为 $H_{T\alpha}$。根据梯度风高度处风压相等的条件,由式(3-5)可导出

$$w_0\left(\frac{H_{T0}}{10}\right)^{2\alpha_0} = w_{0\alpha}\left(\frac{H_{T\alpha}}{10}\right)^{2\alpha} \tag{3-6}$$

$$w_{0\alpha} = \left(\frac{H_{T0}}{10}\right)^{2\alpha_0}\left(\frac{10}{H_{T\alpha}}\right)^{2\alpha} w_0 \tag{3-7}$$

将式(3-6)、式(3-7)代入式(3-5),可得任一地貌条件下,高度 z 处的风压为

$$w_\alpha(z) = \left(\frac{H_{T0}}{10}\right)^{2\alpha_0}\left(\frac{10}{H_{T\alpha}}\right)^{2\alpha}\left(\frac{z}{10}\right)^{2\alpha} w_0 = \mu_z^\alpha w_0 \tag{3-8}$$

式中，μ_z^a——任意地貌下的风压高度变化系数，应按地面粗糙度指数 α 和假定的梯度风高度 H_T 确定，并随离地面高度 z 而变化。

《建筑结构荷载规范》(GB 50009—2001)(2006 年版)将地面粗糙度分为 A、B、C、D 4 类。A 类是指近海海面和海岛、海岸、湖岸及沙漠地区，取地面粗糙度指数 $\alpha_A=0.12$，梯度风高度 $H_{TA}=300\text{m}$。B 类是指田野、乡村、丛林、丘陵以及房屋比较稀疏的乡镇和城市郊区，取地面粗糙度指数 $\alpha_B=0.16$，梯度风高度 $H_{TB}=350\text{m}$。C 类是指有密集建筑群的城市市区，取地面粗糙度指数 $\alpha_C=0.22$，梯度风高度 $H_{TC}=400\text{m}$。D 类是指有密集建筑群且房屋较高的城市市区，取地面粗糙度指数 $\alpha_D=0.30$，梯度风高度 $H_{TD}=450\text{m}$。

将以上数据代入式(3-8)，可得以下 A、B、C、D 4 类风压高度变化系数。

A 类：$\mu_z^A = 1.379 \times (z/10)^{0.24}$

B 类：$\mu_z^B = 1.000 \times (z/10)^{0.32}$

C 类：$\mu_z^C = 0.616 \times (z/10)^{0.44}$

D 类：$\mu_z^D = 0.318 \times (z/10)^{0.60}$

根据上式可求出各类地面粗糙度下的风压高度变化系数。对于平坦或稍有起伏的地形，高度变化系数直接按表 3-5 取用。对于山区的建筑物，风压高度变化系数除由表 3-5 确定外，还应考虑地形的修正，修正系数 η 分别按下述规定采用。

表 3-5 风压高度变化系数 μ_z

地面或海平面高度/m	地面粗糙度类别			
	A	B	C	D
5	1.17	1.00	0.74	0.62
10	1.38	1.00	0.74	0.62
15	1.52	1.14	0.74	0.62
20	1.63	1.25	0.84	0.62
30	1.80	1.42	1.00	0.62
40	1.92	1.56	1.13	0.73
50	2.03	1.67	1.25	0.84
60	2.12	1.77	1.35	0.93
70	2.20	1.86	1.45	1.02
80	2.27	1.95	1.54	1.11
90	2.34	2.02	1.62	1.19
100	2.40	2.09	1.70	1.27
150	2.64	2.38	2.03	1.61
200	2.83	2.61	2.30	1.92
250	2.99	2.80	2.54	2.19
300	3.12	2.97	2.75	2.45
350	3.12	3.12	2.94	2.68
400	3.12	3.12	3.12	2.91
≥450	3.12	3.12	3.12	3.12

(1) 对于山峰和山坡,其顶部 B 处的修正系数可采用下述公式计算。

$$\eta_B = \left[1 + \kappa \tan\alpha \left(1 - \frac{z}{2.5H}\right)\right]^2 \quad (3-9)$$

式中,α——山峰或山坡在迎风面一侧的坡度,当 $\tan\alpha > 0.3$ 时,取 $\tan\alpha = 0.3$;

κ——系数,对山峰取 3.2,对山坡取 1.4;

H——山顶或山坡全高(m);

z——建筑物计算位置离建筑物地面的高度(m),当 $z > 2.5H$ 时,取 $z = 2.5H$。

山坡和山峰的其他部位如图 3.3 所示,取 A、C 处的修正系数 η_A、η_C 为 1,AB 间和 BC 间的修正系数按 η 的线性插值确定。

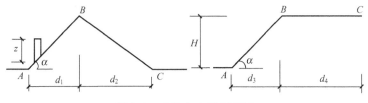

图 3.3 山坡和山峰示意图

(2) 对于山间盆地、谷地等闭塞地形,$\eta = 0.75 \sim 0.85$;对于与风向一致的谷口、山口,$\eta = 1.20 \sim 1.50$。

对于远海海面和海岛的建筑物或构筑物,风压高度变化系数可按 A 类粗糙度确定,除由表 3-5 确定外,还应考虑表 3-6 中给出的修正系数。

表 3-6 远海海面和海岛修正系数

距海岸距离/km	<40	40~60	60~100
修正系数	1.0	1.0~1.1	1.1~1.2

3.4 风荷载体型系数

风荷载体型系数是指风作用在建筑物表面上所引起的实际压力(或吸力)与来流风的速度压的比值,它描述的是建筑物表面在稳定风压作用下的静态压力的分布规律,主要与建筑物的体型和尺度有关,也与周围环境和地面粗糙度有关。由于它涉及的是关于固体与流体相互作用的流体动力学问题,对于不规则形状的固体,问题尤为复杂,无法给出理论上的结果,一般均应由试验确定。鉴于原型实测的方法对结构设计的不现实性,目前只能采用相似原理,在边界层风洞内对拟建的建筑物模型进行测试。

3.4.1 单体风载体型系数

风荷载体型系数一般均通过风洞试验方法确定。试验时,首先测得建筑物表面上任一点沿顺风向的净风压力,再将此压力除以建筑物前方来流风压,即得该测点的风压力系数。由于同一面上各测点的风压分布是不均匀的，通常采用受风面各测点的加权平均风压系数。

图 3.4 所示为封闭式双坡屋面风荷载体型系数在各个面上的分布，设计时可以直接取用。图中风荷载体型系数为正值，代表风对结构产生压力作用，其方向指向建筑物表面；风荷载体型系数为负值，代表风对结构产生吸力作用，其方向离开建筑物表面。根据国内外风洞试验资料，《建筑结构荷载规范》(GB 50009—2001)(2006 年版)表 7.3.1 列出了不同类型的建筑物和构筑物风荷载体型系数。常见截面的风荷载体型系数见表 3-7。当结构物与表中列出的体型类相同时可参考取用；若结构物的体型与表中不符，一般应由风洞试验确定。

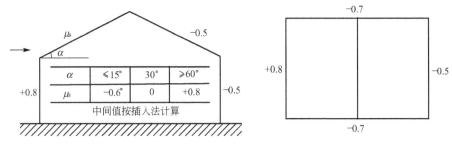

图 3.4　封闭式双坡屋面风荷载体型系数

表 3-7　常见截面的风荷载体型系数

项次	类别	体型及体型系数 μ_s		
1	封闭式落地双坡屋面		α 0° 30° ≥60°	μ_s 0 +0.2 +0.8
2	封闭式双坡屋面		α ≤15° 30° ≥60°	μ_s −0.6 0 +0.8
3	封闭式落地拱形坡屋面		f/l 0.1 0.2 0.3	μ_s +0.1 +0.2 +0.6
4	封闭式拱形屋面		f/l 0.1 0.2 0.3	μ_s −0.8 0 +0.6

（续）

项次	类别	体型及体型系数 μ_s
5	封闭式双坡屋面	迎风坡面的 μ_s 按第 2 项采用
6	封闭式高低双坡屋面	迎风坡面的 μ_s 按第 2 项采用
7	封闭式带天窗双坡屋面	带天窗的拱形屋面可按本图采用
8	封闭式双跨双坡屋面	迎风坡面的 μ_s 按第 2 项采用
9	封闭式不等高不等跨的双跨双坡屋面	迎风坡面的 μ_s 按第 2 项采用

(续)

项次	类别	体型及体型系数 μ_s
10	封闭式房屋和构筑物	(1) 正多边形(包括矩形)平面 (2) Y形平面 (3) L形平面　(4) ⊥形平面 (5) 十字形平面　(6) 截角三边形平面

3.4.2 群体风压体型系数

当多个建筑物,特别是群集的高层建筑,相互间距较近时,宜考虑风力相互干扰的群体效应,使得房屋某些部位的局部风压显著增大。设计时可将单体建筑物的体型系数 μ_s 乘以相互干扰增大系数,该系数可参考类似条件的试验资料确定;必要时宜通过风洞试验得出。

3.4.3 局部风压体型系数

验算局部围护构件及其连接的强度时,按以下局部风压体型系数采用。

(1) 建筑物外表面正压区按《建筑结构荷载规范》(GB 50009—2001)(2006年版)表7.3.1中风荷载体型系数采用。

(2) 建筑物外表面负压区，对墙面取 -1.0；对墙角边取 -1.8；对屋面局部部位(周边和屋面坡度大于 $10°$ 的屋脊部位)取 -2.2；对檐口、雨篷、遮阳板等突出构件取 -2.0。

(3) 对于封闭式建筑物的内表面，按外表面风压的正负情况取 -0.2 或 $+0.2$。

3.5 结构抗风计算的几个重要概念

3.5.1 结构的风力与风效应

水平流动的气流作用在结构物的表面上，会在其表面上产生风压，将风压沿表面积分可求出作用在结构的风力，结构上的风力可分为顺风向风力 P_D、横风向风力 P_L 及扭风力矩 P_M，如图3.5所示。

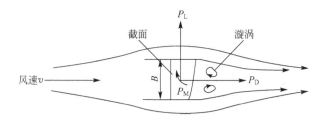

图 3.5 作用于结构上的风力

$$P_D = \mu_D \frac{1}{2} \rho v^2 B \qquad (3-10a)$$

$$P_L = \mu_L \frac{1}{2} \rho v^2 B \qquad (3-10b)$$

$$P_M = \mu_M \frac{1}{2} \rho v^2 B \qquad (3-10c)$$

式中，B——结构的截面尺寸，取为垂直于风向的最大尺寸；

μ_D——顺风向的风力系数，为迎风面和背风面体型系数的总和；

μ_L, μ_M——分别为横风向和扭转力系数。

由风力产生的结构位移、速度、加速度响应等称为结构风效应。风扭力只引起扭转响应。一般情况下，不对称气流产生的风扭力矩数值很小，工程上可不予考虑，仅当结构有较大偏心时，才计及风扭力矩的影响。

顺风向风力和横风向风力是结构设计主要考虑的对象。

3.5.2 顺风向平均风与脉动风

实测资料表明，顺风向风速时程曲线中，包括两种成分(图3.6)：一种是长周期成分，其值一般在 10min 以上；另一种是短周期成分，一般只有几秒左右。根据上述两种成分，应用上常把顺风向的风效应分解为平均风（稳定风）和脉动风（也称阵风脉动）来加以分析。

图 3.6 平均风速和脉动风速

平均风相对稳定，即使受风的长周期成分影响，但由于风的长周期远大于一般结构的自振周期，因此这部分风对结构的动力影响很小，可以忽略，可将其等效为静力作用。

脉动风是由于风的不规则性引起的，其强度随时间随机变化。由于脉动风周期较短，与一些工程结构的自振周期较接近，使结构产生动力响应。实际上，脉动风是引起结构顺风向振动的主要原因。

根据观测资料，可以了解到在不同粗糙度的地面上同一高度处，脉动风的性质有所不同。在地面粗糙度大的上空，平均风速小，而脉动风的幅值大且频率高；反之在地面粗糙度小的上空，平均风速大，而脉动风的幅值小且频率低。

3.5.3 横风向风振

建筑物或构筑物受到风力作用时，不但顺风向可以发生风振，在一定条件下，横风向也能发生风振。对于高层建筑、高耸塔架、烟囱等结构物，横向风作用引起的结构共振会产生很大的动力效应，甚至对工程设计起着控制作用。横风向风振是由不稳定的空气动力作用造成的，它与结构的截面形状及雷诺数有关。现以圆柱体为例，导出雷诺数的定义。

空气在流动中，对流体质点起着重要作用的有两种力：惯性力和粘性力。空气流动时自身质量产生的惯性力为单位面积上的压力 $\rho v^2/2$ 乘以面积，其量纲为 $\rho v^2 D^2$（D 为圆柱体的直径）。粘性力反映流体抵抗剪切变形的能力，流体粘性可用粘性系数 μ 来度量，粘性应力为粘性系数 μ 乘以速度梯度 dv/dy 或剪切角 γ 的时间变化率，而流体粘性力等于粘性应力乘以面积，其量纲为 $\left(\mu \dfrac{v}{D}\right)^2 D^2$。

雷诺数定义为惯性力与粘性力之比，雷诺数相同则流体动力相似。雷诺数 Re 可表示为

$$Re = \frac{\rho v^2 D^2}{\left(\mu \dfrac{v}{D}\right) D^2} = \frac{\rho v D}{\mu} = \frac{v D}{\nu} \quad (3-11)$$

式中，ρ——空气密度（kg/m^3）；

v——计算高度处风速（m/s）；

D——结构截面的直径（m），或其他形状物体表面特征尺寸；

ν——动粘性系数，$\nu = \mu/\rho$。

在式（3-11）中代入空气动粘性系数 $1.45 \times 10^{-5} m^2/s$，则雷诺数 Re 可按下式确定。

$$Re = 69000 v D \quad (3-12)$$

雷诺数与风速的大小成比例,风速改变时雷诺数发生变化。如果雷诺数很小,如小于1/1000,则惯性力与粘性力之比可以忽略,即意味着高粘性行为。相反,如果雷诺数很大,如大于1000,则意味着粘性力影响很小。空气流体的作用一般是这种情况,惯性力起主要作用。

为说明横风向风振的产生,以圆截面柱体结构为例。当空气流绕过圆截面柱体时[图 3.7(a)],沿上风面 AB 速度逐渐增大,到 B 点压力达到最低值,再沿下风面 BC 速度又逐渐降低,压力又重新增大,但实际上由于在边界层内气流对柱体表面的摩擦要消耗部分能量,因此气流实际上是在 BC 中间某点 S 处速度停滞,漩涡就在 S 点生成,并在外流的影响下,以一定的周期脱落[图 3.7(b)],这种现象称为卡门(Karman)涡街。设脱落频率为 f_s,并以无量纲的斯脱罗哈(Strouhal)数 $Sr = \dfrac{f_s D}{v}$ 来表示,其中 D 为圆柱截面的直径,v 为风速。

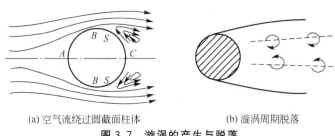

(a) 空气流绕过圆截面柱体　　　　　(b) 漩涡周期脱落

图 3.7　漩涡的产生与脱落

试验表明,气流漩涡脱落频率或 Strouhal 数 Sr 与气流的雷诺数 Re 有关:当 $3×10^2 \leqslant Re < 3.0×10^5$ 时,周期性脱落很明显,接近于常数,约为 0.2;当 $3×10^5 \leqslant Re < 3.5×10^6$ 时,脱落具有随机性,Sr 的离散性很大;而当 $Re \geqslant 3.5×10^6$ 时,脱落又重新出现大致的规则性,$Sr = 0.27 \sim 0.3$。当气流漩涡脱落频率 f_s 与结构横向自振频率接近时,结构会发生剧烈的共振,即产生横风向风振。

对于其他截面结构,也会产生类似圆柱结构的横风向振动效应,但 Strouhal 数有所不同,表 3-8 显示了一些常见直边截面的 Strouhal 数。

表 3-8　常用截面的 Strouhal 数

截面		Sr
▭ ⊢⊣ ⊥ ⌐		0.15
○	$3×10^2 < Re < 3×10^5$	0.2
	$3×10^5 < Re < 3.5×10^6$	0.2~0.3
	$Re \geqslant 3.5×10^6$	0.3

工程上雷诺数 $Re < 3×10^2$ 的情况极少遇到。因而根据上述气流漩涡脱落的 3 段现象,工程上将圆筒式结构划分 3 个临界范围,即亚临界(Subcritical)范围,$3×10^2 \leqslant Re < 3.0×10^5$;超临界(Supercritical)范围,$3×10^5 \leqslant Re < 3.5×10^6$;跨临界(Transcritical)范围,$Re \geqslant 3.5×10^6$。

3.6 顺风向结构风效应

3.6.1 风振系数

脉动风是一种随机动力荷载，风压脉动在高频段的峰值周期为1~2min，一般低层和多层结构的自振周期都小于它，因此脉动影响很小，不考虑风振影响也不至于影响到结构的抗风安全性。对于高耸构筑物和高层建筑等柔性结构，风压脉动引起的动力反应较为明显，结构的风振影响必须加以考虑。《建筑结构荷载规范》(GB 50009—2001)(2006年版)要求，对于结构基本自振周期T_1大于0.25s的工程结构，如房屋、屋盖及各种高耸结构，以及对于高度大于30m且高宽比大于1.5的高柔房屋，均应考虑风压对结构产生的顺风向风振。

脉动风是一随机动力作用，其对结构产生的作用效应需采用随机振动理论进行分析。分析结果表明，对于一般悬臂型结构，例如构架、塔架、烟囱等高耸结构，以及高度大于30m、高宽比大于1.5且可忽略扭转影响的高层建筑，由于频谱比较稀疏，第一振型起到控制作用，此时可以仅考虑结构第一振型的影响，通过风振系数来计算结构的风荷载。结构在z高度处的风振系数β_z可按下式计算。

$$\beta_z = 1 + \frac{\xi \nu \varphi_z}{\mu_z} \tag{3-13}$$

式中，ξ——脉动增大系数；
ν——脉动影响系数；
φ_z——振型系数；
μ_z——风压高度变化系数。

3.6.2 脉动增大系数

脉动增大系数ξ可由随机振动理论导出，此时脉动风导出并经过一定的近似简化，可得

$$\xi = \sqrt{1 + \frac{x^2 \pi/6\zeta}{(1+x^2)^{3/4}}} \tag{3-14a}$$

$$x = 30/\sqrt{w_0 T_1^2} \tag{3-14b}$$

式中，ζ——结构的阻尼比，对钢结构取0.01，对有墙体材料填充的房屋结构取0.02，对钢筋混凝土及砖石砌体结构取0.05；
w_0——考虑当地地面粗糙度后的基本风压；
T_1——结构的基本自振周期。

将上述不同的结构参数及基本风压值代入式(3-14)可得到相应的脉动增大系数，为方便起见，制成脉动增大系数表3-9供设计时查用。查表前计算$w_0 T_1^2$时，对地面粗糙度B类地区可直接代入基本风压。对A类、C类和D类地区应按当地的基本风压分别乘以1.38、0.62和0.32后代入。

表 3-9 脉动增大系数 ξ

$w_0 T_1^2/(\text{kNs}^2/\text{m}^2)$	0.01	0.02	0.04	0.06	0.08	0.10	0.20	0.40	0.60
钢结构	1.47	1.57	1.69	1.77	1.83	1.88	2.04	2.24	2.36
有填充墙的房屋结构	1.26	1.32	1.39	1.44	1.47	1.50	1.61	1.73	1.81
混凝土及砌体结构	1.11	1.14	1.17	1.19	1.21	1.23	1.28	1.34	1.38
$w_0 T_1^2/(\text{kNs}^2/\text{m}^2)$	0.80	1.00	2.00	4.00	6.00	8.00	10.0	20.0	30.0
钢结构	2.46	2.53	2.80	3.09	3.28	3.42	3.54	3.91	4.14
有填充墙的房屋结构	1.88	1.93	2.10	2.30	2.43	2.52	2.60	2.85	3.01
混凝土及砌体结构	1.42	1.44	1.54	1.65	1.72	1.77	1.82	1.96	2.06

3.6.3 结构振型系数

结构振型系数应根据结构动力学方法确定。对于截面沿高度不变的悬臂型高耸结构和高层建筑，在计算顺风向响应时可仅考虑第 1 振型的影响，根据结构的变形特点，采用近似公式计算结构振型系数。对于高耸构筑物可按弯曲型考虑，结构第 1 振型系数按下述近似公式计算。

$$\varphi_z = 2\left(\frac{z}{H}\right)^2 - \frac{4}{3}\left(\frac{z}{H}\right)^3 + \frac{1}{3}\left(\frac{z}{H}\right)^4 \tag{3-15}$$

对于高层建筑结构，当以剪力墙的工作为主时，可按弯剪型考虑，结构第 1 振型系数按下述近似公式计算。

$$\varphi_z = \tan\left[\frac{\pi}{4}\left(\frac{z}{H}\right)^{0.7}\right] \tag{3-16}$$

当悬臂型高耸结构的外形由下向上逐渐收近，截面沿高度按连续规律变化时，其振型计算公式十分复杂。此时可根据结构迎风面顶部宽度 B_H 与底部宽度 B_0 的比值，按表 3-10 确定第 1 振型系数。

表 3-10 截面沿高度规律变化的高耸结构第 1 振型系数

相对高度 z/h	高耸结构 B_H/B_0				
	1.0	0.8	0.6	0.4	0.2
0.1	0.02	0.02	0.01	0.01	0.01
0.2	0.06	0.06	0.05	0.04	0.03
0.3	0.14	0.12	0.11	0.09	0.07
0.4	0.23	0.21	0.19	0.16	0.13
0.5	0.34	0.32	0.29	0.26	0.21
0.6	0.46	0.44	0.41	0.37	0.31
0.7	0.59	0.57	0.55	0.51	0.45
0.8	0.79	0.71	0.69	0.66	0.61
0.9	0.86	0.86	0.85	0.83	0.80
1.0	1.00	1.00	1.00	1.00	1.00

3.6.4 脉动影响系数

脉动影响系数主要反映风压脉动相关对结构的影响，对于无限自由度体系，脉动影响系数可按下述公式确定。

$$\nu = \frac{\int \mu_f \mu_z \varphi_z \mathrm{d}z}{\int \varphi_z^2 \mathrm{d}z} \eta \tag{3-17}$$

由式(3-17)可知，脉动影响系数 ν 涉及风压空间相关系数 η 和脉动系数 μ_f 两个参数。风压空间相关系数 η 是考虑风压脉动空间相关性的折算系数，可由随机振动理论导出，主要与受风面上两点的距离有关，随两点间距离的增大减小，呈指数衰减规律。

脉动系数 μ_f 为脉动风压与平均风压之比。因脉动风压随高度变化不大，而平均风压随高度而增大，故脉动系数随高度增加而减小。根据国内实测，并参考国外资料取

$$\mu_f = 0.5 \times 35^{1.8(\alpha - 0.16)} \left(\frac{z}{10}\right)^{-\alpha} \tag{3-18}$$

为方便工程技术人员进行设计，《建筑结构荷载规范》(GB 50009—2001)(2006 年版)对于高耸结构和高层建筑，考虑结构外形和质量沿高度分布的不同状态，给出了脉动影响系数表 3-11 供设计时直接查用。

表 3-11 脉动影响系数

总高度 H/m		10	20	30	40	50	60	70	80	90
粗糙度类别	A	0.78	0.83	0.86	0.87	0.88	0.89	0.89	0.89	0.89
	B	0.72	0.79	0.83	0.85	0.87	0.88	0.89	0.89	0.90
	C	0.64	0.73	0.78	0.82	0.85	0.87	0.88	0.90	0.91
	D	0.53	0.65	0.72	0.77	0.81	0.84	0.87	0.89	0.91
总高度 H/m		100	150	200	250	300	350	400	450	
粗糙度类别	A	0.89	0.87	0.84	0.82	0.79	0.79	0.79	0.79	
	B	0.90	0.89	0.88	0.86	0.84	0.83	0.83	0.83	
	C	0.91	0.93	0.93	0.92	0.91	0.90	0.89	0.91	
	D	0.92	0.97	1.00	1.01	1.01	1.01	1.00	1.00	

1. 结构迎风面宽度较小的情况

对于结构迎风面宽度远小于其高度的情况(如高耸结构等)，若外形、质量沿高度比较均匀，脉动系数可按表 3-11 采用。当高耸结构迎风面和侧风面的宽度沿高度按直线或接近直线规律变化，而质量沿高度按连续规律变化时，表 3-11 中的脉动影响系数应再乘以修正系数 θ_B 和 θ_V。θ_B 应为构筑物迎风面在 z 高度处的宽度 B_z 与底部宽度 B_0 的比值，θ_V 可按表 3-12 确定。

表 3-12 修正系数 θ_v

B_H/B_0	1	0.9	0.8	0.7	0.6	0.5	0.4	0.3	0.2	≤0.10
θ_v	1.00	1.10	1.20	1.32	1.50	1.75	2.08	2.53	3.30	5.6

2. 结构迎风面宽度较大的情况

对于结构迎风面宽度较大的情况(如高层建筑等),若外形、质量沿高度比较均匀,脉动影响系数可根据结构总高度 H 及其与迎风面宽度 B 的比值,按表 3-13 采用。

表 3-13 脉动影响系数 V

H/B	粗糙度类别	总高度 H/m ≤30	50	100	150	200	250	300	350
≤0.5	A	0.44	0.42	0.33	0.27	0.24	0.21	0.19	0.17
	B	0.42	0.41	0.33	0.28	0.25	0.22	0.20	0.18
	C	0.40	0.40	0.34	0.29	0.27	0.23	0.22	0.20
	D	0.36	0.37	0.34	0.30	0.27	0.25	0.24	0.22
1.0	A	0.48	0.47	0.41	0.35	0.31	0.27	0.26	0.24
	B	0.46	0.46	0.42	0.36	0.36	0.29	0.27	0.26
	C	0.43	0.44	0.42	0.37	0.34	0.31	0.29	0.28
	D	0.39	0.42	0.42	0.38	0.36	0.33	0.32	0.31
2.0	A	0.50	0.51	0.46	0.42	0.38	0.35	0.33	0.31
	B	0.48	0.50	0.47	0.42	0.40	0.36	0.35	0.33
	C	0.45	0.49	0.48	0.44	0.42	0.38	0.38	0.36
	D	0.41	0.46	0.48	0.46	0.46	0.44	0.42	0.39
3.0	A	0.53	0.51	0.49	0.42	0.41	0.38	0.38	0.36
	B	0.51	0.50	0.49	0.46	0.43	0.40	0.40	0.38
	C	0.48	0.49	0.49	0.48	0.46	0.43	0.43	0.41
	D	0.43	0.46	0.49	0.49	0.48	0.47	0.46	0.45
5.0	A	0.52	0.53	0.51	0.49	0.46	0.44	0.42	0.39
	B	0.50	0.53	0.52	0.50	0.48	0.45	0.44	0.42
	C	0.47	0.50	0.52	0.52	0.50	0.48	0.47	0.45
	D	0.43	0.48	0.52	0.53	0.52	0.52	0.51	0.50
8.0	A	0.53	0.54	0.53	0.51	0.48	0.46	0.43	0.42
	B	0.51	0.53	0.54	0.52	0.50	0.49	0.46	0.44
	C	0.48	0.51	0.54	0.53	0.52	0.52	0.50	0.48
	D	0.43	0.48	0.54	0.53	0.55	0.55	0.54	0.53

3.6.5 结构基本周期经验公式

在考虑风压脉动引起的风振效应时，需要计算结构的基本周期。结构的自振周期应按照结构动力学的方法求解，无限自由度体系或多自由度体系基本周期的计算十分冗繁。在实际工程中，结构基本自振周期 T_1 常采用实测基础上回归得到的经验公式近似求出。

1. 高耸结构

一般情况下的钢结构和钢筋混凝土结构为

$$T_1 = (0.007 \sim 0.013)H \tag{3-19}$$

式中，H——结构物总高(m)。

一般情况下，钢结构刚度小，结构自振周期长，可取高值；钢筋混凝土结构刚度相对较大，结构自振周期短，可取低值。

2. 高层建筑

一般情况下的钢结构和钢筋混凝土结构为

钢结构 $\qquad T_1 = (0.10 \sim 0.15)n \tag{3-20}$

钢筋混凝土结构 $\qquad T_1 = (0.05 \sim 0.10)n \tag{3-21}$

式中，n——建筑层数。

对于钢筋混凝土框架和框剪结构可按下述公式确定。

$$T_1 = 0.25 + 0.53 \times 10^{-3} \frac{H^2}{\sqrt[3]{B}} \tag{3-22}$$

对于钢筋混凝土剪力墙结构可按下述公式确定。

$$T_1 = 0.03 + 0.03 \times \frac{H}{\sqrt[3]{B}} \tag{3-23}$$

式中，H——房屋总高度(m)；

B——房屋宽度(m)。

3.6.6 阵风系数

对于围护结构，包括玻璃幕墙在内，脉动引起的振动影响很小，可不考虑风振影响，但应考虑脉动风压的分布，即在平均风的基础上乘以阵风系数。阵风系数参照国外规范取值水平，按下述公式确定。

$$\beta_{gz} = k(1 + 2\mu_f) \tag{3-24}$$

式中，μ_f——脉动系数，按式(3-18)计算；

k——地面粗糙度调整系数：对 A、B、C、D 4 种类型，分别取 0.92、0.89、0.85、0.80。

阵风系数 β_{gz} 也可根据不同粗糙度类别和计算位置离地面高度按表 3-14 采用。

表 3-14 阵风系数 β_{gz}

离地面高度/m		5	10	15	20	30	40	50	60
地面粗糙度类别	A	1.69	1.63	1.60	1.58	1.54	1.52	1.51	1.49
	B	1.88	1.78	1.72	1.69	1.64	1.60	1.58	1.56
	C	2.30	2.10	1.99	1.92	1.83	1.77	1.73	1.69
	D	3.21	2.76	2.54	2.39	2.21	2.09	2.01	1.94
离地面高度/m		70	80	90	100	150	200	250	300
地面粗糙度类别	A	1.48	1.47	1.47	1.46	1.43	1.42	1.40	1.39
	B	1.54	1.53	1.52	1.51	1.47	1.44	1.42	1.41
	C	1.66	1.64	1.62	1.60	1.54	1.50	1.46	1.44
	D	1.89	1.85	1.81	1.78	1.67	1.60	1.55	1.51

3.6.7 顺风向风荷载标准值

当已知拟建工程所在地的地貌环境和工程结构的基本条件后,可按前述方法逐一确定工程结构的基本风压 w_0、风压高度变化系数 β_z、风荷载体型系数 μ_s、风振系数 μ_z、阵风系数 β_{gz} 和局部风压体型系数 μ_{sl},即可计算垂直于建筑物表面上的顺风向荷载标准值。

(1) 当计算主要承重结构时,风荷载标准值 w_k 按下述公式计算。

$$w_k = \beta_z \mu_s \mu_z w_0 \qquad (3-25)$$

(2) 当计算围护结构时,风荷载中标准值 w_k 按下述公式计算。

$$w_k = \beta_{gz} \mu_{sl} \mu_z w_0 \qquad (3-26)$$

3.7 横风向结构风效应

3.7.1 锁定现象

实验研究表明,当横风向风力作用力频率 f_s 与结构横向自振基本频率 f_1 接近时,结构横向产生共振反应。此时若风速继续增大,风漩涡脱落频率仍保持常数(图 3.8),而不是按式(3-27)变化。

$$Sr = \frac{f_s D}{v} \qquad (3-27)$$

只有当风速大于结构共振风速的 1.3 左右时,风漩涡脱落频率才重新按式(3-27)规律变化。将风漩涡脱落频率保持常数(为结构自振频率)的风速区域,称为锁住区域。

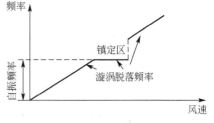

图 3.8 锁定现象

3.7.2 共振区高度

在一定的风速范围内将发生共振,共振发生的初始风速为临界风速,临界风速 v_{cr} 可由式(3-27)导出,即

$$v_{cr} = \frac{D}{T_j Sr} = \frac{5D}{T_j} \qquad (3-28)$$

式中,Sr——斯脱罗哈数,对圆截面结构取 0.2;

T_j——结构第 j 振型自振周期。

由锁定现象可知,在一定的风速范围内将发生涡激共振。对图 3.9 所示的圆柱体结构,可沿高度方向取 $(1.0\sim1.3)v_{cr}$ 的区域为锁定区,即共振区。对应于共振区起点高度 H_1 的风速应为临界风速 v_{cr},由式(3-3)给出的风剖面的指数变化规律,取离地标准高度为 10m 有

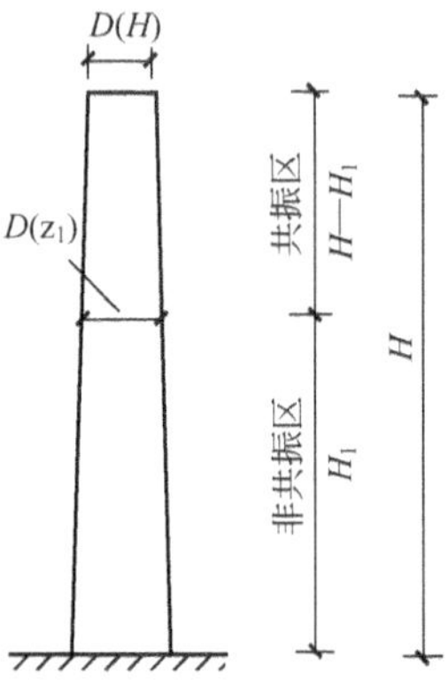

$$\frac{v_{cr}}{v_0} = \left(\frac{H_1}{10}\right)^\alpha \qquad (3-29)$$

可得

$$H_1 = 10\left(\frac{v_{cr}}{v_0}\right)^{1/\alpha} \qquad (3-30)$$

若取离地高度为 H,则可得 H_1 的另一表达式为

$$H_1 = H\left(\frac{v_{cr}}{1.2v_H}\right)^{1/\alpha} \qquad (3-31)$$

图 3.9 共振区高度

式中,H——结构总高度(m);

v_H——结构顶部风速(m/s)。

对应于风速 $1.3v_{cr}$ 的高度 H_2,由式(3-3)的指数变化规律,取离地标准高度为 10m,同样可导出

$$H_2 = 10\left(\frac{1.3v_{cr}}{v_0}\right)^{1/\alpha} \qquad (3-32)$$

式(3-32)计算出的 H_2 值有可能大于结构总高度 H,也有可能小于结构总高度 H,实际工程中一般均取 $H_2 = H$,即共振区范围为 $H \sim H_1$。

3.7.3 横风向风振验算

对圆形截面的结构,应根据雷诺数 Re 的不同情况进行横风向风振(漩涡脱落)的校核。当结构沿高度截面缩小时(倾斜度不大于 0.02),可近似取 2/3 结构高度处的风速和直径。

1) 亚临界范围($Re < 3.0 \times 10^5$)

对结构顶部风速 v_H,有

$$v_H = \sqrt{\frac{2000\gamma_w \mu_H w_0}{\rho}} \qquad (3-33)$$

式中,γ_w——风荷载分项系数,取 1.4;

μ_H——结构顶部风压高度变化系数;

w_0——基本风压(kN/m^2);

ρ——空气密度(kg/m^3)。

对临界风速 v_{cr},有

$$v_{cr} = \frac{D}{T_1 Sr} = \frac{5D}{T_1}$$

式中,T_1——结构基本自振周期;

Sr——斯脱罗哈数,对圆截面结构取 0.2。

当结构顶部风速超过 v_{cr} 时,可在构造上采取防振措施,或控制结构的临界风速 v_{cr} 不小于 15m/s。

2) 超临界范围($3.0 \times 10^5 \leqslant Re < 3.5 \times 10^6$)

此范围漩涡脱落没有明显周期,结构的横向振动呈现随机特征,不会产生共振响应,且风速也不是很大,工程上一般不考虑横风向振动。

3) 跨临界范围($Re \geqslant 3.5 \times 10^6$)

当风速进入跨临界范围时,结构有可能出现严重的振动,甚至于破坏,国内外都曾发生过很多这类的损坏和破坏的事例,对此必须引起注意。

$Re \geqslant 3.5 \times 10^6$ 且结构顶部风速大于 v_{cr} 时(跨临界的强风共振),在 z 高处 j 振型的等效风荷载可由下式确定。

$$w_{czj} = |\lambda_j| v_{cr}^2 \varphi_{zj} / 12800 \xi_j \quad (kN/m^2) \tag{3-34}$$

式中,λ_j——计算系数,按表 3-15 采用,表中临界风速起始点高度 H_1 按式(3-31)确定;

φ_{zj}——在 z 高处结构的 j 振型系数,由计算确定或参考表 3-16 确定;

ξ_j——第 j 振型的阻尼比:对第 1 振型,钢结构取 0.01,房屋钢结构取 0.02,混凝土结构取 0.05;对高振型的阻尼比,若无实测资料,可近似按第 1 振型的值取用。

横风向风振主要考虑的是共振影响,因而可与结构不同的振型发生共振效应。对跨临界的强风共振,设计时必须按不同振型对结构予以验算。式(3-34)中的计算系数 λ_j 是对 j 振型情况下考虑与共振区分布有关的折算系数。若临界风速起始点在结构底部,整个高度为共振区,它的效应最为严重,系数值最大;若临界风速起始点在结构顶部,则不发生共振,也不必验算横风向的风振荷载。一般认为低振型的影响占主导作用,只需考虑前 4 个振型即可满足要求,其中以前两个振型的共振最为常见。

表 3-15 λ_j 计算用表

结构类型	振型序号	H_1/H										
		0	0.1	0.2	0.3	0.4	0.5	0.6	0.7	0.8	0.9	1.0
高耸结构	1	1.56	1.55	1.54	1.49	1.42	1.31	1.15	0.94	0.68	0.37	0
	2	0.83	0.82	0.76	0.60	0.37	0.09	−0.16	−0.33	−0.38	−0.27	0
	3	0.52	0.48	0.32	0.06	−0.19	−0.30	−0.21	0.00	0.20	0.23	0
	4	0.30	0.33	0.02	−2.20	−0.23	0.03	0.16	0.15	−0.65	−0.18	0
高层建筑	1	1.56	1.56	1.54	1.49	1.41	1.28	1.12	0.91	0.65	0.35	0
	2	0.73	0.72	0.63	0.45	0.19	0.11	−0.36	−0.52	−0.53	−0.36	0

表 3-16　高耸结构和高层建筑的振型系数

相对高度 Z/H	振型序号(高耸结构)				振型序号(高层建筑)			
	1	2	3	4	1	2	3	4
0.1	0.02	−0.09	0.23	−0.39	0.02	−0.09	0.22	−0.38
0.2	0.06	−0.30	0.61	−0.75	0.08	−0.30	0.58	−0.73
0.3	0.14	−0.53	0.76	−0.43	0.17	−0.50	0.70	−0.40
0.4	0.23	−0.68	0.53	0.32	0.27	−0.68	0.46	0.33
0.5	0.34	−0.71	0.02	0.71	0.38	−0.63	−0.03	0.68
0.6	0.46	−0.59	−0.48	0.33	0.45	−0.48	−0.49	0.29
0.7	0.59	−0.32	−0.66	−0.40	0.67	−0.18	−0.63	−0.47
0.8	0.79	0.07	−0.40	−0.64	0.74	0.17	−0.34	−0.62
0.9	0.86	0.52	0.23	−0.05	0.86	0.58	0.27	−0.02
1.0	1.00	1.00	1.00	1.00	1.00	1.00	1.00	1.00

3.8　结构总风效应

在风荷载作用下，结构出现横向风振效应的同时，必然存在顺风向风载效应。结构的风载总效应应是横风向和顺风向两种效应的矢量叠加。

风的荷载效应 S 可将横风向风荷载效应 S_C 与顺风向荷载效应 S_A 按下式组合后确定。

$$S=\sqrt{S_C^2+S_A^2} \tag{3-35}$$

对于非圆形截面的柱体，如三角形、方形、矩形、多边形等棱柱体，都会发生类似的漩涡脱落现象，产生涡激共振，其规律更为复杂。对于重要的柔性结构的横向风振等效风荷载宜通过风洞试验确定。

本 章 小 结

　　风是空气相对于地面的运动。风分为台风和季风，并将其分为不同等级。风的强度一般用风速表示。当风以一定的速度向前运动遇到建筑物、构筑物、桥梁等阻碍物时，将对这些阻碍物产生压力，即风压。风荷载是工程结构的主要侧向荷载之一，它不仅对结构物产生水平风压作用，还会引起多种类型的振动效应（风振）。由于这种双重作用，建筑物既受到静力的作用，又受到动力的作用。确定作用于工程结构上的风荷载时，必须依据当地风速资料确定基本风压。风的流动速度随离地面高度不同而变化，还与地貌环境等多种因素有关。水平流动的气流作用在结构物的表面上，会在其表面上产生风压，将风压沿表面积积分可求出作用在结构的风力，结构上的风力可分为顺风和横风向风力。结构的位移、速度、加速度响应等结构风效应是由风力产生的。

思 考 题

1. 何谓基本风压，影响风压的主要因素是什么？
2. 阐述风载体形系数、风压高度变化系数、风振系数的意义。
3. 简述横风向风振产生的原因及适用条件。
4. 简述脉动风对结构的影响。

习 题

1. 已知一矩形平面钢筋混凝土高层建筑，平面沿高度保持不变。$H=100$m，$B=33$m，地面粗糙度为 A 类，基本风压 $W_0=0.44$kN/m²。结构的基本自振周期 $T_1=2.5$s。求风产生的建筑底部弯矩。（注：为简化计算，将建筑沿高度划分为 5 个计算区段，每个区段高 20m，取其中点位置的风荷载值作为该区段的平均风载值）

2. 钢筋混凝土烟囱 $H=100$m，顶端直径为 5m，底部直径为 10m，顶端壁厚 0.2m，底部壁厚 0.4m。基本频率 $f_1=1$Hz，阻尼比 $\xi=0.05$。地貌粗糙度指数 $\alpha=0.15$，空气密度 $\rho=1.2$kg/m³。10m 高处基本风速 $v_0=25$m/s。问烟囱是否发生横风向共振，并求烟囱顶端横风向的最大位移。

3. 在某大城市中心有一钢筋混凝土框架——核心筒结构的大楼（图 3.10），外形和质量沿房屋高度方向均基本呈均匀分布。房屋总高 $H=120$m，通过动力特性分析，已知 $T_1=2.80$s，房屋的平面 $L×B=40$m×30m，该市基本风压为 0.6kN/m²。试计算该楼迎风面顶点（$H=120$m）处的风荷载标准值。

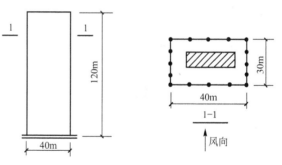

图 3.10 习题 3 图

第4章 地震作用

教学目标

(1) 掌握地震作用的计算方法。
(2) 了解地震对结构的影响。
(3) 了解采取的抗震措施。

教学要求

知识要点	能力要求	相关知识
地震的有关知识	(1) 了解地震的产生、类型、成因、和地震分布 (2) 熟知震级及地震烈度	(1) 构造地震 (2) 震级 (3) 地震烈度
地震作用	(1) 熟知地震烈度区划与基本烈度 (2) 掌握单自由度弹性体系和多质点体系的地震作用分析及计算 (3) 掌握底部剪力法计算地震作用	(1) 地震作用 (2) 地震系数 (3) 动力系数 (4) 地震反应谱 (5) 鞭端效应

第4章 地震作用

基本概念

地震波、震级、地震烈度、基本烈度、底部剪力法

引例

地震是以地面发生不同强烈程度的振动为特征的一种物理现象,是地球内部构造运动的产物。一旦发生地震,就会给人类社会带来灾难,造成不同程度的人员伤亡和经济损失。

我国是个多震的国家,表4-1给出了历史上全球45次最严重的地震,其中死亡人数最多的前3名(表4-1中序号5、17、24)都在中国,分别是1556年的关中大地震死亡83万人,1920年的海原大地震死亡20万人,1976年唐山大地震死亡24.2万人。我国抗震设防的城市多、比例高、设防等级也高,960万平方公里的国土面积地震烈度在6度以上的地区占79%。我国地震还有一个特点就是震源浅、强度大,据统计已发生的地震有2/3属30km内的浅震源,20世纪全世界7级以上的强震1/10发生在中国,而释放的能量却占总能量的3/10。就震害而论,新中国成立以来7级以上的强震10余次,死33.1余万人,伤76.3万人,致残20万人,震塌房屋1亿多平方米。迄今为止地震预报是很困难的,若在工程建设中采取一定措施进行防震、减震、抗震设计就可以大大减少地震灾害的损失。

表4-1 历史上全球40次最严重的地震

序号	城市或地区名称	所属国	发生时间	灾害损失
1	罗得	希腊	约前227年	城毁,太阳神巨像坍塌
2	阿芙罗狄蒂斯	土耳其	约4世纪	爱神之城从此湮没
3	里斯本	葡萄牙	1255.11.1	8.0级,欧洲最大地震,死6万人
4	亚历山大	埃及	1375年	部分地区及小岛沉陷入海,灯塔消失
5	中县、潼关	中国	1556.1.23	关中大破坏,共死83万人
6	罗亚尔港	牙买加	1692.6.7	城市沉陷海中
7	加拉加斯	委内瑞拉	1812.3.26	城毁,压死1万人
8	瓦尔帕莱索	智利	1822.11.19	城毁,死数千人
9	康塞普西翁	智利	1835.2.20	震后被海啸吞没,历史上3次被震毁
10	西昌	中国	1850.9.12	7.5级,城毁,死2.6万人
11	亚里加港	秘鲁	1868.8.8	震后海啸,98%居民遇难,死2万人
12	名古屋	日本	1891.10.28	岐阜等城亦毁,死七千多人
13	高哈蒂	印度	1897.6.12	8.0级,阿萨姆邦大地震,毁许多城市
14	旧金山	美国	1906.4.18	8.3级,火烧3日后,死6万多人
15	墨西拿	意大利	1908.12.28	7.8级,毁于海啸,共死8.5万人
16	阿拉木图	苏联	1911.1.4	本城历史上两次毁于地震
17	海原	中国	1920.12.16	8.5级,包括其他地区共死20万人

(续)

序号	城市或地区名称	所属国	发生时间	灾害损失
18	东京、横滨	日本	1923.9.1	8.2级，震后大火、海啸共死14.2万人
19	阿加迪尔	摩洛哥	1960.2.29	全城一半居民遇难，死1.6万人
20	蒙特港	智利	1960.5.22	8.6级
21	斯科普里	南斯拉夫	1963.7.26	8.2级，死千余人
22	阿拉斯加	美国	1964.3.28	8.5级，城毁，死117人
23	马拉瓜	尼加拉瓜	1972.12.22	6.3级，城毁，死万余人
24	唐山	中国	1976.7.28	7.8级，京、津、唐共死24.2万人
25	塔巴斯	伊朗	1978.9.16	7.7级，80%居民遇难，死2.5万人
26	阿斯南	阿尔及利亚	1980.10.10	7.5级，死2万多人
27		墨西哥	1985.9.19	8.1级，死9500人
28	列宁纳坎	亚美尼亚	1988.12.7	6.9级，死2.5万人
29		伊朗	1990.9.21	7.3至7.7级，死5万人
30	甘托克	印度	1993.9.30	6.0级，死1万人
31	阪神	日本	1995.1.17	7.2级，死6000人
32		阿富汗/塔吉克斯坦	1998.5.30	6.9级，死5000人
33		哥伦比亚	1999.1.25	6.0级，死1171人
34	伊兹米特	土耳其	1999.8.17	7.4级，死1.7万人
35	台湾地区	中国	1999.9.21	7.6级，死2400人
36		印度	2001.1.26	7.9级，至少死2500人，估计死1.3万人
37		阿尔及利亚	2003.5.21	6.8级，死2300人
38	巴姆	伊朗	2003.12.26	6.5级，死4.1万人，70%的住宅被夷为平地
39	苏门答腊岛	印度尼西亚	2004.12.26	8.5级地震，引发海啸，死3000人
40		秘鲁	2007.8.15	8级，至少510人死亡，1500多人受伤
41	汶川	中国	2008.5.12	8级地震，死69227人
42	苏门答腊岛	印度尼西亚	2009.9.30	7.9级，至少5000人死亡
43	太子港	海地	2010.1.13	7.3级，11.3万人死亡，19.6万人受伤
44		智利	2010.2.27	8.8级，802人死亡
45	福岛	日本	2010.3.10	9级地震，引发海啸，死15761人

4.1 地震的有关知识

为了减轻或避免地震带来的损失,就需要对地震有较深入的了解,研究如何防止或减少建(构)筑物由于地震而造成的破坏。本节先就地震的有关基本知识进行简要介绍。

4.1.1 地震的产生和类型

地震分为天然地震和人工地震两大类。天然地震主要是构造地震,它是由于地下深处岩石破裂、错动把长期积累起来的能量急剧释放出来,以地震波的形式向四面八方传播出去,到地面引起的房摇地动。构造地震约占地震总数的90%。其次是由火山喷发引起的地震,称为火山地震,约占地震总数的7%。此外,某些特殊情况下也会产生地震,如岩洞崩塌(陷落地震)、大陨石冲击地面(陨石冲击地震)等。

人工地震是由人为活动引起的地震。如工业爆破、地下核爆炸造成的振动;在深井中进行高压注水以及大水库蓄水后增加了地壳的压力,有时也会诱发地震。

4.1.2 地震成因

引起构造地震的成因与地球的构造和地质运动有关,地球的构造如图4.1所示。

地壳是由各种结构不均匀、厚薄不一的岩层组成的。地球上绝大部分地震都发生在这一层薄薄的地壳内。

地幔主要由两部分构成:外部主要是40~70km厚的结构较均匀的质地坚硬的橄榄石岩层,内部是厚度约几百公里呈塑性状态并具有粘弹性质的软流层。

到目前为止,世界上所观测到的地震深度最深为720km,即地震仅发生于地球表面部分——地壳内和地幔外部。

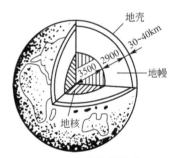

图4.1 地球的构造

由地质勘探可知,地表以下越深,温度越高。经推算,地壳以下地幔外部的温度大于1000℃,在这样的高温下,地幔的物质变得具有流动性,又由于地幔越往地球内部温度越高,构成地幔热对流,引起地壳岩层的地质运动。除地幔热对流外,地球的公转和自转、月球和太阳的引力影响等,也会引起地质运动,但目前普遍认为地幔热对流是引起地质运动的主要原因。地球内部在运动过程中,孕育了巨大的能量,能量的释放在地壳岩层中产生强大的地应力,使原本水平状的岩层在地应力作用下发生变形。当地应力只能使岩层产生弯曲而未丧失其连续完整性时,岩层仅仅能够发生褶皱;当地应力引起的变形超过某处岩层的本身极限应变时,岩层就发生突然断裂和猛烈错动,而承受应变的岩层在其自身的弹性应力作用下发生回跳,弹回到新的平衡位置。在回弹过程中,岩层中原先积累的应变能全部释放,并以弹性波的形式传到地面,从而使地面随之产生强烈振动,形成地震,如图4.2所示,这就是地震成因之一的断层说。

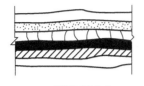  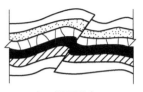

(a) 岩层原始状态　　　　　　(b) 褶皱变形　　　　　　(c) 断裂错动

图 4.2　构造运动与地震形成示意图

板块学说则认为，地壳和地幔外部厚 70～100km 的岩石层，是由欧亚板块、太平洋板块、美洲板块、非洲板块、印澳板块和南极板块等大大小小的板块组成的，类似一个破裂后仍连在一起的蛋壳，板块下面是呈塑性状态并具有粘弹性质的软流层。软流层的热对流推动软流层上的板块作刚体运动，从而使各板块互相挤压、碰撞，致使其边缘附近岩石层脆性破裂而引发地震。板块学说更易于解释地球上的主要地震带主要分布在板块的交界地区的原因，据统计，全球 85% 左右的地震发生在板块边缘及附近，仅有 15% 左右发生在板块内部。

图 4.3 所示的是有关地震的几个术语。震源即发震点，是指岩层断裂处。震源正上方的地面地点称为震中。震中至震源的距离为震源深度。地面某处到震中的距离称为震中距。

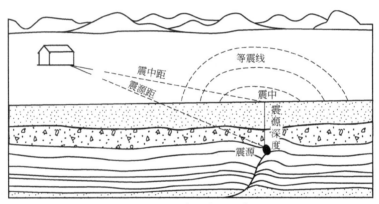

图 4.3　地震术语示意图

地震按震源的深浅分，可分为浅源地震（震源深度小于 60km）、中源地震（震源深度为 60～300km）和深源地震（震源深度大于 300km）。破坏性地震一般是浅源地震，发生的数量也最多，约占世界地震总数的 85%。当震源深度超过 100km 时，地震释放的能量在传播到地面的过程中大部分被损失掉，故通常不会在地面造成震害。我国发生的地震绝大多数是浅源地震，震源深度一般为 5～50km。如 1976 年的唐山地震的震源深度为 12km，2008 年汶川地震的震源深度为 14km，2011 年日本福岛地震震源深度约 20km。

4.1.3　地震分布

地震虽然是一种随机现象，但从对已发生地震分布的统计中仍可得到其呈现某种规律性。由图 4.4 可见地球上的地震主要分布在环太平洋带（活动最强，约全球地震总数的 75% 发生于此），阿尔卑斯-喜马拉雅带，大西洋中脊和印度洋中脊（约全球地震总数的22%发生于此)上。总的来说,地震主要发生在洋脊和裂谷、海沟、转换断层和大陆内部的古板块边缘等构造活动带。图4.5展示了1995～2001年全球4级以上地震震中分布图。

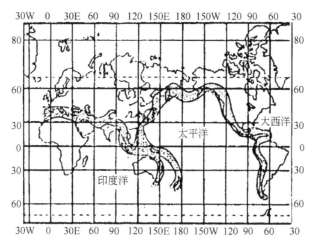

图4.4 世界两个地震带示意图

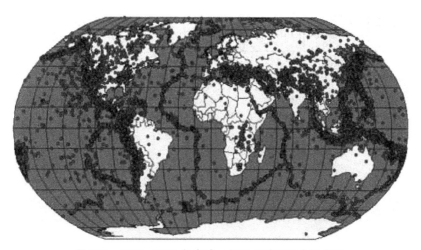

图4.5 1995～2001年全球4级以上地震震中分布图

我国地处世界两大地震带的交汇处,因此地震发生频繁,且强度较大。台湾地区东部是我国地震活动最强、频率最高的地区。

4.1.4 地震波、震级及地震烈度

1. 地震波

地震时将引起周围介质运动,并以波的形式从震源向各个方向传播并释放能量,这就是地震波。地震波是一种弹性波,它包括在地球内部传播的体波和只限于在地面附近传播的面波。

体波中包含两种形式的波,即纵波(P波)和横波(S波)。

纵波是由震源向外传播的疏密波,在传播过程中,其介质质点的振动方向与波的前进方向一致,从而使介质不断地压缩和疏松,故纵波又被称为压缩波或疏密波。其特点是周期较短,振幅较小,波速快,在地壳内的速度一般为 200~1400m/s [图 4.6(a)]。

纵波的传播速度可按下列公式计算。

$$v_p = \sqrt{\frac{E(1-v)}{\rho(1+v)(1-2v)}} \tag{4-1}$$

式中,E——介质弹性模量;

　　　ρ——介质密度;

　　　v——介质的泊松比。

纵波引起地面垂直方向振动。

横波是由震源向外传播的剪切波,在传播过程中,其介质质点的振动方向与波的前进方向垂直。横波又被称为剪切波,其特点是周期较长,振幅较大,波速慢,在地壳内的速度一般为 100~800m/s [图 4.6(b)]。

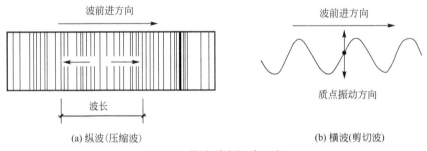

(a) 纵波(压缩波)　　　　　　　　(b) 横波(剪切波)

图 4.6　体波质点振动形式

横波的传播速度可按下列公式计算。

$$v_s = \sqrt{\frac{E}{2\rho(1+v)}} = \sqrt{\frac{G}{\rho}} \tag{4-2}$$

式中,G——介质剪切模量。

其余同前述。

横波引起地面水平方向振动。

当取 $v=0.25$ 时,$v_p = \sqrt{3} v_s$。

由此可知,纵波的传播速度比横波的传播速度要快。亦就是发生地震时,在地震仪上首先记录到的地震波是纵波,也被称为"初波"(Primary Wave)或 P 波;随后记录到的才是横波,也被称为"次波"(Secondary Wave)或 S 波。

横波只能在固体中传播,这是因为流体不能承受剪应力。纵波在固体和液体内部都能传播,由于地球的层状构造特点,当体波经过地球的各层界面时,会发生反射和折射。当投射到地面时,又产生两种仅沿地面传播的次生波——面波,即瑞雷波(R波)和洛甫波(L波)。瑞雷波传播时,质点在波的传播方向与地表面法向组成的平面(xz 平面)内 [图 4.7(a)] 作与波前进方向相反的椭圆形运动,故此波呈现滚动形式,由于其随距地面深度增加其振幅急剧减小,导致地下建筑物较地上建筑物受地震影响较小;洛甫波传播时,将使质点在地平面

(xy 平面)内作与波的前进方向相垂直的水平方向(y 方向)[图 4.7(b)]，即在地面上作蛇形运动，其也随距地面深度增加而振幅急剧衰减。与体波相比，面波波速慢，周期长，振幅大，衰减慢，能传播到很远的地方。

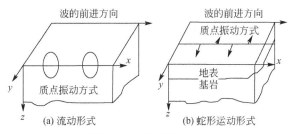

图 4.7　面波质点振动

地震波的传播速度，以纵波最快，横波次之，面波最慢。纵波使建筑物产生上下颠簸，横波使建筑物产生水平摇晃，而面波使建筑物既产生上下颠动又产生水平晃动，振动方向复杂。当横波和面波都到达时振动最为强烈(图 4.8)。一般情况下，面波的能量比体波大，造成建筑物和地表的破坏主要以面波为主。

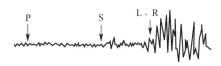

图 4.8　地震波记录图

2. 震级

震级是表征地震强弱的量度，通常用字母 M 表示，它与地震所释放的能量有关。但由于人们所能观测到的只是传播到地表的振动，即地震仪记录到的地震波，因此仅能用振幅大小来衡量地震的等级。

1935 年里克特(Richter)给出了震级的原始定义：用标准地震仪(周期为 0.8s，阻尼系数为 0.8，放大倍数为 2800 倍的地震仪)在距震中 100km 处记录到的最大水平位移(单振幅，以 μm 计)的常用对数值。表达为

$$M = \lg A \tag{4-3}$$

式中，M——震级，即里氏震级；

A——地震仪记录到的最大振幅。

震级 M 与震源释放的能量 E [尔格(erg)] 之间有如下对应关系。

$$\lg E = 11.8 + 1.5M \tag{4-4}$$

式(4-4)表明，震级每增加一级，地面振幅增加约 10 倍，地震释放的能量增大约 32 倍。一次里氏 5 级地震所释放的能量为 2×10^{19} erg，相当于 2 万吨 TNT 炸药。一个 6 级地震释放的能量相当于美国投掷在日本广岛的原子弹所具有的能量。震级每相差 1.0 级，能量相差大约 32 倍；每相差 2.0 级，能量相差约 1000 倍。也就是说，一个 6 级地震相当于 32 个 5 级地震，而 1 个 7 级地震则相当于 1000 个 5 级地震。目前世界上最大的地震的震级为 9 级。

按震级大小可把地震划分为以下几类。

(1) 弱震震级小于 3 级。如果震源不是很浅，这种地震人们一般不易觉察。

(2) 有感震震级等于或大于3级、小于或等于4.5级。这种地震人们能够感觉到，但一般不会造成破坏。

(3) 中强震震级大于4.5级、小于6级。属于可造成破坏的地震，但破坏轻重还与震源深度、震中距等多种因素有关。

(4) 强震震级等于或大于6级。其中震级大于等于8级的又称为巨大地震。

3. 地震烈度

地震烈度是指某地区地面遭受一次地震影响的强弱程度。地震震级与地震烈度是两个不同的概念。一次地震只有一个震级，如同炸弹的装药量是一定的，但烈度对于不同地点却不同，即对于不同地点的影响是不同的。震中距越大，地震影响越小，烈度越低；震中距越小，地震影响越大，烈度越高。震中区的烈度称为震中烈度，震中烈度往往最高，如同炸弹爆炸中心附近破坏力大一样。而距爆炸中心越远，破坏力越小。震级越大，确定地点上的烈度也越大。

地震烈度是根据地震时人的感觉、器物的反应、建筑物破坏和地表现象等地震造成的后果进行分类的。目前我国和世界上绝大多数国家都采用12等级划分。我国的地震烈度划分见表4-2。地震烈度既是地震后果的一种评价，也是地面运动的一种度量，它是联系宏观震害现象和地面运动强弱的纽带。例如，1976年唐山地震，震级为7.8级，震中烈度为11度；受唐山地震的影响，天津市地震烈度为8度，北京市烈度为6度，再远到石家庄、太原等就只有4～5度。

表4-2 中国地震烈度表(1999)

烈度	在地面上人的感觉	房屋震害程度		其他现象	物理参量	
		震害现象	I		a_{max}	v_{max}
1	无感					
2	室内个别静止人有感觉					
3	室内少数静止人有感觉	门、窗轻微作响		悬挂物微动		
4	室内多数人、室外少数人有感觉，少数人梦中惊醒	门、窗作响		悬挂物明显摇动，器皿作响		
5	室内普通、室外多数人有感觉。多数人梦中惊醒	门窗、屋顶、屋架颤动作响，灰土掉落，抹灰出现微细裂缝。有檐瓦掉落，个别屋顶烟囱掉砖		不稳定器物摇动或翻动	0.31 0.22～0.44	0.03 0.22～0.04
6	站立不稳，少数人惊逃户外	损坏。墙体出现裂缝，瓦掉落、少数屋顶烟囱裂缝、掉落	0～0.1	河岸和松软土出现裂缝。饱和砂层出现喷砂冒水，有的独立砖烟囱轻度裂缝	0.63 0.45～0.89	0.06 0.05～0.09

(续)

烈度	在地面上人的感觉	房屋震害程度		其他现象	物理参量	
		震害现象	I		a_{max}	v_{max}
7	大多数人惊逃户外,骑自行车的人有感觉。行驶中的汽车驾乘人员有感觉	轻度破坏。局部破坏、开裂,小修或不需要修理可继续使用	0.10~0.30	河岸出现塌方;饱和砂层常见喷砂冒水,松软土地上裂缝较多;大多数独立砖烟囱中度破坏	1.25 0.90~1.77	0.1 0.10~0.18
8	多数人摇颠簸,行走困难	中等破坏。结构破坏,需要修复才能使用	0.31~0.50	干硬土上亦有裂缝;大多数独立砖烟囱严重破坏;树梢折断;房屋破坏导致人畜伤亡	2.50 1.78~3.53	0.25 0.19~0.35
9	行动的人摔倒	严重破坏。结构严重破坏,局部倒塌,复修困难	0.51~0.70	干硬土上有许多地方出现裂缝。基岩可能出现裂缝、错动;滑坡坍方常见;独立砖烟囱出现倒塌	5.00 3.54~7.07	0.50 0.36~0.71
10	骑自行车的人会摔倒,处不稳状态的人会摔出,有抛起感	大多数倒塌	0.71~0.90	山崩和地震断裂出现;基岩上的拱桥破坏;大多数独立砖烟囱从根部出现破坏或倒毁	10.00 7.08~14.1	1.0 0.72~1.41
11		普遍倒塌	0.91~1.00	地震断裂延续很多;大量山崩滑坡		
12				地面剧裂变化,山河改观		

注:① 表中 I 为平均震害指数;a_{max} 为峰值加速度(m/s^2);v_{max} 为峰值速度(m/s)。
② 表中的数量词:个别为10%以下;少数为10%~50%;多数为50%~70%;大多数为70%~90%;普遍为90%以上。
③ 表中的震害指数是从各类房屋的震害调查和统计中得出的,反映破坏程度的数字指标,0表示无震害,1.0表示倒平。

4. 震级和地震烈度的关系

定性地讲,震级越大,确定地点上的烈度也越大;定量的关系只在特定条件下存在大致的对应关系,根据我国的地震资料,对于多发性的浅源地震(震源深度在10~30km),可建立起震中烈度 I_0 与震级 M 之间近似关系,见表4-3。

表 4-3 地震烈度与震级对照关系

震中烈度 I_0	1	2	3	4	5	6	7	8	9	10	11	12
震级 M	1.9	2.5	3.1	3.7	4.3	4.9	5.5	6.1	6.7	7.3	7.9	8.5

对应公式为

$$M = 1 + \frac{2}{3}I_0 \tag{4-5}$$

对于非震中区,利用烈度随震中距衰减的函数关系,可建立的公式为

$$M = 1 + \frac{2}{3}I + \frac{2}{3}c \cdot \lg\left(\frac{\Delta}{h} + 1\right) \tag{4-6}$$

4.2 地震作用及其计算方法

4.2.1 地震烈度区划与基本烈度

工程抗震为对已有工程进行抗震加固和对新建工程进行抗震设防,我们必须预测某地地震发生的强度大小,一般采用的方法是基于概率统计的地震预测。即将随机发生的地震,根据区域性地质构造、地震活动性和历史地震资料,划分潜在震源区,分析震源地震活动性,确定地震衰减规律,利用概率方法评价该地区未来一定期限内遭受不同强度地震影响的可能性,给出用概率形式表达的地震烈度区划或其他地震动参数,作为抗震设防的依据。

经国务院批准已由国家地震局和建设部于 1992 年 6 月颁布实施的《中国地震烈度区划图(1990)》就是基于这种方法编制的。该图用基本烈度表示各地方存在地震的危险性和危害程度。基本烈度是指:50 年期限内,一般场地条件下,可能遭受超越概率为 10% 的烈度值。该区划图把全国划分为基本烈度不同的 5 个地区,《建筑抗震设计规范》(GB 50011—2010)规定,一般情况下可采用地震烈度区划图上给出的基本烈度作为建筑抗震设计中的抗震设防烈度。

震害经验表明:同一地区不同场地上的建筑物震害程度有着明显差异,局部场地条件对地震动特性和地震破坏效应存在较大影响。《建筑抗震设计规范》(GB 50011—2010)规定对做过地震小区划的地区,可采用抗震主管部门批准使用的设防烈度和设计地震动参数。地震小区划就是在大区划(地震烈度区划)的基础上,考虑局部范围的地震地质背景、土质条件、地形地貌,给出一个城市或一个大的工矿企业内的地震烈度和地震动参数。为工程抗震提供更为经济合理的场地地震特性评价。

一般说来,震级较大、震中距较远的地震对长周期柔性结构的破坏,比同样烈度下震级较小、震中距较近的地震造成的破坏要重。产生这种现象的主要原因是"共振效应",即地震波中的高分量随传播距离的衰减比低频分量要快,震级大、震中距远的地震波其主导频率为低频分量,与长周期的高结构自振周期接近。

为了反映同样烈度下,不同震级和震中距的地震引起的地震动特征不同和对结构造成的不同破坏程度及对建筑物的影响,补充和完善烈度区划图的烈度划分,《建筑抗震设计规范》(GB 50011—2010)将建筑工程的设计地震划分为3组,近似反映近、中、远震的影响,不同设计地震分组,采用不同设计特征周期和设计基本地震加速值。

地震释放的能量以波的形式传到地面,引起地面振动。振动过程中作用在结构上的惯性力就是地震作用,它使结构产生内力,发生变形。

地震作用是建筑抗震设计的基本依据,其数值大小不仅取决于地面运动的强弱程度,而且与结构的截面特性即自振周期、阻尼等直接相关。目前采用反应谱理论来计算地震作用。

4.2.2 单自由度弹性体系地震作用

1. 计算简图

对于各类工程结构,其质量沿结构高度是连续分布的或质量大都集中在屋盖或桥面处。为了便于分析、减少计算工作量,把结构的全部质量假想地集中到若干质点上,结构杆件本身则看成是无重弹性直杆即集中质量法,如图4.9所示,使计算得到简化,并能够较好地反映它的动力性能。

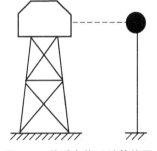

图4.9 单质点体系计算简图

在结构抗震分析中,如果只需要一个独立参数就可确定其弹性变形位置,则该体系即为单自由度体系。

2. 运动方程

尽管地震地面运动是三维运动,但若结构处于弹性状态,一般假定地基不发生运动,而把地基运动分解为一个竖向分量和两个水平分量,然后分别计算这些分量对结构的影响。

图4.10为单质点体系在地震作用下的计算简图。图示单自由度弹性体系在地面水平运动分量的作用下产生振动,$x_0(t)$表示地面水平位移,它的变化规律可通过地震时地面运动实测记录得到;$x(t)$表示质点相对于地面的位移反应,是待求的未知量。

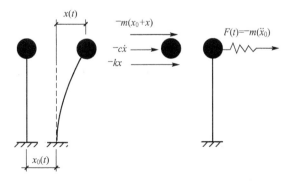

图4.10 单质点体系在地震作用下的运动

为了建立运动方程,取质点 m 为隔离体,由结构动力学可知,作用在质点上的有 3 种力。

(1) 惯性力 I。为质点的质量和绝对加速度的乘积,方向与加速度方向相反。

$$I = m[\ddot{x}_0(t) + \ddot{x}(t)] \tag{4-7}$$

(2) 阻尼力 D。它是在结构振动过程中由于材料内摩擦、地基能量耗散、外部介质阻力等因素,使振动能量逐渐损耗,结构振动不断衰减的力。

$$D = -c\dot{x}(t) \tag{4-8}$$

(3) 弹性恢复力 S。它是由于弹性杆变形而产生的使质点从振动位置恢复到平衡位置的一种力。

$$S = -kx(t) \tag{4-9}$$

式中,$x(t)$,$\dot{x}(t)$,$\ddot{x}(t)$——质点相对于地面的位移、速度和加速度;

$\ddot{x}_0$——地面运动加速度;

c——体系阻尼系数。

k——弹性支承杆的刚度,即质点发生单位水平位移时,需在质点上施加的力。

根据达朗贝尔原理,得

$$m\ddot{x}(t) + c\dot{x}(t) + kx(t) = -m\ddot{x}_0(t) \tag{4-10}$$

为使方程进一步简化,设

$$\omega = \sqrt{k/m} \tag{4-11}$$

$$\xi = \frac{c}{2\omega m} = \frac{c}{c_r} \tag{4-12}$$

式中,ω——无阻尼自振圆频率,简称自振频率;

ξ——阻尼系数 c 与临界阻尼系数 c_r 的比值,简称阻尼比。

将 ω、ξ 表达式代入式(4-10),可得

$$\ddot{x}(t) + 2\omega\xi\dot{x}(t) + \omega^2 x(t) = \ddot{x}_0(t) \tag{4-13}$$

式(4-13)即为单质点弹性体系在地震作用下的运动微分方程,这是一个常系数二阶非齐次线性微分方程,直接求解可得单自由度体系的地震反应。

由常微分方程理论和动力学理论可知式(4-13)的解包含两部分,一个是微分方程对应的齐次方程的通解——代表自由振动,另一个是微分方程的特解——代表强迫振动。

1) 单质点弹性体系自由振动齐次方程

$$\ddot{x}(t) + 2\omega\xi\dot{x}(t) + \omega^2 x(t) = 0 \tag{4-14}$$

对于一般结构,通常阻尼较小,当 $\xi < 1$ 时,其解为

$$x(t)=\mathrm{e}^{-\xi\omega t}\left[x(0)\cos\omega't+\frac{\dot{x}+\dot{x}(0)\xi\omega}{\omega'}\sin\omega't\right] \tag{4-15}$$

式中，$x(0)$，$\dot{x}(0)$——$t=0$ 时体系的初始位移和初始速度；

$\omega'=\omega\sqrt{1-\xi^2}$——有阻尼体系的自振频率，对于一般结构，其阻尼比 ξ 小于 0.1，因此，有阻尼自振频率 ω' 和无阻尼自振频率 ω 很接近，即 $\omega'=\omega$。也就是说，在计算体系的自振频率时，可不考虑阻尼影响。

当无阻尼时，式(4-14)中 $\xi=0$，可得无阻尼的单自由度体系自由振动方程为

$$\ddot{x}(t)+\omega^2 \dot{x}(t)=0 \tag{4-16}$$

其解为

$$x(t)=x(0)\cos\omega t+\frac{x(0)}{\omega}\sin\omega t \tag{4-17}$$

图 4.11 为不同阻尼比的自由振动曲线。比较各曲线可知，无阻尼时，振幅始终不变；有阻尼时，振幅逐渐衰减；阻尼比愈大，振幅衰减愈快。

2) 单质点弹性体系自由振动非齐次方程

(1) 瞬时冲量及其引起的自由振动。设一荷载 P 作用于单自由度体系，且荷载随时间的变化关系如图 4.12(a)所示，则把荷载 P 与作用时间 Δt 的乘积 $P\Delta t$ 称为冲量。当作用时间

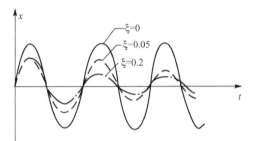

图 4.11 不同阻尼比自由振动曲线

很短，作用时间为瞬时 $\mathrm{d}t$ 时，则称为瞬时冲量。根据动量定律，冲量等于动量的改变量，即

$$P\mathrm{d}t=mv-mv_0 \tag{4-18}$$

在冲击荷载作用之前，初速度 $v_0=0$，初位移也等于零；在冲击荷载完毕瞬间，体系在瞬时冲量作用下获得速度 $v=P\mathrm{d}t/m$，此时体系位移是二阶微量，在荷载作用期间 $\mathrm{d}t$ 内可认为位移为零。这样原来静止的体系在瞬时冲量作用之后，将以初位移为零，初速度为 $P\mathrm{d}t/m$ 作自由振动。由自由振动的解式(4-15)，令其中的初位移 $x(0)=0$，初速度 $\dot{x}(0)=P\mathrm{d}t/m$，得

$$x(t)=\mathrm{e}^{-\xi\omega t}\frac{P\mathrm{d}t}{m\omega'}\sin\omega't \tag{4-19}$$

其位移时程曲线如图 4.12(b)所示。

(2) 杜哈默(Duhamel)积分。在方程(4-14)中，其 $-\ddot{x}_0(t)$ 可视为作用在单位质量上的动力荷载。假设动力荷载随时间的变化关系如图 4.13(a)所示，将其化为无数多个连续作用的瞬时荷载，则在 $t=\tau$ 时，瞬时荷载为 $-\ddot{x}_0(\tau)$，瞬时冲量为 $-\ddot{x}_0(\tau)\mathrm{d}\tau$，如图 4.13(a)中阴影面积所示。则将式(4-19)中的 $P\mathrm{d}t$ 改为 $-\ddot{x}_0(\tau)\mathrm{d}\tau$，并取 $m=1$，将 t 改为 $(t-\tau)$，可得体系 τ 时刻作用的瞬时冲量。在任一时刻 t 的位移如图 4.13(b)所示。

$$\mathrm{d}x(t)=-\mathrm{e}^{-\xi\omega(t-\tau)}\frac{\ddot{x}(\tau)}{\omega'}\sin\omega'(t-\tau)\mathrm{d}\tau \tag{4-20}$$

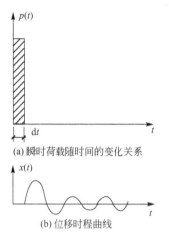

图 4.12 瞬时冲量及其引起的自由振动

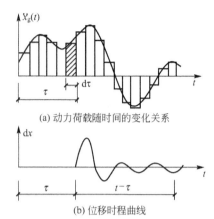

图 4.13 地震作用下的质点位移分析

体系的总位移反应可以看作时间 $\tau=0$ 到 $\tau=t$ 所有瞬时冲量作用效果的叠加，对式(4-20)从 $0\sim t$ 进行积分，得

$$x(t)=\int_0^t \mathrm{d}x(t)=-\frac{1}{\omega'}\int \ddot{x}_0(\tau)\mathrm{e}^{-\xi\omega(t-\tau)}\sin\omega'(t-\tau)\mathrm{d}\tau \quad (4-21)$$

式(4-21)称为杜哈默积分，即为单质点弹性体系自由振动非齐次方程的特解，它与齐次方程的解式(4-15)之和构成方程的通解。

由于体系在地震波作用之前处于静止状态，其初始条件 $x(0)=\dot{x}(0)=0$，齐次解为零，所以式(4-21)就是方程的通解。

3. 地震作用的基本计算公式

作用于单自由度弹性体系质点上的惯性力为

$$F(t)=-m[\ddot{x}(t)+\ddot{x}_g(t)] \quad (4-22)$$

由式(4-10)可得

$$F(t)=kx(t)+c\dot{x}(t) \quad (4-23)$$

相对于 $kx(t)$ 来说，$c\dot{x}(t)$ 很小，可以略去，得

$$F(t)=kx(t)=m\omega^2(t) \quad (4-24)$$

可见在地震作用下质点产生的相对位移 $x(t)$ 与惯性力 $F(t)$ 成正比，某瞬间结构所受地震作用可以看成是该瞬间结构自身质量产生的惯性力的等效力。

利用杜哈默积分，并忽略阻尼对频率影响，取 $\omega=\omega'$，得

$$F(t)=-m\omega\int_0^t \ddot{x}_0(\tau)\mathrm{e}^{-\xi\omega(t-\tau)}\sin\omega(t-\tau)\mathrm{d}\tau \quad (4-25)$$

在结构抗震设计中，水平地震作用一般只需求出其最大绝对值，则得

$$F=m\omega\left|\int_0^t \ddot{x}_0(\tau)\mathrm{e}^{-\xi\omega(t-\tau)}\sin\omega\tau\right|_{\max} \quad (4-26)$$

若用最大绝对加速度 S_a 表示，则有

$$F=mS_a \quad (4-27)$$

式中，

$$S_a = \omega \left| \int_0^t \ddot{x}_0(\tau) e^{-\xi\omega(t-\tau)} \sin\omega\tau \right|_{max}$$

$$= \frac{2\pi}{T} \left| \int_0^t \ddot{x}_0(\tau) e^{-\xi\frac{2\pi}{T}(t-\tau)} \sin\frac{2\pi}{T}(t-\tau) d\tau \right|_{max} \quad (4-28)$$

S_a 可通过反应谱理论确定。工程结构抗震设计不能采用某一确定地震记录的地震反应谱，而应考虑地震地面运动的随机性，确定一条供设计用反应谱，称为设计反应谱。它根据大量强震记录并按场地类别及震中距远近分别作出反应谱曲线，从中找出有代表性的平均曲线作为抗震设计的依据。但《建筑抗震设计规范》(GB 50011—2010)不是直接通过 S_a 确定地震作用，而是利用间接手段分别确定地震系数 $k = \frac{\left|\ddot{x}_g\right|_{max}}{g}$ 和动力系数 $\beta = \frac{S_a(T)}{\left|\ddot{x}_g\right|_{max}}$，进而求出作用在质点上的水平地震作用。将式(4-27)改写成下列形式。

$$F = mS_a = mg \cdot \frac{\left|\ddot{x}_0\right|_{max}}{g} \cdot \frac{S_a(T)}{\left|\ddot{x}_0\right|_{max}} = Gk\beta \quad (4-29)$$

式中，$\left|\ddot{x}_0\right|_{max}$——地震时地面运动最大加速度；

$G = mg$——建筑的重力荷载代表值。

在式(4-29)中，只要确定了地震系数 k 和动力系数 β，就能求出作用在质点上的水平地震作用 F。接下来分别讨论 k 和 β 的确定方法。

1) 地震系数

地震系数 k 是地面运动的最大加速度与重力加速度的比值，即

$$k = \frac{\left|\ddot{x}_0(t)\right|_{max}}{g} \quad (4-30)$$

地震系数 k 反映了地面运动的强弱程度，地面加速度愈大，地震的影响就越强烈，即地震烈度越大，地震系数 k 也就越大。两者之间存在着某种一一对应的关系。根据统计分析，地震烈度每增加一度，k 值增加一倍，见表4-4。

需要指出，烈度是通过宏观震害调查判断的，而 k 值中的 $\left|\ddot{x}_0\right|_{max}$ 是从地震记录中获得的物理量，宏观调查结果和实测物理量之间既有联系又有区别。由于地震是一种复杂的地质现象，造成结构破坏的因素不仅取决于地面运动的最大加速度，还取决于地震动的频谱特征和持续时间，有时会出现 $\left|\ddot{x}_0\right|_{max}$ 值较大，但由于持续时间很短，烈度不高、震害不重的现象。表4-4反映的关系是具有统计特征的总趋势，其中括号中数值分别用于设计基本地震加速度为 0.15g 和 0.30g 的地区。

表4-4 地震烈度 I 与地震系数 k 的关系

地震烈度 I	6	7	8	9
地震系数 k	0.05	0.10(0.15)	0.20(0.30)	0.40

2) 动力系数

动力系数 β 是单质点体系在地震作用下最大反应加速度与地面运动加速度的比值。它实质上是规则化的地震反应谱，剔除了地面运动幅值对地震反应谱的影响，但仍包含地面运动频谱对地震反应谱的影响，即

$$\beta(T) = \frac{S_a}{\left|\ddot{x}_0\right|_{\max}} \tag{4-31}$$

也可以说动力系数 β 是质点最大加速度比地面最大加速度的放大倍数。因为当 $\left|\ddot{x}_0(t)\right|_{\max}$ 增大或减小时，S_a 相应随之增大或减小，因此 β 值与地震烈度无关，这样就可以利用所有不同烈度的地震记录进行计算和统计。将式(4-28)代入式(4-31)，$\beta(T)$ 的表达式可写成

$$\beta(T) = \frac{2\pi}{T} \frac{1}{\left|\ddot{x}_0\right|_{\max}} \left| \int_0^t \ddot{x}_0(\tau) e^{-\xi \frac{2\pi}{T}(t-\tau)} \sin \frac{2\pi}{T}(t-\tau) \mathrm{d}\tau \right|_{\max} \tag{4-32}$$

可见，动力系数 β 与地面运动加速度、结构自振周期 T 和结构阻尼 ξ 有关。选取一条地震加速度记录，则 $\ddot{x}_0(t)$ 就已知，再给定一个阻尼比 ξ，对于不同周期的单质点体系，利用式(4-32)能够算出相应的动力系数 β，把 β 按周期大小的次序排序起来，得到 β-T 关系曲线，这就是动力系数反应谱。因为动力系数 β 是单自由度体系质点的最大反应加速度 S_a 与地面最大运动加速度 $\left|\ddot{x}_0\right|_{\max}$ 的比值，所以 β-T 曲线实质上是加速度反应谱曲线。

由图 4.14 的某一 β-T 曲线可见，当结构自振周期 T 小于某一数值 T_g 时，β 反应谱曲线将随 T 的增大波动增长；当 $T=T_g$ 时，动力系数 β 达到峰值；当 T 大于 T_g 时，曲线波动下降。这里的 T_g 就是对应反应谱曲线峰值的结构自振周期，这个周期与场地的振动卓越周期相符。所以，当结构的自振周期与场地的卓越周期相近时，结构的地震反应最大。这种现象与结构在动荷载作用下的共振相似。因此，在结构抗震设计中，应使结构的自振周期避开场地卓越周期，以免发生类共振现象。

进一步从理论上分析 β-T 反应谱曲线。若 $T=0$，则表明该体系为绝对刚体 [图 4.15(a)]，质点与地面之间无相对运动，即 $S_a = \left|\ddot{x}_0\right|_{\max}$，故 $\beta=1$。若单质点体系的自振周期 T 很大，则表示该体系的质点和地面之间的弹性联系很弱，质点基本处于静止状态 [图 4.15(b)]，质点的绝对加速度 S_a 趋于零，β 亦趋于零。

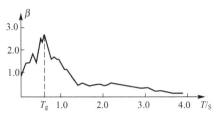

图 4.14 β-T 谱曲线（$\xi=0.05$）

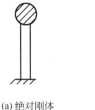

(a) 绝对刚体   (b) 联系很弱

图 4.15 质点与地面联系

3) 标准反应谱

反应谱曲线的形状受多种因素影响,其中场地条件影响最大。场地土质松软,长周期结构反应较大,β 谱曲线峰值右移;场地土质坚硬,短周期结构反应较大,β 谱曲线峰值左移。图 4.16(a)给出了不同土质条件对 β 谱曲线的影响,为反映这种影响可按场地条件分别绘出它们的反应谱曲线。

另外震级和震中距对谱曲线也有影响,在烈度相同的情况下,震中距较远时,加速度反应谱的峰点偏向较长周期,曲线峰值右移;震中距较近时,峰点偏向较短周期,曲线峰值左移 [图 4.16(b)]。

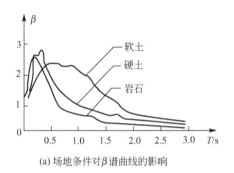
(a) 场地条件对 β 谱曲线的影响

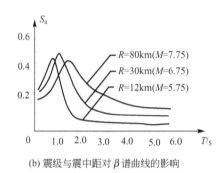
(b) 震级与震中距对 β 谱曲线的影响

图 4.16 影响反应谱的因素

可见,即使是相近场地条件和相近震中距的地震记录,其动力系数也不尽相同,存在有离散性。为方便工程抗震的设计,一般采用大量同类地震记录的统计平均谱,并加以规则平滑后具有地震反应谱的形式。为反映这种影响,应根据设计地震分组的不同分别给出反应谱参数。

4. 地震作用的计算

地震系数 k 和动力系数 β 分别是表示地面振动强烈程度和结构地震反应大小的两个参数,为了便于计算,《建筑抗震设计规范》(GB 50011—2010)采用相对于重力加速度的单质点绝对最大加速度,即 S_a/g 与体系自振周期 T 之间的关系作为设计用反应谱。并将 S_a/g 用 α 表示,α 称为地震影响系数。

$$\alpha(T)=k\beta=S_a/g \tag{4-33}$$

利用式(4-29)可将式(4-33)写成

$$F=\alpha(T)G \tag{4-34}$$

因此 $\alpha(T)$ 实际上就是作用于单质点弹性体系上的水平地震力与结构重力之比。

《建筑抗震设计规范》(GB 50011—2010)就是以地震影响系数 $\alpha(T)$ 作为设计参数,并以图的地震影响系数 $\alpha(T)$ 曲线(经平滑处理和适当调整)作为设计依据的反应谱。

一般建筑结构的阻尼比应取 $\xi=0.05$,地震影响系数曲线的阻尼调整系数应按 1.0 采用。地震影响系数 α 是根据地震烈度、场地类别、设计地震分组和结构自振周期以及阻尼比确定的。从图 4.17 中可见,α 反应谱曲线由 4 部分组成:在 $T<0.1s$ 区段内,$\alpha(T)$ 曲线为直线上升段;在 $0.1s \leqslant T \leqslant T_g$ 区段内,$\alpha(T)$ 曲线为一水平线,即取 α 的最大值 α_{max};在 $T_g<T \leqslant 5T_g$ 区段内,$\alpha(T)$ 按下降的曲线规律变化。

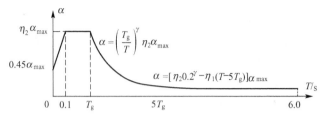

图 4.17 地震影响系数曲线

$$\alpha(T) = \left(\frac{T_g}{T}\right)^\gamma \eta_2 \alpha_{\max} \quad (4-35)$$

衰减指数 γ 取 0.9；在 $5T_g < T \leq 6.0\text{s}$ 区段内，$\alpha(T)$ 曲线采用直线下降段

$$\alpha(T) = [\eta_2 0.2^\gamma - \eta_1(T - 5T_g)]\alpha_{\max} \quad (4-36)$$

下降斜率调整系数为 0.02。但应当注意，当 $T > 6.0\text{s}$ 时，就会超出设计反应谱的适用范围，此时所采用的地震影响系数须专门研究。

式中，$\alpha(T)$——地震影响系数，意义为地震作用与体系重力之比；

$\alpha_{\max}$——地震影响系数最大值；

γ——衰减指数；

η_1——直线下降段的下降斜率调整系数；

η_2——阻尼调整系数；

T——结构自振周期(s)；

T_g——特征周期。

1）特征周期 T_g

特征周期 T_g 由场地类别和所在地的设计地震分组按表 4-5 查用。由表可见，随场地类别增大，场地条件变差，特征周期是逐渐增大的，反映了土质软、覆盖层厚、峰值右移的特征。另外表中第三组特征周期最长，说明长周期结构反应大，峰值也是向右移动的。

表 4-5 特征周期 T_g(s)

设计地震分组	场地类别				
	I_0	I_1	II	III	IV
第一组	0.20	0.25	0.35	0.45	0.65
第二组	0.25	0.30	0.40	0.55	0.75
第三组	0.30	0.35	0.45	0.65	0.90

2）地震影响系数最大值 $\alpha_{\max}$

水平地震影响系数的最大值 $\alpha_{\max}$ 为

$$\alpha_{\max} = k\beta_{\max} \quad (4-37)$$

表 4-4 中给出了基本烈度对应的 k 值，只要确定 $\beta_{\max}$，就能确定 $\alpha_{\max}$。统计结果表明，动力系数最大值 $\beta_{\max}$ 受场地条件、地震烈度、震中距的影响不大，《建筑抗震设计规范》(GB 50011—2010)取按多遇地震烈度计算时的 $\beta_{\max} = 2.25$，相应的地震系数 k 取基本

烈度时表4-5所示的0.35，同时还规定在计算地震作用的标准值时，α_{max}的取值应符合下列规定：对于阻尼比为0.05的建筑结构α_{max}应按表4-6采用，当阻尼比不等于0.05时，则应给表4-6中的各数值乘以阻尼调整系数η_2

$$\eta_2 = 1 + \frac{0.05 - \xi}{0.08 + 1.6\xi} \tag{4-38}$$

当$\eta_2 < 0.55$时，取$\eta_2 = 0.55$。

表4-6 水平地震影响系数最大值 α_{max}

地震影响	烈度			
	6度	7度	8度	9度
多遇地震	0.04	0.08(0.12)	0.16(0.24)	0.32
罕遇地震	—	0.50(0.72)	0.90(1.20)	1.40

注：括号中数值分别用于设计基本地震加速度为0.15g和0.30g的地区。

此外，当结构的自振周期$T = 0$时，结构为刚体，其质点加速度与地面加速度相等，$\beta_{max} = 1$，此时有

$$\alpha = k = \frac{k\beta_{max}}{\beta_{max}} = \frac{\alpha_{max}}{2.25} = 0.45\alpha_{max} \tag{4-39}$$

3）衰减指数γ

曲线下降段衰减指数按下式确定。

$$\gamma = 0.9 + \frac{0.05 - \xi}{0.3 + 6\xi} \tag{4-40}$$

一般情况下，式(4-40)中的阻尼比取为$\xi = 0.05$，此时$\gamma = 0.9$。由于在抗震结构中阻尼器应用日趋广泛，会出现阻尼比大于0.05的情况，另外在计算多遇地震时，钢结构在不同高度时取不同的阻尼比，一般都小于0.05。式(4-40)就给出了不同阻尼比的反应谱调整方法，以适应不同结构材料和结构类型。

考虑阻尼比不同，对直线下降段斜率应进行修正，调整系数η_1按下式确定。

$$\eta_1 = 0.02 + \frac{0.05 - \xi}{4 + 32\xi} \tag{4-41}$$

当$\eta_1 < 0$时，取$\eta_1 = 0$。

【例4.1】 某钢筋混凝土排架结构（图4.18），集中于柱顶标高处的结构重量$G = 680$kN，柱子刚度$EI = 188.3 \times 10^3$kN·m²，横梁刚度$EI = \infty$，柱高$h = 6$m，7度设防，第一组，Ⅲ类场地土，阻尼比$\xi = 0.05$。计算该结构所受地震作用。

解：(1) 计算地震影响系数α。

把结构简化为单质点体系，体系抗

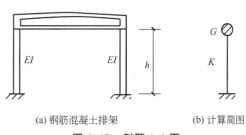

(a) 钢筋混凝土排架　　(b) 计算简图

图4.18 例题4.1图

侧刚度 k 为各柱抗侧刚度之和，即

$$k=\frac{3(EI\times 2)}{h^3}=\frac{3\times(188.3\times 10^3\times 2)}{6^3}=5.23\times 10^3 \text{kN/m}$$

体系自振周期为 $T=2\pi\sqrt{\dfrac{m}{k}}=2\pi\sqrt{\dfrac{680}{9.8\times 5230}}=0.723\text{s}$

7度设防，$\alpha_{\max}=0.08$，第一组，Ⅲ类场地，$T_g=0.45\text{s}$

$$\alpha=\left(\frac{T_g}{T}\right)^{0.9}\alpha_{\max}=\left(\frac{0.45}{0.723}\right)^{0.9}\times 0.08=0.0522$$

(2) 计算作用在质点上的水平地震作用 F。

$$F=\alpha G=0.0522\times 680=35.5\text{kN}$$

该结构柱顶处水平地震作用 $F=35.5\text{kN}$。

4.3 多质点体系的地震作用

在实际的工程抗震设计中，除了少数结构可以简化为单质点体系外，大量的工程结构如多层或高层工业和民用建筑、单层多跨不等高厂房、烟囱等，都应将其质量相对集中于若干高度处，简化成多质点体系进行分析计算，才能得出比较切合实际的结果。

4.3.1 计算简图

对于图 4.19(a)所示的多层结构，通常是按集中质量法将每一层楼面或屋面的质量及 $i-i$ 到 $(i+1)-(i+1)$ 之间上下各一半的楼层结构质量集中到楼面或楼盖标高处，作为一个质点，设它们的质量为 $m_i(i=1,2,\cdots,n)$，并假定这些质点由无重的弹性直杆支承于地面，这样就可以把整个结构简化为一个多质点弹性体系。一般地说，对于具有 n 层的结构，应简化成 n 个质点的弹性体系，如图 4.19(b)所示。

对于图 4.19(c)所示的单层多跨不等高排架结构，由于大部分质量集中于屋盖，可把厂房质量分别集中到高跨柱顶和低跨屋盖与柱的连接处，简化成两个质点的体系，如图 4.19(d)所示；如果牛腿处支承有大型吊车，确定地震作用时，应把它当成单独质点处理。

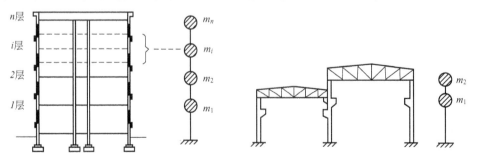

(a) 框架结构　　(b) 简化成多个质点体系　　(c) 单层多跨不等高排架结构　　(d) 简化成两个质点体系

图 4.19 多质点体系计算简图

4.3.2 运动方程

为了研究多质点弹性体系的地震反应和地震作用，先来分析体系的自由振动。因为体系的自由振动规律反映了它的许多动力特性。这些动力特性对确定体系的地震反应和地震作用有着密切的关系。

图 4.20 表示一多质点弹性体系在水平地震作用下发生振动产生相对于地面运动的情况。图中 $x_0(t)$ 表示地震水平位移，$x_i(t)$ 表示第 i 质点相对于地面的位移。为了建立运动方程，取第 i 质点为隔离体，作用在质点 i 的力有惯性力 $I_i = -m_i(\ddot{x}_0 + \ddot{x}_i)$。

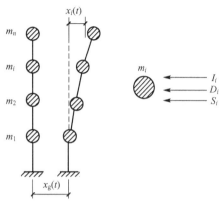

图 4.20 多自由度体系水平地震作用

阻尼力
$$D_i = -(c_{i1}\dot{x}_1 + c_{i2}\dot{x}_2 + \cdots + c_{in}\dot{x}_n) = -\sum_{r=1}^{n} c_{ir}\dot{x}_r \quad (4-42)$$

弹性恢复力
$$S_i = -(k_{i1}\dot{x}_1 + k_{i2}\dot{x}_2 + \cdots + k_{in}\dot{x}_n) = -\sum_{r=1}^{n} k_{ir}x_r \quad (4-43)$$

式中，c_{ir}——第 r 质点产生单位速度，其余点速度为零，在 i 质点产生的阻尼力；

k_{ir}——第 r 质点产生单位位移，其余质点不动，在 i 质点上产生的弹性反力。

根据达朗贝尔原理，得到第 i 质点动力平衡方程为
$$m_i(\ddot{x}_0 + \ddot{x}_i) = -\sum_{r=1}^{n} c_{ir}\dot{x}_r - \sum_{r=1}^{n} k_{ir}x_r \quad (4-44)$$

将式(4-44)整理，并推广到 n 个质点，可得多自由度弹性体系在地震作用下的运动方程为
$$m_i\ddot{x}_i + \sum_{r=1}^{n} c_{ir}\dot{x}_r + \sum_{r=1}^{n} k_{ir}x_r = -m_i\ddot{x}_0 \quad (i=1, 2, \cdots, n) \quad (4-45)$$

写成矩阵形式为

$$\begin{bmatrix} m_1 & & & 0 \\ & m_2 & & \\ & & \ddots & \\ 0 & & & m_n \end{bmatrix} \begin{Bmatrix} \ddot{x}_1 \\ \ddot{x}_2 \\ \vdots \\ \ddot{x}_n \end{Bmatrix} + \begin{bmatrix} c_{11} & c_{12} & \cdots & c_{1n} \\ c_{21} & c_{22} & \cdots & c_{2n} \\ \vdots & \vdots & & \vdots \\ c_{n1} & c_{n2} & \cdots & c_{nn} \end{bmatrix} \begin{Bmatrix} \dot{x}_1 \\ \dot{x}_2 \\ \vdots \\ \dot{x}_n \end{Bmatrix} + \begin{bmatrix} k_{11} & k_{12} & \cdots & k_{1n} \\ k_{21} & k_{22} & \cdots & k_{2n} \\ \vdots & \vdots & & \vdots \\ k_{n1} & k_{n2} & \cdots & k_{nn} \end{bmatrix} \begin{Bmatrix} x_1 \\ x_2 \\ \vdots \\ x_n \end{Bmatrix}$$
$$= -\ddot{x}_0 \begin{bmatrix} m_1 & & & 0 \\ & m_2 & & \\ & & \ddots & \\ 0 & & & m_n \end{bmatrix} \begin{Bmatrix} 1 \\ 1 \\ \vdots \\ 1 \end{Bmatrix} \quad (4-46)$$

或简写为
$$[M]\{\ddot{x}\} + [C]\{\dot{x}\} + [K]\{x\} = -[M]\{1\}\ddot{x}_0 \quad (4-47)$$

式(4-47)是以质点 $x_i(t)$ 位移为坐标,展开后可得 n 个运动微分方程,在每一个方程中均包含所有未知的质点位移,这 n 个方程是联立的,即耦合的,一般常用振型分解法求解。而用振型分解法求解时需要利用多自由度弹性体系的振型,它们是由分析体系的自由振动得来的。为此须先讨论多自由度体系的自由振动问题。

4.3.3 自由振动

由式(4-47)可知,无外界激励的多质点无阻尼体系的自由振动方程为

$$[M]\{\ddot{x}\} + [K]\{x\} = 0 \quad (4-48)$$

式(4-48)为二阶线性微分方程组,则解为

$$\{x\} = \{X\}\sin(\omega t + \varphi) \quad (4-49)$$

式中,ω——频率;

φ——初相角。

$\{X\} = \{X_1, X_2, \cdots, X_n\}^T$,$X_i (i=1, 2, \cdots, n)$ 为常数,是每个质点的位移幅值。

将 $\{x\}$ 关于时间 t 微分两次,得

$$\{\ddot{x}\} = -\omega^2 \{X\}\sin(\omega t + \varphi) \quad (4-50)$$

则式(4-48)为

$$([K] - \omega^2[M])\{X\}\sin(\omega t + \varphi) = \{0\} \quad (4-51)$$

$\sin(\omega t + \varphi) \neq 0$,则有

$$([K] - \omega^2[M])\{X\} = \{0\} \quad (4-52)$$

式(4-52)也称为表征体系自由振动特征的特征方程。

由于体系自由振动时,$\{X\} \neq \{0\}$,所以系数矩阵的行列式应等于零,即

$$\left| [K] - \omega^2[M] \right| = 0 \quad (4-53)$$

特征值方程展开后是关于 ω^2 的 n 次代数方程,应有 ω^2 的 n 个解。根据刚度矩阵 $|K|$ 的对称性和正定性,可知 ω^2 的 n 个解全为正实数,即 $\{\omega_1, \omega_2, \cdots, \omega_n\}$ 且 $\omega_1 < \omega_2 < \cdots < \omega_n$,一般称 ω_1 为体系的第一阶自振圆频率或基本自振圆频率,$\omega_i (i>1)$ 为体系的第 i 阶自振圆频率。

将任意 i 阶自振圆频率 ω_i 代入特征方程式(4-52),可确定与之相应的 i 阶自由振动振型 $\{X_i\}$

$$([K] - \omega_i^2[M])\{X_i\} = \{0\} \quad (4-54)$$

令 $\{X_i\}$ 中的任意一元素为确定值(可令第一个元素等于1),则可由式(4-54)解得 $\{X_i\}$ 的其他元素。

下面来证明多质点体系的任意两个不同振型关于质量矩阵和刚度矩阵加权正交。

使式(4-54)变形得

$$[K]\{X_i\} = \omega_i^2[M]\{X_i\} \quad (4-55)$$

同理对体系的第 j 阶自由振动仍然成立,即

$$[K]\{X_j\} = \omega_j^2[M]\{X_j\} \quad (4-56)$$

对式(4-55)和(4-56)的两边分别左乘 $\{X_j\}^T$ 和 $\{X_i\}^T$,得

$$\{X_j\}^T[K]\{X_i\} = \omega_i^2\{X_j\}^T[M]\{X_i\} \quad (4-57)$$

$$\{X_i\}^T[K]\{X_j\}=\omega_j^2\{X_i\}^T[M]\{X_j\} \tag{4-58}$$

由于$[K]$、$[M]$具有对称性，将式(4-57)两边转置，并与式(4-58)两边相减，得

$$(\omega_i^2-\omega_j^2)\{X_i\}^T[M]\{X_j\}=0$$

当$i\neq j$时，$\omega_i\neq\omega_j$，得到结论

$$\{X_i\}^T[M]\{X_j\}=0 \tag{4-59}$$

由式(4-58)和式(4-59)知

$$\{X_i\}^T[K]\{X_j\}=0 \tag{4-60}$$

振型关于质量矩阵和刚度矩阵的正交性是无条件成立的，而关于阻尼矩阵的正交性是有条件的。当阻尼矩阵采用瑞雷阻尼形式时，振型关于阻尼矩阵正交，即

$$\{X_i\}^T[C]\{X_j\}=0 \tag{4-61}$$

瑞雷阻尼矩阵为质量矩阵和刚度矩阵的线性组合，采用$[C]=\alpha[M]+\beta[K]$形式(其中α、β为两个比例常数)。

4.3.4 方程解耦

$\{x\}$由振型的正交性可知$\{X_1\}$、$\{X_2\}$、…、$\{X_n\}$相互独立。根据线性代数理论可知n维向量总可表达为n个独立向量的代数和，即

$$\{x\}=\sum_{i=1}^{n}q_i\{X_i\} \tag{4-62}$$

这里把运动方程中描述质点位移的几何坐标$x_i(t)$转换为新的广义坐标$q_i(t)$，这样做的目的是使互相耦联的运动方程变为独立方程。

将式(4-62)代入式(4-47)，得

$$\sum_{i=1}^{n}([M]\{X_i\}\ddot{q}_i+[C]\{X_i\}\dot{q}_i+[K]\{X_i\}q_i)=-[M]\{1\}\ddot{x}_0 \tag{4-63}$$

将两边左乘$\{X_j\}^T$，同时考虑振型正交性，得

$$\{X_j\}^T[M]\{X_i\}\ddot{q}_i+\{X_j\}^T[C]\{X_i\}\dot{q}_i+\{X_j\}^T[K]\{X_i\}q_i$$
$$=-\{X_j\}^T[M]\{1\}\ddot{x}_0 \tag{4-64}$$

由式(4-58)，令$i=j$，得

$$\omega_j^2=\frac{\{X_j\}^T[K]\{X_j\}}{\{X_j\}^T[M]\{X_j\}} \tag{4-65}$$

令

$$2\omega_j\xi_j=\frac{\{X_j\}^T[C]\{X_j\}}{\{X_j\}^T[M]\{X_j\}} \tag{4-66}$$

$$\gamma_j=\frac{\{X_j\}^T[M]\{1\}}{\{X_j\}^T[M]\{X_j\}} \tag{4-67}$$

式中，ξ_j——体系对应第j阶振型的阻尼比；

γ_j——振型参与系数。

化简式(4-64)，得

$$\ddot{q}_j+2\omega_j\xi_j\dot{q}_j+\omega_j^2q_j=-\gamma_j\ddot{x}_0 \quad (j=1,2,3,\cdots,n) \tag{4-68}$$

可以看出，式(4-68)的每一个方程中仅含有一个未知数q_j，至此，原来联立的微分方程组分解为n个独立的微分方程式。

4.3.5 方程求解

方程解耦后，得到 n 个独立的微分方程，这些方程与单自由度体系在地震作用下运动微分方程(4-13)形式基本一样，所不同的仅在于方程的 ξ 换为 ξ_j，ω 换为 ω_j，等号右边乘了一个比例系数 γ_j，比照式(4-13)的解式(4-68)，可写出

$$q_j(t) = -\frac{\gamma_j}{\omega_j}\int_0^t \ddot{x}_0(\tau)e^{-\xi_j\omega_j(t-\tau)}\sin\omega_j(t-\tau)\mathrm{d}\tau \tag{4-69}$$

或者

$$q_j(t) = \gamma_j \Delta_j(t) \tag{4-70}$$

式中，

$$\Delta_j(t) = -\frac{1}{\omega_j}\int_0^t \ddot{x}_0(\tau)e^{-\xi_j\omega_j(t-\tau)}\sin\omega_j(t-\tau)\mathrm{d}\tau \tag{4-71}$$

$\Delta_j(t)$ 相当于阻尼比为 ξ_j，自振圆频率为 ω_j 的单质点弹性体系在地震作用下相对于地面的位移反应。这个单质点体系称为 j 振型的相应振子。

各振型的广义坐标 $q_j(t)$ 求得后，进行坐标变换，把式(4-70)代入式(4-62)，即可求出原坐标表示的第 j 质点的位移。

$$\{x\} = \sum_{j=1}^n q_j\{X_j\} = \sum_{j=1}^n \gamma_j\Delta_j(t)\{X_j\} = \sum_{j=1}^n \{x_j\} \tag{4-72}$$

式中，$\Delta_j(t)$——时间 t 的函数；

$\{X_j\}$——质点位置的函数；

$\{x_j\}$——体系按振型 $\{X_j\}$ 振动的位移反应，称为 j 振型地震反应。

式(4-73)表明多质点弹性体系任一质点的相对位移反应等于 n 个相应单自由度体系相对位移反应与相应振型的线性组合。该式表示一个有限项和，只要知道 n 个振型和振型反应 $\Delta_j(t)$，按式求得的结果是精确的，当振型数目取得不够时，结果则是近似的。这种分析多自由度地震反应的方法称为振型分解法。

4.3.6 多质点体系的地震作用计算方法

1. 振型分解反应谱法

振型分解反应谱法是求解多自由度弹性体系下地震反应的基本方法。这一方法的概念是：假定建筑结构是纯弹性的多自由度体系，利用振型分解和振型正交性原理，将求解 n 个自由度体系的地震反应分解为求解 n 个独立的等效单自由度体系的最大地震反应，从而求得对应于每一个振型的作用效应(弯矩、剪力、轴向力和变形)，再按一定的法则将每个振型的作用效应组合成总的地震作用效应进行截面抗震验算。

多自由度弹性体系在地震作用下，由地面运动和质点相对运动引起的第 i 质点上的地震作用就是第 i 质点所受的惯性力。根据达朗贝尔原理，第 i 质点上的地震作用为

$$F_i(t) = -m_i[\ddot{x}_0(t) + \ddot{x}_i(t)] \tag{4-73}$$

式中，m_i——质点 i 的质量；

$\ddot{x}_i(t)$——质点 i 的相对加速度；

$\ddot{x}_0(t)$——地面运动加速度。

由式(4-72)得

$$\ddot{x}_i(t) = \sum_{j=1}^{n} \gamma_j \ddot{\Delta}_j(t) X_{ji} \qquad (4-74)$$

式中，X_{ji}——i 质点处的 j 振型坐标。

因

$$\{1\} = \sum_{j=1}^{n} \gamma_j \{X_j\} \qquad (4-75)$$

故

$$\sum_{j=1}^{n} \gamma_j X_{ji} = 1$$

则 $\ddot{x}_0(t)$ 可写成

$$\ddot{x}_0(t) = \ddot{x}_0(t) \sum_{j=1}^{n} \gamma_j X_{ji} \qquad (4-76)$$

将式(4-74)和(4-76)代入式(4-73)得

$$F_i(t) = -m_i \sum_{j=1}^{n} \gamma_j X_{ji} [\ddot{x}_0(t) + \ddot{\Delta}_j(t)] \qquad (4-77)$$

式中，$[\ddot{x}_0(t) + \ddot{\Delta}_j(t)]$——第 j 振型相应振子的绝对加速度。

根据式(4-77)可以作出 $F_i(t)$ 随时间变化的曲线，即时程曲线。曲线上 $F_i(t)$ 的最大值就是设计用的最大地震作用。但计算烦琐，一般采用先求出对应于每一振型的最大地震作用(同一振型中各质点地震作用将同时达到最大值)及其相应的地震作用效应，然后将这些效应进行组合，以求得结构的最大地震作用效应。

2. 振型的最大地震作用

由式(4-77)可知，作用在 j 振型第 i 质点上的水平地震作用绝对最大值为

$$F_{ji} = m_i \gamma_j X_{ji} [\ddot{x}_0(t) + \ddot{\Delta}_j(t)]_{\max} \qquad (4-78)$$

取

$$G_i = m_i g \qquad (4-79)$$

令

$$\alpha_j = \frac{[\ddot{x}_0(t) + \ddot{\Delta}_j(t)]_{\max}}{g} \qquad (4-80)$$

式(4-78)可写成

$$F_{ji} = \alpha_j \gamma_j X_{ji} G_i \quad (i=1, 2, \cdots, m; j=1, 2, \cdots, n) \qquad (4-81)$$

式中，F_{ji}——相应于 j 振型第 i 质点的水平地震作用最大值；

α_j——相应于 j 振型自振周期 T_j 的水平地震影响系数，参照图 4.17 反应谱确定；

X_{ji}——j 振型第 i 质点的水平相对位移，即振型位移；

γ_j——j 振型的振型参与系数，可按式(4-67)计算；

G_i——集中于质点 i 的重力荷载代表值。

式(4-81)就是 j 振型 i 质点上的地震作用的理论公式,也是《建筑抗震设计规范》(GB 50011—2010)给出的水平地震作用计算公式。

3. 振型组合

求出 j 振型第 i 质点上的地震作用 F_{ji} 后,就可按一般力学方法计算结构的地震作用效应 S_j(弯矩、剪力、轴向力和变形等)。根据振型分解法,结构在任一时刻所受的地震作用为该时刻各振型地震作用之和,并且所求得的相应于各振型的地震作用 F_{ji} 均为最大值。这样,按 F_{ji} 求得的地震作用效应 S_j 也是最大值。但由于各振型反应的最大地震作用不会在同一时刻发生,则将各振型最大反应直接相加来估算结构地震反应量的最大值一般偏大,这就产生了振型组合问题。《建筑抗震设计规范》(GB 50011—2010)假定地震时地面运动为平稳随机过程,各振型反应之间相互独立,给出了"平方之和再开方"的组合公式,即按下式确定水平地震作用效应。

$$S = \sqrt{\sum_{j=1}^{n} S_j^2} \qquad (4-82)$$

式中,S——水平地震作用标准值的效应(内力或变形);

S_j——由 j 振型水平地震作用标准值产生的作用效应。

注意,将各振型的地震作用效应以平方和开方法求得的结构地震作用效应和将各振型的地震作用先以平方和开方法进行组合,随后计算其作用效应,两者的结果是不同的。因为在高振型中地震作用有正有负,经平方后则全为正,造成计算夸大结构所受的地震作用效应。

一般各振型在地震总反应中的贡献,总是以频率较低的前几个振型为大,高振型的影响将随着频率的增加而迅速减小,故频率的最低几个振型往往控制着结构的最大地震反应。因此,在实际进行地震反应分析计算时,无论有多少自由度,只要考虑前几个振型,便能得到良好的近似值,从而减小了计算工作量。《建筑抗震设计规范》(GB 50011—2010)规定,当利用式(4-82)进行组合时,只取前 2~3 个振型即可。考虑到周期较长的结构的各个振频较接近,故《建筑抗震设计规范》(GB 50011—2010)规定,当基本自振周期大于 1.5s 或房屋高宽比大于 5 时,可适当增加参与组合的振型个数。

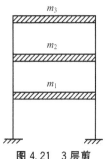

图 4.21 3 层剪切型结构

【例 4.2】 如图 4.21 所示的某 3 层剪切型结构,各层质量分别为 $m_1=500t$,$m_2=500t$,$m_3=400t$。设防烈度为 8 度,设计基本地震加速度值为 $0.20g$,第一组,Ⅱ类场地,阻尼比 $\xi=0.05$。用振型分解反应谱法计算该剪切型结构层间地震力,且已求得该结构的主振型及自振周期如下。

$$\begin{Bmatrix} X_{11} \\ X_{12} \\ X_{13} \end{Bmatrix} = \begin{Bmatrix} 0.345 \\ 0.668 \\ 1.000 \end{Bmatrix} \qquad \begin{Bmatrix} X_{21} \\ X_{22} \\ X_{23} \end{Bmatrix} = \begin{Bmatrix} 0.767 \\ 0.822 \\ -1.000 \end{Bmatrix} \qquad \begin{Bmatrix} X_{31} \\ X_{32} \\ X_{33} \end{Bmatrix} = \begin{Bmatrix} 4.434 \\ -3.331 \\ 1.000 \end{Bmatrix}$$

$T_1=0.613s$ $\qquad$ $T_2=0.223s$ $\qquad$ $T_3=0.127s$

解:(1)各振型的地震影响系数。

由表(4-5)查得:Ⅱ类场地,第一组,$T_g=0.35s$。

由表(4-6)查得:8度多遇地震 $0.20g$,$\alpha_{\max}=0.16$。

第一振型 $T_1=0.613s$,$T_g<T_1<5T_g$,

$$\alpha_1 = \left(\frac{T_g}{T_1}\right)^{0.9} \alpha_{\max} = \left(\frac{0.35}{0.613}\right)^{0.9} \times 0.16 = 0.0966$$

第二振型 $T_2 = 0.223\text{s}$，$0.1\text{s} < T_2 < T_g$，$\alpha_2 = \alpha_{\max} = 0.16$。

第三振型 $T_3 = 0.127\text{s}$，$0.1\text{s} < T_3 < T_g$，$\alpha_3 = \alpha_{\max} = 0.16$。

(2) 各振型的振型参与系数。

$$\gamma_1 = \frac{\sum_{i=1}^{3} m_i X_{1i}}{\sum_{i=1}^{3} m_i X_{1i}^2} = \frac{500 \times 0.345 + 500 \times 0.668 + 400 \times 1.000}{500 \times 0.345^2 + 500 \times 0.668^2 + 400 \times 1.000^2} = 1.328$$

$$\gamma_2 = \frac{\sum_{i=1}^{3} m_i X_{2i}}{\sum_{i=1}^{3} m_i X_{2i}^2} = \frac{500 \times 0.767 + 500 \times 0.822 + 400 \times (-1.000)}{500 \times 0.767^2 + 500 \times 0.822^2 + 400 \times (-1.000)^2} = 0.382$$

$$\gamma_3 = \frac{\sum_{i=1}^{3} m_i X_{3i}}{\sum_{i=1}^{3} m_i X_{3i}^2} = \frac{500 \times 4.434 + 500 \times (-3.331) + 400 \times 1.000}{500 \times 4.434^2 + 500 \times (-3.331)^2 + 400 \times 1.000^2} = 0.060$$

(3) 相应于不同振型的各楼层水平地震作用。

第 j 振型第 i 楼层的水平地震作用为

$$F_{ji} = \alpha_j \gamma_j X_{ji} G_i$$

第一振型 $F_{11} = 0.0966 \times 1.328 \times 0.345 \times 500 \times 9.8 = 216.87\text{kN}$

$F_{12} = 0.0966 \times 1.328 \times 0.668 \times 500 \times 9.8 = 419.90\text{kN}$

$F_{13} = 0.0966 \times 1.328 \times 1.000 \times 400 \times 9.8 = 502.88\text{kN}$

第二振型 $F_{21} = 0.16 \times 0.382 \times 0.767 \times 500 \times 9.8 = 229.71\text{kN}$

$F_{22} = 0.16 \times 0.382 \times 0.822 \times 500 \times 9.8 = 246.18\text{kN}$

$F_{23} = 0.16 \times 0.382 \times (-1.000) \times 400 \times 9.8 = -239.59\text{kN}$

第三振型 $F_{31} = 0.16 \times 0.060 \times 4.434 \times 500 \times 9.8 = 208.58\text{kN}$

$F_{32} = 0.16 \times 0.060 \times (-3.331) \times 500 \times 9.8 = -156.69\text{kN}$

$F_{33} = 0.16 \times 0.060 \times 1.000 \times 400 \times 9.8 = 37.63\text{kN}$

(4) 各振型层间剪力。

相应于各振型的水平地震作用及地震剪力如图 4.22 所示。

(5) 各层层间剪力。

按式(4-82)进行组合，可求得各层层间地震剪力为

$$V_1 = \sqrt{1139.65^2 + 236.3^2 + 89.52^2} = 1167.33\text{kN}$$

$$V_2 = \sqrt{922.7^2 + 6.59^2 + (-119.06)^2} = 930.37\text{kN}$$

$$V_3 = \sqrt{502.88^2 + (-239.59)^2 + 37.63^2} = 557.77\text{kN}$$

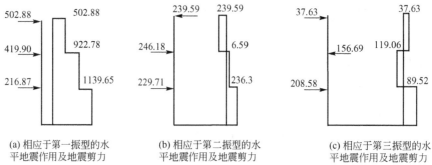

(a) 相应于第一振型的水平地震作用及地震剪力
(b) 相应于第二振型的水平地震作用及地震剪力
(c) 相应于第三振型的水平地震作用及地震剪力

图 4.22　各振型的地震作用及地震剪力(kN)

4.3.7　底部剪力法计算地震作用

对于多自由度体系采用振型分解反应谱法确定地震反应,能够取得比较精确的结果,因为从理论上讲结构各振型最大反应的计算是精确的,值的近似仅在于振型组合。但需要计算结构体系的自振频率和振型,运算十分冗繁,而只能借助计算机才能完成。并且结构各位置处的各种最大地震反应并没有统一的总地震作用与之相对应,不能直观地反应总的地震作用。为了便于工程设计,简化计算,《建筑抗震设计规范》(GB 50011—2010)规定,在满足一定条件下,在振型分解反应谱法的基础上再加以简化,即所谓的底部剪力法的近似计算方法。

底部剪力法是把地震当作等效静力,作用在结构上,以此计算结构的最大地震反应。可以简述为首先计算地震产生的结构底部最大剪力,然后将该剪力分配到结构各质点上作为地震作用,由此而得名。

对于计算水平地震作用,《建筑抗震设计规范》(GB 50011—2010)规定:高度不超过 40m,以剪切变形为主,且质量和刚度沿高度分布比较均匀的结构,以及近似于单质点体系的结构,可采用底部剪力法等简化方法。

理论分析进一步表明,在满足上述条件的前提下,采用以下两个假定。

(1) 多层结构在地震作用下的地震反应以基本振型(第一振型)反应为主,忽略其他振型反应。

(2) 结构基本(第一振型)为线性倒三角形分布,即近似取一条斜直线,如图 4.23 所示。

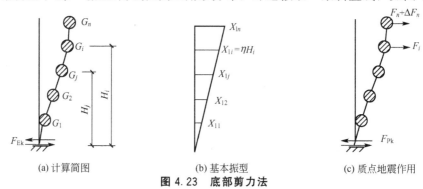

(a) 计算简图　　(b) 基本振型　　(c) 质点地震作用

图 4.23　底部剪力法

由此任一质点的振型坐标与该质点离地面的高度成正比。

这样就可仅考虑基本振型,先算出作用于结构的总水平地震作用,即作用于结构底部的剪力,然后将此总水平地震作用按某一规律分配给各个质点。

1. 结构底部剪力

按振型分解反应谱法质点地震作用计算公式

$$F_{ji} = \alpha_j \gamma_j X_{ji} G_i \quad (i=1, 2, \cdots, m; j=1, 2, \cdots, n)$$

可以计算出 j 振型结构底部剪力 V_j 等于各质点水平地震作用之和,即

$$V_j = \sum_{i=1}^{n} F_{ji} = \sum_{i=1}^{n} \alpha_j \gamma_j X_{ji} G_i \tag{4-83}$$

$$V_j = \alpha_1 G \sum_{i=1}^{n} \frac{\alpha_j}{\alpha_1} \gamma_j X_{ji} \frac{G_i}{G} \tag{4-84}$$

结构的总水平地震作用即结构底部剪力 F_{Ek},应为

$$F_{Ek} = \sqrt{\sum_{j=1}^{n} V_j^2} = \alpha_1 G \sqrt{\sum_{i=1}^{n} \left(\sum_{i=1}^{n} \frac{\alpha_j}{\alpha_1} \gamma_j X_{ji} \frac{G_i}{G} \right)^2} \tag{4-85}$$

令

$$C = \sqrt{\sum_{i=1}^{n} \left(\sum_{i=1}^{n} \frac{\alpha_j}{\alpha_1} \gamma_j X_{ji} \frac{G_i}{G} \right)^2} \tag{4-86}$$

则

$$G_{eq} = CG \tag{4-87}$$

则

$$F_{Ek} = \alpha_1 G_{eq} \tag{4-88}$$

式中,C——等效总重力荷载换算系数,根据底部剪力相等原则,把多质点体系用一个与其基本周期相同的单质点体系来代替。对于单质点体系 $C=1$,对于无穷多质点体系 $C=0.75$,对于一般多质点体系,《建筑抗震设计规范》(GB 50011—2010)取 $C=0.85$;

G——结构总重力荷载代表值,$G=\sum G_i$,G_i 为质点 i 的重力荷载代表值;

G_{eq}——结构等效总重力荷载代表值,对于多质点体系 $G_{eq}=0.85\sum G_i$;

F_{Ek}——结构总水平地震作用标准值,即结构底部剪力标准值;

α_1——相应于结构基本周期的水平地震影响系数,按图 4.17 确定。

2. 质点的地震作用

在求得结构的总水平地震作用后,就可将它分配到各个质点,以求出各质点的地震作用。根据假定结构振动仅考虑基本振型,基本振型取为倒三角形,质点相对位移 X_{1i} 与质点高度 H_i 成正比。则根据式(4-81),质点 i 的水平地震作用为

$$F_i = F_{1i} = \alpha_1 \gamma_1 X_{1i} G_i \tag{4-89}$$

故

$$F_i \propto G_i X_{1i} \tag{4-90}$$

当振型为倒三角形时

$$X_{1i} \propto H_i \quad (4-91)$$

故

$$F_i \propto G_i H_i \quad (4-92)$$

由此,得

$$F_i = \frac{G_i H_i}{\sum_{j=1}^{n} G_j H_j} F_{Ek} \quad (4-93)$$

式(4-93)仅适用于基本周期 $T_1 \leqslant 1.4T_g$ 的结构,其中 T_g 为特征周期,可根据场地类别及地震动参数区划的特征周期分区按表 4-5 采用。当 $T_1 > 1.4T_g$ 时,由于高振型的影响,通过对大量结构地震反应的直接动力分析结果可以看出,按式(4-93)计算可得结构顶部地震作用偏小,需要调整。《建筑抗震设计规范》(GB 50011—2010)给出的方法是将结构总地震作用中的一部分作为附加的集中力作用于结构顶部,再将余下部分按倒三角形规律分配给各质点。附加的集中水平地震作用可表示为

$$\Delta F_n = \delta_n F_{Ek} \quad (4-94)$$

式中,ΔF_n——顶部附加水平地震作用;

δ_n——顶部附加水平地震作用系数,对于多层钢筋混凝土和钢结构房屋可按特征周期 T_g 及结构基本周期 T_1 由表 4-7 确定,其他房屋可采用 0.0。

表 4-7 顶部附加地震作用系数

T_g/s	$T > 1.4T_g$	$T_1 \leqslant 1.4T_g$
$T_g \leqslant 0.35$	$0.08T_1 + 0.07$	
$0.35 < T_g \leqslant 0.55$	$0.08T_1 + 0.01$	0.0
$T_g > 0.55$	$0.08T_1 - 0.02$	

这样,采用底部剪力法计算时,各楼层可只考虑一个自由度,质点 i 的水平地震作用标准值就可写成

$$F_i = \frac{G_i H_i}{\sum_{j=1}^{n} G_j H_j} F_{Ek}(1-\delta_n) \quad (i=1, 2, \cdots, n) \quad (4-95)$$

此时,结构顶部的水平地震作用为按式(4-95)计算的 F_n 与 ΔF_n 两项之和,如图 4.23(c)所示。

注意:当房屋顶部有突出屋面的小建筑物时,附加集中水平地震作用应置于主体房屋的顶层而不应置于小建筑物的顶部,而小建筑物顶部的地震作用仍可按式(4-95)计算。

3. 突出屋面地震作用放大

历次震害表明,地震作用下突出建筑物屋面的附属小建筑物,如电梯间、女儿墙、附

墙烟囱等,都将遭受到严重破坏。这类小建筑物由于质量和刚度突然变小,高振型影响较大,会产生鞭端效应。

底部剪力法适用于重量和刚度沿高度分布比较均匀的结构。结构按底部剪力法计算时,只考虑了第一振型的影响,当建筑物有突出屋面的小建筑物时,由于该部分的重量和刚度突然变小,在地震中相当于受到从屋面传来的放大了的地面加速度。根据顶部与底部不同质量比、不同刚度比以及场地条件的结构分析表明,采用底部剪力法计算这类小建筑的地震作用效应时应乘以放大系数3。

所规定的放大系数是针对突出屋面的小建筑物强度验算采用的,在验算建筑本身的抗震强度时仍采用底部剪力法的结果进行计算,也就是说屋面突出物的局部放大作用不往下传。

【例 4.3】 试用底部剪力法求解某3层剪切型结构的层间地震剪力。已知结构基本自振周期 $T_1=0.613\text{s}$,其他条件同例4.2。

解:(1)结构总水平地震作用。

由式(4-88)已知,结构总水平地震作用为

$$F_{Ek}=\alpha_1 G_{eq}$$

由例4.2已算出水平地震影响系数,有 $\alpha_1=0.0966$

$$G_{eq}=0.85\times\sum_{i=1}^{n}m_i g=0.85\times(500+500+400)\times9.8=11662\text{kN}$$

故

$$F_{Ek}=0.0966\times11662=1126.55\text{kN}$$

(2)各楼层地震作用。

$T_g=0.35\text{s}$,$T_1=0.613\text{s}>1.4T_g=0.49\text{s}$,由表4-7,得

$$\delta_n=0.08T_1+0.07=0.08\times0.613+0.07=0.11904$$

$$\Delta F_n=\delta_n F_{Ek}=0.11904\times1126.55=134.105\text{kN}$$

$$F_1=\frac{9.8\times500\times4}{9.8\times500\times4+9.8\times500\times8+9.8\times400\times12}$$
$$\times1126.55\times(1-0.11904)=183.79\text{kN}$$

$$F_2=\frac{9.8\times500\times8}{9.8\times500\times4+9.8\times500\times8+9.8\times400\times12}$$
$$\times1126.55\times(1-0.11904)=367.57\text{kN}$$

$$F_3=\frac{9.8\times400\times12}{9.8\times500\times4+9.8\times500\times8+9.8\times400\times12}$$
$$\times1126.55\times(1-0.11904)=441.09\text{kN}$$

(3)层间地震剪力。

$$V_3=F_3+\Delta F_n=441.09+134.105=575.195\text{kN}$$
$$V_2=F_2+F_3+\Delta F_n=367.57+441.09+134.105=942.765\text{kN}$$

$$V_1 = F_1 + F_2 + F_3 + \Delta F_n = F_1 + V_2 = 183.79 + 942.765 = 1126.55 \text{kN}$$

对比例 4.2 可见，只要建筑物满足使用底部剪力法的限制条件，计算仍可以得到令人满意的结果。

本 章 小 结

地震是以地面发生不同强烈程度的振动为特征的一种物理现象，是地球内部构造运动的产物。地震分为天然地震和人工地震两大类。天然地震主要是构造地震。地震虽然是一种随机现象，但其呈现某种规律性，主要发生在洋脊和裂谷、海沟、转换断层和大陆内部的古板块边缘等构造活动带。震级是地震强弱的反应，与地震所释放的能量有关，一般用振幅来衡量。地震烈度是指某地区地面遭受一次地震影响的强弱程度。一次地震只有一个震级，但烈度对于不同地点却不同，地震作用是建筑抗震设计的基本依据，其数值大小不仅取决于地面运动的强弱程度，而且与结构的截面特性即自振周期、阻尼等直接相关。目前采用反应谱理论来计算地震作用。单质点体系水平地震作用的反应谱理论和多质点体系水平地震作用的振型分解反应谱法和底部剪力法是地震作用计算的理论依据和确定方法。

思 考 题

1. 简述地震的类型及成因。
2. 何谓地震波？简述地震波的种类、传播特点、对地面运动的影响。
3. 何谓震级、地震烈度、两者有何关联？
4. 何谓地震作用？确定地震作用的方法有哪些？
5. 哪些物理量表征地面运动特征？地震系数和动力系数的物理意义是什么？
6. 地震反应谱的影响因素有哪些？设计用反应谱如何反映这些影响因素？
7. 简述确定结构地震作用的底部剪力法和振型分解反应谱法的基本原理和步骤。
8. 何谓鞭端效应？地震作用计算时如何考虑这种效应？

习 题

1. 某二层钢筋混凝土框架如图 4.24 所示，集中于楼盖和屋盖处的重力荷载代表值相等（房屋假定为框-剪体系），$G_1 = G_2 = 1200 \text{kN}$，场地为Ⅱ类，设防烈度为 8 度罕遇地震，设计分组为第二组。$T_g = 0.4\text{s}$，$T_1 = 1.028\text{s}$，$\xi = 0.05$，试按底部剪力法计算水平地震作用。

2. 已知一个 3 层剪切型结构，如图 4.25 所示。已知该结构的各阶结构周期和振型为 $T_1=0.433$s、$T_2=0.202$s，$T_3=0.136$s，$\{\varphi_1\}=\{0.301, 0.648, 1.000\}^T$、$\{\varphi_2\}=\{-0.676, -0.601, 1.000\}^T$、$\{\varphi_3\}=\{2.47, -2.57, 1.000\}^T$。设计反应谱的有关参数为 $T_g=0.2$s，$\gamma=0.9$，$\alpha_{max}=0.16$。试采用振型分解反应谱法求该 3 层剪切型结构在地震作用下的底部最大剪力和顶部最大位移。

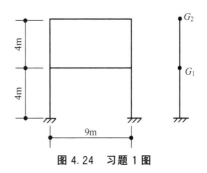

图 4.24 习题 1 图

3. 高度 $H=150$m 的钢筋混凝土烟囱，抗震设防烈度为 8 度，基本地震加速度为 0.15g，设计地震分组为第一组，Ⅲ类场地，各质点的重力荷载代表值如图 4.26(a)所示。烟囱的阻尼比 $\xi=0.05$，自振周期 $T_1=2.63$s，第一振型如图 4.26(b)所示。试采用振型分解反应谱法，计算第一振型水平多遇地震作用下烟囱的底部剪力。

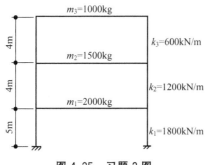

图 4.25 习题 2 图

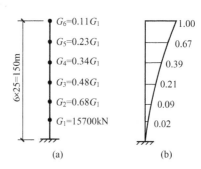

图 4.26 习题 3 图

第5章 侧压力

教学目标

（1）熟知各种压力的存在形态、形成条件。
（2）掌握各种压力的作用方式和计算方法。

教学要求

知识要点	能力要求	相关知识
土的侧压力	（1）掌握土的侧向压力种类 （2）掌握土压力计算理论 （3）掌握各种条件下的挡土墙土压力计算	（1）静止土压力 （2）主动土压力 （3）被动土压力 （4）朗金土压力理论 （5）库仑土压力理论
静水压力	（1）了解静水压力概念 （2）掌握静水压力计算	（1）静水压力特征 （2）大气压强
流水压力	（1）了解流水压力概念 （2）熟知流水压力计算	（1）流体流动特征 （2）流速
波浪荷载	（1）了解波浪特性 （2）了解波浪荷载计算	（1）风成波 （2）潮汐波 （3）船行波 （4）立波 （5）破碎波
冰荷载	（1）了解冰特性 （2）了解冰荷载计算	（1）静冰压力 （2）流冰

基本概念

静止土压力、主动土压力、被动土压力、朗金土压力理论、库仑土压力理论

引例

挡土墙是支承填土或山坡土体、防止填土或土体变形失稳的构造物。由于挡土墙后的填土自重作用或者外荷载作用对墙背产生侧向压力。对于水坝、桥墩等结构物，水作用在结构物表面会产生侧向水压力。对于挡土或者挡水结构物而言，由于土或水产生的侧压力往往是设计的主要荷载。

5.1 土的侧压力

挡土墙是防止土体坍塌的构筑物，广泛应用于房屋建筑、水利、铁路以及公路和桥梁工程中。土的侧压力是指挡土墙后的填土因自重或外荷载作用对墙背产生的侧向压力。由于土压力是挡土墙的主要荷载，因此，设计挡土墙时首先要确定土压力的性质、大小、方向和作用点。

5.1.1 土的侧向压力分类

挡土墙一般都是条形建筑物，它的延长长度远大于其宽度，且其断面在相当长的范围内是不变的，因而土压力的计算是取一延米长的挡土墙来进行分析，而不考虑邻近部分的影响(位于弯道内侧的挡土墙，若条件许可，则可考虑邻近部分的影响)，即一般将土压力的计算作平面问题来处理。

土的侧向压力是指土因自重或外荷载作用对挡土墙产生的侧向压力即土压力。由于土压力是挡土墙的主要荷载，因此，设计挡土墙时首先要确定土压力的性质、大小、方向和作用点。

挡土墙的位移对所承受的土压力有很大的影响，根据墙的移动情况和墙后土体所处的应力状态，如图 5.1 所示，土压力可分为静止土压力、主动土压力和被动土压力 3 种情形。

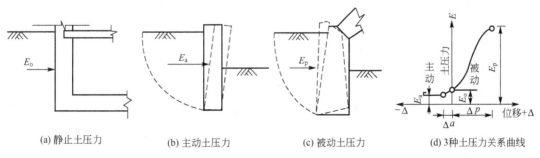

(a) 静止土压力　　(b) 主动土压力　　(c) 被动土压力　　(d) 3种土压力关系曲线

图 5.1　挡土墙的 3 种土压力

1. 静止土压力 E_0

当挡土墙在土压力作用下,保持原来的位置而不产生任何位移或转动时,土内应力小于其抗剪强度,墙后土体处于弹性平衡状态,此时挡土墙所受的土压力称为静止土压力[图 5.1(a)],一般用 E_0 表示。例如地下室外墙由于受到内侧楼面支承可认为没有位移发生,这时作用在墙体外侧的土体侧压力可按静止土压力计算。

2. 主动土压力 E_a

当挡土墙由于墙后土体侧向压力过大或地基变形而向外(背离墙背方向)移动或转动时,土体则产生侧向拉伸,土内产生拉应力并随墙的位移增加而增加,作用在墙背上的土压力则随之从静止土压力值逐渐减少,直至土内的应力与其抗剪强度相等时,墙背后土体出现滑动面。滑动面以上的土体将沿这一滑动面向下向前滑动,墙背上的土压力减少到最小值,滑动楔体内应力处于主动极限平衡状态,此时作用在挡土墙墙背上的土压力[图 5.1(b)]称为主动土压力,一般用 E_a 表示。例如基础开挖时的挡土墙,由于土体开挖,基础内侧失去支承,挡土墙向基坑内产生位移,这时作用在挡土墙上的土压力可按主动土压力计算。

3. 被动土压力 E_p

当挡土墙由于外力作用或基础变形等原因向后(朝墙背方向)移动或转动时,墙体挤压墙后土体,土体则产生侧向压缩。土内产生压应力并随墙的位移增加而增加,作用在墙背上的土压力则随之从静止土压力值逐渐增大,直至土内的应力与其抗剪强度相等时,墙后土体也会出现滑动面,滑动面以上的土体将沿滑动方向向上向后推出,墙后土体开始隆起,作用在挡土墙上的土压力增加到最大值,滑动楔体内应力处于被动极限平衡状态。此时作用在挡土墙墙背上的土压力[图 5.1(c)]称为被动土压力,一般用 E_p 表示。例如拱桥在桥面荷载作用下,拱体将水平推力传至桥台,挤压桥台背后土体,这时作用在桥台背后的侧向土压力可按被动土压力计算。

一般情况下,在相同的墙高和土体条件下,如图 5.1(d)所示,主动土压力小于静止土压力,而静止土压力又小于被动土压力,即 $E_a < E_0 < E_p$。

5.1.2 土压力的基本原理

计算土压力是一个比较复杂的问题。土压力计算的理论研究从 18 世纪末即已开始。依据研究途径的不同,可以把有关极限状态下的土压力理论大致分为以下两类。

(1) 假定破裂面的形状,依据极限状态下破裂棱体的静力平衡条件来确定土压力。这类土压力理论最初是由法国 C.A·库仑(C·A·Coulomb)于 1773 年提出的,故被称为库仑理论。这是研究土压力问题的一种简化理论。

(2) 假定土为松散介质,依据土中一点的极限平衡条件确定土压力强度和破裂面方向。这类土压力理论是由英国 W.J.朗金(W·J·M·Rankine)于 1857 年首先提出的。他分析了以倾斜平面为界面的半无限体的极限平衡问题和与之相应的土压力及破裂面。这类理论被称为朗金理论。

就当前国内外工程实践来看,使用比较广泛的方法有库仑法、朗金法及符合库仑、朗金条件的图解法，如楔体试算法、雷朋汉(G. Rebhenn)图解法等。它们都有各自的特点与适用条件，简介如下。

在这些土压力计算方法中，库仑法的应用最广，常用来计算非粘性土作填料的重力式挡墙的土压力。对粘性土的土压力计算，也多采用基于库仑理论的近似方法。目前，我国公路、铁路挡土墙的设计，无论是非粘性填料还是粘性填料，无论是否出现第二破裂面，都采用库仑理论推导出来的相应的公式计算土压力。

朗金法实质上是库仑法的一个特例。它适用于墙后土体出现第二破裂面的情况，一般多用于计算衡重式、凸形折线式、悬臂式和扶臂式挡土墙的土压力。同时，用此法计算被动土压力的误差一般都比用库仑法小，故计算被动土压力亦宜采用朗金法。

楔体计算法及以此为基础的库尔曼(K·Ctdmann)图解法，由于是直接应用土压力的基本理论，故物理概念十分明确，方法比较简单。用以求解墙后地面和墙背不规则，或者超载情况复杂的挡墙土压力尤为方便。

雷朋汉法又称为彭斯列(V·Poncelet)图解法，其物理概念虽不如楔体试算法明确，但求解比楔体试算法快。

这节仅简要介绍朗金理论和库仑理论的基本方法。

1. 朗金土压力理论

朗金土压力理论是1857年英国人朗金(W·J·M·Rankine)提出的，这一理论通过对弹性半空间土体的应力状态和极限平衡条件的研究，推导出土压力计算方法。

1) 基本假定

(1) 土体为弹性半空间体，是均质各向同性的无粘性土或粘性土。

(2) 挡土墙墙背竖直、光滑，土体表面水平。

(3) 墙体在外力作用下将产生足够的位移和变形，使土体处于极限平衡状态。

(4) 土体滑动面为直线。

2) 应力状态

挡土墙墙背面土体中任意一点处的应力状态如图 5.2 所示，包括作用在水平面上的竖直应力为 σ_z，其值等于该点以上土柱的重量，即 $\sigma_z = \gamma z$（其中，γ 为墙后土体的重度，单位 kN/m^3，地下水位以下采用有效重度；z 为该点离土体表面的距离，单位 m）；作用在竖直面上的水平正应力为 σ_x。由于墙背与填土之间无摩擦力产生，故在该点的水平面上和竖直面上仅作用正应力 σ_z 和 σ_x，均无剪应力作用，故该两平面为主平面，σ_z 和 σ_x 分别为作用在这两个平面上的主应力。

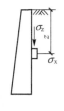
(a) 某深度处应力状态

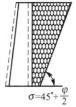
(b) 主动朗金状态

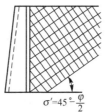
(c) 被动朗金状态

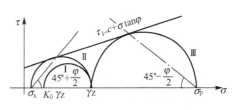
(d) 摩尔应力圆表示的朗金状态

图 5.2　半空间的极限平衡状态

(1) 弹性静止状态：当挡土墙无位移时，墙后土体处于弹性平衡状态，如图 5.2(a) 所示。作用在墙背上的应力状态与弹性半空间土体应力状态相同，墙背竖直面和水平面均无剪应力存在。在土体任意深度 z 处，作用在水平面上的竖向正应力 $\sigma_z = \sigma_1 = \gamma z$，作用在竖直面上的水平正应力 $\sigma_x = \sigma_3 = K_0 \gamma z$（其中，$K_0$ 为土的静止土压力系数，又称土的侧压力系数，与土的性质、密实程度等因素有关，对正常固结尚可按表 5-1 取值）。而作用在挡土墙上的土压力强度为水平向作用的主应力 $\sigma_0 = \sigma_x = \sigma_3 = K_0 \gamma z$，即为静止土压力强度；用 σ_1 和 σ_3 作出的摩尔应力圆与土的抗剪强度曲线不相切，如图 5.2(d) 中圆 Ⅰ 所示。

表 5-1 压实填土的静止土压力系数

土的名称	砾石、卵石	砂土	亚砂土（粉土）	亚粘土（粉质粘土）	粘土
K_0	0.20	0.25	0.35	0.45	0.55

(2) 塑性主动状态：当挡土墙在外力和土体压力作用下产生离开土体向背离墙背方向的位移或变形时，墙后土体有伸张趋势，如图 5.2(b) 所示。此时墙后竖向应力 σ_z 不变，水平应力 σ_x 逐渐减小，随着挡土墙位移减小到使土体处于塑性主动极限平衡状态时，土体中任意一点处作用在水平面上的竖直正应力 $\sigma_z = \sigma_1 = \gamma z$ 为大主应力，作用在竖直面上的水平正应力 $\sigma_x = \sigma_3$ 为小主应力，作用在挡土墙上的土压力强度为水平向作用的小主应力 $\sigma_a = \sigma_x = \sigma_3$，即为主动土压力强度；此时，土体中形成两组连续而又对称的滑动面，滑动面与水平面（大主应力 σ_1 的作用面）之间的夹角为 $\left(45° + \dfrac{\varphi}{2}\right)$，与竖直面之间的夹角为 $\left(45° - \dfrac{\varphi}{2}\right)$（其中，$\varphi$ 为土的内摩擦角）。用 σ_3 和 σ_1 作出的摩尔应力圆与土的抗剪强度包络线相切，如图 5.2(d) 中圆 Ⅱ 所示。土体形成一系列剪裂面，面上各点都处于极限平衡状态，称为主动朗金状态。

(3) 塑性被动状态：当挡土墙在外力作用下产生面向土体方向的位移或变形时，墙后土体沿水平方向被挤压，如图 5.2(c) 所示。此时墙后竖向应力 σ_z 仍不发生变化，水平应力 σ_x 随着墙体位移增加而逐渐增大，随着挡土墙位移减小到使土体处于塑性被动极限平衡状态时，土体中任意一点处作用在水平面上的竖直正应力 $\sigma_z = \sigma_3 = \gamma z$ 为小主应力，作用在竖直面上的水平正应力 $\sigma_x = \sigma_1$ 为大主应力，作用在挡土墙上的土压力强度为水平向作用的大主应力 $\sigma_p = \sigma_x = \sigma_1$，即为被动土压力强度。此时，土体中任意一点处同样形成两组连续而又对称的滑动面，滑动面与竖直面（大主应力 σ_1 的作用面）之间的夹角等于 $\left(45° + \dfrac{\varphi}{2}\right)$，与水平面之间的夹角等于 $\left(45° - \dfrac{\varphi}{2}\right)$。用 σ_3 和 σ_1 作出的摩尔应力圆与土的抗剪强度包络线相切，如图 5.2(d) 中圆 Ⅲ 所示。土体形成一系列错裂面处于极限平衡状态，称为被动朗金状态。

3) 土体极限平衡应力状态

当土体处于极限平衡状态时，z 深度某点的大主应力 σ_1 和小主应力 σ_3 可由土力学的强度理论导出，满足以下关系式。

无粘性土 $$\sigma_3 = \sigma_1 \tan^2\left(45° - \dfrac{\varphi}{2}\right) \tag{5-1a}$$

$$\sigma_1 = \sigma_3 \tan^2\left(45° + \frac{\varphi}{2}\right) \tag{5-1b}$$

粘性土
$$\sigma_3 = \sigma_1 \tan^2\left(45° - \frac{\varphi}{2}\right) - 2c \cdot \tan\left(45° - \frac{\varphi}{2}\right) \tag{5-2a}$$

$$\sigma_1 = \sigma_3 \tan^2\left(45° + \frac{\varphi}{2}\right) + 2c \cdot \tan\left(45° + \frac{\varphi}{2}\right) \tag{5-2b}$$

式中，c——填土的粘聚力(kPa)；

其余符号同前述。

4) 土的侧压力计算

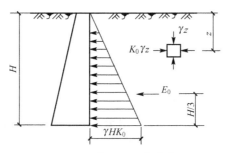

图 5.3 静止土压力分布

(1) 静止土压力 E_0：如前所述，土体表面以下任意深度 z 处的静止土压力强度为

$$\sigma_0 = K_0 \gamma z \tag{5-3}$$

由式(5-3)可知，静止土压力与深度成正比，沿墙高呈三角形分布，如图 5.3 所示。如取单位墙长，则作用在墙上的静止土压力为

$$E_0 = \frac{1}{2}\gamma H^2 K_0 \tag{5-4}$$

式中，E_0——作用在距墙底 $H/3$ 处的静止土压力(kN)；

H——挡土墙高度(m)；

其余符号同前述。

(2) 主动土压力 E_a：当挡土墙偏离土体处于主动朗金状态时，墙背土体离地表任意深度 z 处竖向应力 σ_z 为大主应力 σ_1，水平应力 σ_x 为小主应力 σ_3。由极限平衡条件式(5-1a)和式(5-2a)可得主动土压力强度 σ_a 如下。

无粘性土
$$\sigma_a = \gamma z K_a \tag{5-5}$$

粘性土
$$\sigma_a = \sigma_x = \gamma z K_a - 2c\sqrt{K_a} \tag{5-6}$$

式中，K_a——主动土压力系数，$K_a = \tan^2\left(45° - \frac{\varphi}{2}\right)$；

其余符号同前述。

由式(5-5)可知，无粘性土的主动土压力强度与 z 成正比，沿墙高的压力分布为三角形，如图 5.4 所示，如取单位墙长计算，则主动土压力为

$$E_a = \frac{1}{2}\gamma H^2 K_a \tag{5-7}$$

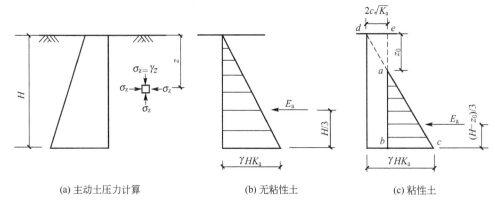

图 5.4 主动土压力强度分布

式中，E_a——作用在距墙底 $H/3$ 处的主动土压力。

由式(5-6)可知，粘性土的主动土压力强度包括两部分：一部分是由土自重引起的土压力强度 $\gamma z K_a$；另一部分是由粘聚力 c 引起的负土压力强度 $2c\sqrt{K_a}$，这两部分产生的土压力叠加后的作用效果如图 5.4(c)所示，图中 ade 部分对墙体是拉力，意味着墙与土已分离，计算土压力时，该部分略去不计，粘性土的土压力分布实际上仅是 abc 部分。

a 点离填土面的深度 z_0 称为临界深度，即

$$z_0 = \frac{2c}{\gamma\sqrt{K_a}} \tag{5-8}$$

如取单位墙长计算，则主动土压力 E_a 为

$$E_a = \frac{1}{2}(H-z_0)(\gamma H K_a - 2c\sqrt{K_a}) = \frac{1}{2}\gamma H^2 K_a - 2cH\sqrt{K_a} + \frac{2c^2}{\gamma} \tag{5-9}$$

主动土压力 E_a 通过三角形压力分布图 abc 的形心，其作用点在离墙底 $(H-z_0)/3$ 处。

(3) 被动土压力 E_p：当挡土墙在外力作用下挤压土体出现被动朗金状态时，墙背填土离地表任意深度 z 处的竖向应力 σ_z 已变为小主应力 σ_3，而水平应力 σ_x 已成为大主应力 σ_1。由极限平衡条件式(5-1b)和式(5-2b)可得被动土压力强度 σ_p 为

无粘性土 $\qquad\qquad\sigma_p = \gamma z K_p \tag{5-10}$

粘性土 $\qquad\qquad\sigma_p = \gamma z K_p + 2c\sqrt{K_p} \tag{5-11}$

式中，K_p——被动土压力系数，$K_p = \tan^2\left(45°+\dfrac{\varphi}{2}\right)$；

其余符号同前述。

由式(5-10)和式(5-11)可知，无粘性土的被动土压力强度也与 z 成正比，并沿墙高呈三角形分布，如图 5.5(a)所示；粘性土的被动土压力强度呈梯形分布，如图 5.5(b)所示。如取单位墙长，则被动土压力为

无粘性土 $\qquad\qquad E_p = \dfrac{1}{2}\gamma H^2 K_p \tag{5-12}$

粘性土 $\qquad\qquad E_p = \dfrac{1}{2}\gamma H^2 K_p + 2cH\sqrt{K_p} \tag{5-13}$

被动土压力 E_p 通过三角形或梯形压力分布图的形心，具体位置可通过一次求矩得到，

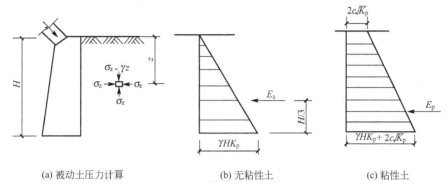

(a) 被动土压力计算　　　(b) 无粘性土　　　(c) 粘性土

图 5.5　被动土压力强度分布

即总被动土压力作用点距墙趾的高度为

$$y_P = \frac{\frac{1}{2}\gamma H^2 K_P \cdot \frac{1}{3}H + 2cH\sqrt{K_P} \cdot \frac{1}{2}H}{\frac{1}{2}\gamma H^2 K_P + 2cH\sqrt{K_P}} \tag{5-14}$$

2. 库仑土压力理论

库仑土压力理论是根据墙后土体处于极限平衡状态并形成一滑动楔体时，从楔体的静力平衡条件得出的土压力计算理论。

1) 基本假定

(1) 墙后的土体是理想的散粒体（粘聚力 $c=0$）。

(2) 滑动破坏面为一平面。

2) 土的侧压力计算

一般挡土墙的计算均属于平面应变问题，沿墙的长度方向取 1m 进行分析。

(1) 主动土压力 E_a：当墙向前移动或转动而使墙后土体沿某一破坏面 BC 破坏时，土楔 ABC 向下滑动而处于主动极限平衡状态，如图 5.6(a)所示。此时，作用于土楔 ABC 上的力有以下几种。

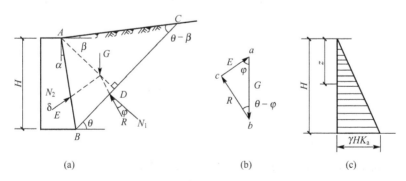

图 5.6　按库仑理论求主动土压力

① 土楔体的自重 $G = \Delta_{ABC} \cdot \gamma$，只要破坏面 BC 的位置一确定，G 的大小就是已知值，其方向向下。

② 破坏面 BC 上的反力 R，其大小是未知的。反力与破坏面的法线 N_1 之间的夹角等于土的内摩擦角 φ，并位于 N_1 下侧。

③ 墙背对土楔体的反力 E，与其大小相等、方向相反的力就是墙背上的土压力。反力的方向与墙背的法线 N_2 成 δ 角，δ 角为墙背与土体之间的摩擦角，称为外摩擦角。当土楔体下滑时，墙对土楔体的阻力是向上的，故反力必在 N_2 下侧。

土楔体在以上 3 个力作用下处于静力平衡状态，因此必构成一个闭合的力矢三角形，如图 5.6(b)所示，根据正弦定律可知

$$E = G \frac{\sin(\theta-\varphi)}{\sin(\theta-\varphi+\psi)} \tag{5-15}$$

式中，$\psi = 90° - \alpha - \delta$。

土楔重为
$$G = \Delta_{ABC} \cdot \gamma = \gamma \cdot BC \cdot \frac{AD}{2} \tag{5-16}$$

$$BC = AB \frac{\sin(90°-\alpha+\beta)}{\sin(\theta-\beta)} \tag{5-17}$$

因为
$$AB = \frac{H}{\cos\alpha} \tag{5-18}$$

故
$$BC = H \frac{\cos(\alpha-\beta)}{\cos\alpha \sin(\theta-\beta)} \tag{5-19}$$

由 ΔADB 可得
$$AD = AB\cos(\theta-\alpha=) \frac{H\cos(\theta-\alpha)}{\cos\alpha} \tag{5-20}$$

于是有
$$G = \frac{\gamma H^2}{2} \frac{\cos(\alpha-\beta)\cos(\theta-\alpha)}{\cos^2\alpha \sin(\theta-\beta)} \tag{5-21}$$

代入式(5-15)可得 E 的表达式为

$$E = \frac{\gamma H^2}{2} \frac{\cos(\alpha-\beta)\cos(\theta-\alpha)\sin(\theta-\varphi)}{\cos^2\alpha \sin(\theta-\beta)\sin(\theta-\varphi+\psi)} \tag{5-22}$$

在式(5-22)中，只有滑动面 BC 与水平面的夹角 θ 是未知的，其余参数都是已知的，也就是说，E 是 θ 的函数。E 的最大值 $E_{\max}$ 即为墙背的主动土压力，其所对应的滑动面即是土楔最危险的滑动面。

为此可令 $dE/d\theta = 0$，从而解得土体的最大破裂角 θ_{cr}，并将 θ_{cr} 代入式(5-22)可得库仑主动土压力的一般表达式为

$$E_a = \frac{\gamma H^2}{2} \frac{\cos^2(\varphi-\alpha)}{\cos^2\alpha \cos(\alpha+\delta)\left[1+\sqrt{\dfrac{\sin(\varphi+\delta)\sin(\varphi-\beta)}{\cos(\alpha+\delta)\cos(\alpha-\beta)}}\right]^2} \tag{5-23}$$

简化表示为
$$E_a = \frac{1}{2}\gamma H^2 K_a \tag{5-24}$$

式中，K_a——库仑主动土压力系数；

φ——墙后土体的内摩擦角(°)，应进行墙后填料的土质试验，确定填料的物理力学指标，当缺乏可靠试验数据时，可参照表 5-2 和表 5-3 选用填料内摩擦角 φ；

β——土体面的倾斜角(°)；

δ——土对挡土墙背的摩擦角，应根据墙背的粗糙程度和排水条件确定，可按表 5-4 和表 5-5 所列数值采用。

表 5-2 填料内摩擦角和综合内摩擦角(°)(一)

填料种类		综合内摩擦角 φ_0	内摩擦角 φ	重度/(kN/m³)
粉土、粘土类	墙高 $H \leq 6m$	35～40	—	17～18
	墙高 $6m < H \leq 12m$	30～35		
碎石、不易风化的块石		—	45～50	18～19
大卵石、碎石类土、不易风化的岩石碎块		—	40～45	18～19
小卵石、砾石、粗砂、石屑		—	35～40	18～19
中砂、细砂、砂质土		—	30～35	17～18

注：填料重度可根据实测资料作适当修正，计算水位以下的填料重度采用浮重度。

表 5-3 路堑边坡填料内摩擦角和综合内摩擦角(°)(二)

坡度	综合内摩擦角 φ_0	重度/(kN/m³)
1：0.5	65°～70°	25
1：0.75	55°～60°	23～224
1：1	50°	20
1：0.25	40°～45°	19
1：1.5	35°～40°	17～18

注：在无不良地质情况下，习惯上多参考天然坡角及路堑边坡设计数据综合确定。

表 5-4 土与墙背的摩擦角 δ(一)

挡土墙情况	外摩擦角 δ	挡土墙情况	外摩擦角 δ
墙背平滑、排水不良	$(0～0.33)\varphi$	墙背很粗糙、排水良好	$(0.5～0.67)\varphi$
墙背粗糙、排水不良	$(0.33～0.5)\varphi$	墙背与土体间不能滑动	$(0.67～1.0)\varphi$

表 5-5 土与墙背间的摩擦角 δ(二)

墙身材料 \ 墙背土	岩块及粗粒土	细粒土
混凝土	$\frac{1}{2}\varphi$	$\frac{2}{3}\varphi$ 或 $\frac{1}{2}\varphi_0$
石砌体	$\frac{2}{3}\varphi$	φ 或 $\frac{2}{3}\varphi_0$
第二破裂面或假想墙背土体	φ	φ_0

当墙背垂直（$\alpha=0$）、光滑 $\delta=0$、土体面水平 $\beta=0$ 时，库仑主动土压力强度分布如图 5.6(c)所示，库仑主动土压力公式为

$$E_a = \frac{1}{2}\gamma H^2 K_a \tag{5-25}$$

可见，式(5-25)在上述情况下，其与朗金主动土压力公式(5-7)完全相同。

(2) 被动土压力 E_p：当墙受外力作用推向土体，直至土体沿某一破坏面 BC 滑动破坏时，土楔 ABC 向上滑动，并处于被动极限平衡状态，如图 5.7(a)所示。此时，按上述求

主动土压力的原理，如图5.7(b)所示，可求得被动库仑土压力为

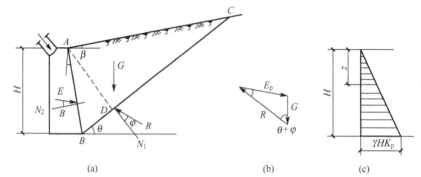

图 5.7　按库仑理论计算被动土压力

$$E_p = \frac{\gamma H^2}{2} \frac{\cos^2(\varphi+\alpha)}{\cos^2\alpha \cos(\alpha-\delta)\left[1-\sqrt{\dfrac{\sin(\varphi+\delta)\sin(\varphi+\beta)}{\cos(\alpha-\delta)\cos(\alpha-\beta)}}\right]^2} \qquad (5-26)$$

或

$$E_p = \frac{1}{2}\gamma H^2 K_p \qquad (5-27)$$

式中，K_p——库仑被动土压力系数；其余符号同前述。

当墙背垂直($\alpha=0$)、光滑($\delta=0$)、土体面水平($\beta=0$)时，库仑被动土压力强度分布如图5.7(c)所示，库仑被动土压力公式为

$$E_p = \frac{1}{2}\gamma H^2 K_p \qquad (5-28)$$

可见，式(5-28)在上述情况下，其与朗金被动土压力公式(5-12)完全相同。

【例 5.1】　某挡土墙高6m，墙背竖直光滑，填土面水平。填土的物理力学性质指标如下：$c=10\text{kPa}$，$\varphi=20°$，墙后填土为粘性中砂，重度$\gamma=18.0\text{kN/m}^3$。试求主动土压力及其作用点位置，并给出主动土压力分布图。

解：（1）主动土压力强度。

挡土墙满足朗金条件，可按朗金土压力理论计算主动土压力。

主动土压力系数 $\quad K_a = \tan^2\left(45° - \dfrac{20°}{2}\right) = 0.49$

地面处 $\sigma_a = \gamma z K_a - 2c\sqrt{K_a} = 18.0\times 0\times 0.49 - 2\times 10.0\times \sqrt{0.49} = -14.0\text{kPa}$

墙底处 $\sigma_a = \gamma z K_a - 2c\sqrt{K_a} = 18.0\times 6.0\times 0.49 - 2\times 10.0\times \sqrt{0.49} = 38.92\text{kPa}$

（2）临界深度。

$$z_0 = \frac{2c}{\gamma\sqrt{K_a}} = \frac{2\times 10.0}{18.0\times \sqrt{0.49}} = 1.59\text{m}$$

（3）主动土压力。

$$\begin{aligned}
E_a &= \frac{1}{2}\gamma H^2 K_a - 2cH\sqrt{K_a} + \frac{2c^2}{\gamma} \\
&= \frac{1}{2}\times 18.0\times 6.0^2\times 0.49 - 2\times 10.0\times 6.0\times \sqrt{0.49} + \frac{2\times 10.0^2}{18.0} \\
&= 85.87\text{kN/m}
\end{aligned}$$

(4) 主动土压力作用点的位置。

主动土压力 E_a 的作用点离墙底的距离为

$$\frac{(H-z_0)}{3}=\frac{(6-1.59)}{3}=1.47\text{m}$$

主动土压力强度分布如图 5.8 所示。

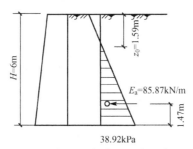

图 5.8 例 5.1 主动土压力分布图

5.1.3 工程中挡土墙土压力计算

1. 土体表面受均布面荷载时的土压力计算

1) 土体表面受均布连续面荷载时的土压力计算

当挡土墙后土体表面有连续均布面荷载 q 作用时，可将均布荷载换算成当量土重，即用假想的土重代替均布荷载。当土体面水平时，换算土层厚度 h 为

$$h=\frac{q}{\gamma} \tag{5-29}$$

然后再以 $(H+h)$ 为墙高，按土体面无荷载情况计算土压力。若土体为无粘性土时，按朗金土压力理论计算，土体顶面 a 点的土压力强度为

$$\sigma'_{aa}=\gamma h K_a=q K_a \tag{5-30}$$

墙底 b 点的土压力强度为

$$\sigma_{ab}=\gamma(H+h)K_a=(q+\gamma H)K_a \tag{5-31}$$

式中，K_a——土体表面以下深度为 H 处作用在挡土墙墙面上的主动土压力强度(kPa)；

q——挡土墙后土体表面的连续均布荷载(kN/m²)；

γ——墙背填土的重度(kN/m³)；

h——换算土层厚度(m)；

H——计算点在土体表面以下的深度(m)。

车辆荷载可近似地按均布荷载考虑，换算成容重与墙后填料相同的均布土层计算。按表 5-6 取用。

表 5-6 附加荷载强度

墙高/m	q/kN/m²	墙高/m	q/kN/m²
$H \leq 2.0$	20.0	$H \geq 10.0$	10.0

注：中间值可以表中数值直线内插计算。

作用于墙顶或墙后填土上的人群荷载强度规定为 $3kN/m^2$；作用于挡墙栏杆顶的水平推力采用 $0.75kN/m$；作用于栏杆扶手上的竖向力采用 $1kN/m$。土压力分布如图 5.9 所示，实际的土压力分布图为梯形 $abcd$ 部分，土压力作用点在梯形的重心。由上可知，当土体面有均布面荷载时，其土压力强度比无均布面荷载时增加一项 qK_a。由于 q 的作用，在墙背上增加了一个附加的土压力 E_{aq}，可按下式计算。

$$E_{aq} = qHK_a \tag{5-32}$$

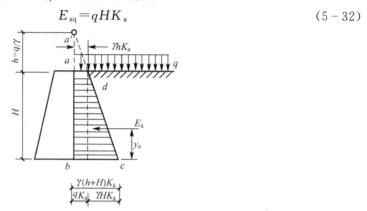

图 5.9　土体表面受均布连续面荷载时的主动土压力

于是作用在整个墙面上的总主动土压力 E_a 为

$$E_a = E_{aq} + E_{aH} = qHK_a + \frac{1}{2}\gamma H^2 K_a \tag{5-33}$$

总主动土压力 E_a 在挡土墙上的作用点距离墙踵高程处的竖直距离（高度）y_a，可根据力矩平衡的原理求得，即

$$y_a = \frac{E_{aq} \cdot \frac{1}{2}H + E_{aH} \cdot \frac{1}{3}H}{E_a} \tag{5-34}$$

2）土体表面有均布不连续分布面荷载时的土压力计算

若土体表面上的均布面荷载不是连续分布的，而是从墙背后某一距离开始，如图 5.10 所示。可自均布荷载的起点 o 作两条辅助线 oa、ob，oa 与水平面的夹角为 φ，ob 与土体破坏面平行，与水平面的夹角 θ 可近似采用 $(45°+\varphi/2)$，oa、ob 分别交墙背于 a 点和 b 点。可以认为 a 点以上的土压力不受表面均布荷载的影响，按无荷载情况计算；b 点以下的土压力则按连续均布荷载情况计算，a 点和 b 点间的土压力以直线连接，沿墙背面 AB 上的土压力分布如图中阴影所示。阴影部分的面积就是总的主动压力 E_a 的大小，E_a 作用在阴影部分的形心处。

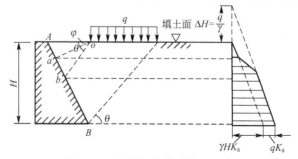

图 5.10　有局部荷载时的土压力

3) 土体表面有一定宽度范围均布面荷载时的土压力计算

若土体表面的均布荷载在一定宽度范围内,如图 5.11 所示。可从荷载首尾 o 及 o' 点作两条辅助线 oa 及 $o'b$,均与破坏面平行,且交墙背于 a、b 两点。认为 a 点以上及 b 点以下墙背面的土压力不受荷载影响,a、b 之间按有均布荷载情况计算。图中阴影面积就是总的主动土压力 P_a 的大小,作用在阴影面积形心处。

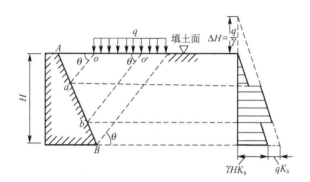

图 5.11 局部荷载宽度较小时的土压力

2. 土体表面上有连续线荷载时的土压力计算

若土体表面上有线荷载 Q,Q 距离墙背面有一定距离,如图 5.12 所示。可自线荷载作用点 o 引辅助线 oa 和 ob,oa 与水平面的夹角为 φ,ob 与破坏面平行,两线分别交墙背于 a、b 两点,则由于 Q 的作用,在墙背上增加了一个附加的土压力 E_q,可按下式计算。

$$E_q = K_a Q \tag{5-35}$$

其作用在墙背 a 点以下 $1/3ab$ 处,方向与墙背成 φ_0 角。

于是,作用在墙背上的总的主动土压力为

$$E_a = E'_a + E_q = \frac{1}{2}\gamma H^2 K_a + K_a Q \tag{5-36}$$

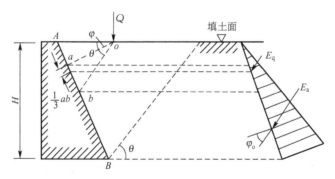

图 5.12 有线荷载时的土压力

3. 成层土体的土压力计算

当挡土墙后有几层不同种类的水平土层时,如图 5.13 所示。设上层土厚度为 H_1,重度为 γ_1,内摩擦角为 φ_1;下层土厚度为 H_2,重度为 γ_2,内摩擦角为 φ_2。在计算土压力时,第一层土压力按均质土计算,土压力分布如图中的 abc 部分所示;计算第二层土压力时,将第一层土按重度换算成与第二层土相同的当量土层厚度 $H_1'=H_1\gamma_1/\gamma_2$,然后以 $(H_1'+H_2)$ 为墙高,按均质土计算土压力,但只在第二层土厚范围内有效,土压力分布如图中的 $bedf$ 部分所示,由于各层土的性质不同,各层土的土压力系数也不同。当为粘性土时可导出挡土墙后主动土压力强度。

第一层土体
$$\sigma_{a0}=-2c_1\sqrt{K_{a1}} \tag{5-37a}$$
$$\sigma_{a1}=\gamma_1 H_1 K_{a1}-2c_1\sqrt{K_{a1}} \tag{5-37b}$$

第二层土体
$$\sigma_{a1}'=\gamma_1 H_1 K_{a2}-2c_2\sqrt{K_{a2}} \tag{5-38a}$$
$$\sigma_{a2}'=(\gamma_1 H_1+\gamma_2 H_2)K_{a2}-2c_2\sqrt{K_{a2}} \tag{5-38b}$$

当某层为无粘性土时,只需将该层土的粘聚力系数 c 取为零即可。在两层土的交界处因上下土层土质指标不同,土压力大小亦不同,土压力强度分布出现突变,如图 5.13(b)、(c)所示。

此时作用在挡土墙上的主动土压力由 3 部分组成,即
$$E_a=E_{aH_1}+E_{aH_1H_2}+E_{aH_2} \tag{5-39}$$

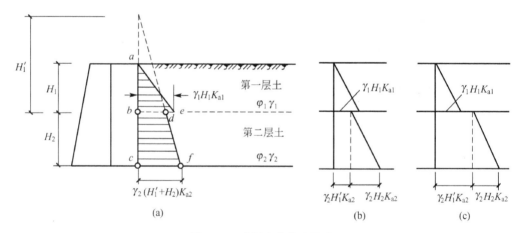

图 5.13 成层土体的土压力

其中,
$$\left.\begin{array}{l}E_{aH_1}=\dfrac{1}{2}\gamma_1 H_1^2 K_{a1}\\[4pt]E_{aH_1H_2}=\gamma_1 H_1 H_2 K_{a2}\\[4pt]E_{aH_2}=\dfrac{1}{2}\gamma_2 H_2^2 K_{a2}\end{array}\right\} \tag{5-40}$$

设 E_a 作用点到墙踵的垂直距离为 y_a,E_{aH_1}、$E_{aH_1H_2}$ 和 E_{aH_2} 的作用点到墙踵的垂直距离分别为 y_1、y_2、y_3,于是可得
$$y_a=\frac{E_{aH_1}\cdot y_1+E_{aH_1H_2}\cdot y_2+E_{aH_2}\cdot y_3}{E_a} \tag{5-41}$$

其中,

$$\left.\begin{array}{l} y_1 = \dfrac{1}{3}H_1 + H_2 \\ y_2 = \dfrac{1}{2}H_2 \\ y_3 = \dfrac{1}{3}H_2 \end{array}\right\} \quad (5-42)$$

4. 墙后土体有地下水时土压力计算

挡土墙后土体常因排水不畅部分或全部处于地下水位以下，导致墙后土体含水量增加。粘性土随含水量的增加，抗剪强度降低，墙背土压力增大；无粘性土浸水后抗剪强度下降甚微，工程上一般忽略不计，即不考虑地下水对抗剪强度的影响。

1) 假定浸水后土体内摩擦角不变的土压力计算

(1) 当墙后土体有地下水时，在地下水位以上挡土墙面上的总主动土压力为

$$E_{aH_1} = \frac{1}{2}\gamma H_1^2 K_a \quad (5-43)$$

计算地下水位以下的水、土压力，一般采用两种方法：一是水土分算法（即水、土压力分别计算，再相加）和水土合算法。对于无粘性土利用有效应力原理按水、土分算原则计算。对于粘性土则采用水、土压力合算法，并取土的饱和重度计算总的水、土压力，即作用在墙背上总的侧向压力为土压力和水压力（计入地下水对挡土墙产生的静水压力）之和。图5.14中 $abdec$ 为土压力分布图，而 cef 为水压力分布图。

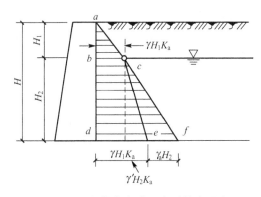

图 5.14 土体中有地下水时的土压力

(2) 地下水位以下挡土墙受到的总主动土压力可按图中矩形面积和三角形面积的叠加计算，即

$$E_{aH} = E_{aH_1H_2} + E_{aH_2} = \gamma H_1 H_2 K_a + \frac{1}{2}\gamma' H_2^2 K_a \quad (5-44)$$

式中，γ'——地下水位以下土的重度，即浮重度。

于是，整个墙面上作用的总主动土压力为

$$E_a = E_{aH_1} + E_{aH} = \frac{1}{2}\gamma H_1^2 K_a + \gamma H_1 H_2 K_a + \frac{1}{2}\gamma' H_2^2 K_a \quad (5-45)$$

总主动土压力 E_a 在挡土墙上的作用点距离墙踵高程处的竖直距离（高度）y_a，可根据力矩平衡的原理求得，即作用在挡土墙上的3部分土压力 E_{aH_1}、$E_{aH_1H_2}$ 和 E_{aH_2} 对墙踵点的

力矩之和等于作用在墙上的总土压力 E_a 对墙踵点的力矩。

设 E_a 作用点到墙踵的垂直距离为 y_a，E_{aH_1}、$E_{aH_1H_2}$ 和 E_{aH_2} 的作用点到墙踵的垂直距离分别为 y_1、y_2、y_3，于是可得

$$y_a = \frac{E_{aH_1} \cdot y_1 + E_{aH_1H_2} \cdot y_2 + E_{aH_2} \cdot y_3}{E_a} \tag{5-46}$$

其中，

$$\left. \begin{array}{l} y_1 = \dfrac{1}{3}H_1 + H_2 \\ y_2 = \dfrac{1}{2}H_2 \\ y_3 = \dfrac{1}{3}H_2 \end{array} \right\} \tag{5-47}$$

(3) 主动土压力 E_a 与静水压力 E_w 计算。

$$E_a = E_{aH_1} + E_{aH} = \frac{1}{2}\gamma H_1^2 K_a + \gamma H_1 H_2 K_a + \frac{1}{2}\gamma_0 H_2^2 K_a \tag{5-48}$$

$$E_w = \frac{1}{2}\gamma_w H_2^2 \tag{5-49}$$

式中，γ_0——填土的有效重度，$\gamma_0 = \gamma_{sat} - \gamma_w$；

γ_{sat}——土的饱和重度；

γ_w——水的重度。

2) 考虑浸水后土体内摩擦角降低的土压力计算

因浸水使水位以下土体内摩擦角 φ 降低，计算时，以计算水位为界，将填土分为上、下两部分，按分层填土方法计算各部分的土压力。首先求水位以上部分填土的土压力，然后将上层填土重量作为均布超载作用于水下部分土体，计算浸水部分的土压力，同时计算水压力。

3) 考虑动水压力作用的土压力计算

当墙后为弱透水性填料时，由于墙外水位急骤下降，在填料内部将产生渗流，由此而引起动水压力 E_d，如图 5.15 所示，其大小按下式计算。

$$E_d = I_j S \gamma_w \tag{5-50}$$

式中，I_j——降水曲线的平均坡度；

S——产生动水压力的浸水部分，即图中的阴影部分，可近似地取梯形 $abcd$ 的面积，即

$$S = \frac{1}{2}(H_b^2 - H_b'^2)(\tan\theta - \tan\alpha)$$

动水压力 E_d 的作用点为 S 面积的重心，其方向平行于 I_j。

透水性材料动水压力一般很小，可略而不计。

5. 有限范围土体的土压力计算

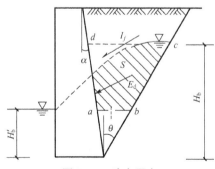

图 5.15 动水压力

以上各种土压力计算公式适用于墙后填料为均质体，并且破裂面能在填料范围内产生的情况。如果墙后存在着已知坡面或潜在滑动面，当其倾

角陡于由计算求得的破裂面的倾角时,墙后填料将沿着陡破面(或滑动面)下滑,而不是沿计算破裂面下滑,如图 5.16 所示。此时作用在墙上的主动土压力为

$$E_a = G \frac{\sin(\beta-\varphi)}{\cos(\psi-\beta)} \tag{5-51}$$

式中,G——土楔及其上荷载重;

β——滑动面的倾角,即原地面的横坡或层面倾角;

φ——土体与滑动面的摩擦角,当坡面无地下水,并按规定挖台阶填筑时,可采用土的内摩擦角;

ψ——参数,$\psi=\varphi+\alpha+\delta$。

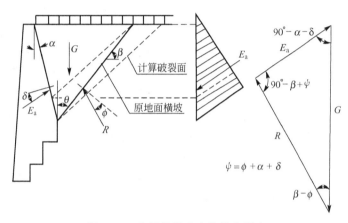

图 5.16 有限范围内土体的土压力

6. 填土表面不规则时土压力计算

在工程中,常有填土表面不是单一的水平面或倾斜平面,而是由两者组合而成的。可近似地分别按平面、倾斜面计算,再进行组合。如图 5.17 所示,墙背与实线所围成的图形为填土的土压力分布图。

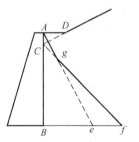 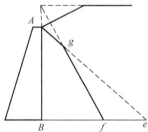 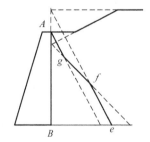

(a) 先水平面,后倾斜面的填土　　(b) 先倾斜面,后水平面的填土　　(c) 先水平面,后倾斜面,再水平面的填土

图 5.17 填土面不规则时的土压力

7. 折线墙背面的土压力计算

对折线形墙背,以墙背转折点或衡重台为界,分成上墙与下墙,分别按库仑方法计算主动土压力,然后取两者的矢量和作为全墙的土压力。

计算上墙土压力时,不考虑下墙的影响,按俯斜墙背计算土压力。衡重式挡土墙的上

墙，由于衡重台的存在，通常都将墙顶内缘和衡重台后缘的连线作假想墙背，假想墙背与实际墙背间的土楔假定与实际墙背一起移动。计算时先按墙背倾角 α 或假想墙背倾角 α' 是否大于第二破裂角 α_i 进行判断，如不出现第二破裂面，应以实际墙背或假想墙背为边界条件，按一般直线墙背库仑主动土压力计算；如出现第二破裂面，则按第二破裂面的主动土压力计算。

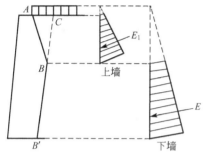

图 5.18 延长墙背法

下墙土压力计算较复杂，目前普遍采用各种简化的计算方法，下面介绍两种常用的计算方法。

1) 延长墙背法

如图 5.18 所示，在上墙土压力算出后，延长下墙墙背交于土体表面 C，以 $B'C$ 为假想墙背，根据延长墙背的边界条件，用相应的库仑公式计算土压力，并绘出墙背应力分布图，从中截取下墙 BB' 部分的应力图作为下墙的土压力。将上下墙两部分应力图叠加，即为全墙土压力。

这种方法存在着一定误差。第一，忽略了延长墙背与实际墙背之间的土楔及荷载重，但考虑了在延长墙背和实际墙背上土压力方向不同而引起的垂直分力差，虽然两者能相互补偿，但未必能相抵消。第二，绘制土压应力图形时假定上墙破裂面与下墙破裂面平行，但大多数情况下两者是不平行的，由此存在计算下墙土压力所引起的误差。以上误差一般偏于安全，由于此法计算简便，至今仍被广泛采用。

2) 力多边形法

在墙背土体处于极限平衡条件下，作用于破裂棱体上的诸力应构成矢量闭合的力多边形。在算得上墙土压力 E_1 后，就可绘出下墙任一破裂面力多边形。利用力多边形来推求下墙土压力，这种方法称为力多边形法。

各种边界条件下折线墙背下墙土压力的力多边形法计算公式见有关设计手册。

8. 倾斜墙背的土压力计算

墙背面倾斜时的主动土压力可用库仑理论计算，但在工程设计中常用计算简便的朗金理论，尤其是土体表面水平、墙背倾角较大的坦墙和 L 形墙，如图 5.19(a) 和图 5.19(b) 所示。当土体为粘性土时，用朗金土压力公式较好，计算方法如图 5.19(c) 所示。

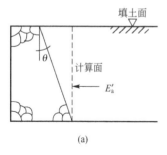
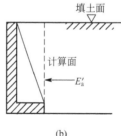
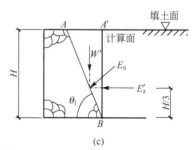

图 5.19 倾斜墙背的土压力

首先从墙踵 B 点作竖直线 $A'B$，交于土体表面点 A'。假设 $A'B$ 为光滑面，作用在 $A'B$ 面上的主动土压力为

$$E'_a = \frac{1}{2}\gamma H^2 K_a \quad (5-52)$$

然后再计算 $A'B$ 与墙背面 AB 之间的土重，即

$$W' = \frac{1}{2}\gamma H \cdot AA' = \frac{1}{2}\gamma H^2 \cot\theta_1 \quad (5-53)$$

式中，θ_1——墙背面与水平面的夹角。

由 E'_a 和 W' 可以得到作用在 AB 面上的主动土压力，即

$$E_a = [(E'_a)^2 + W'^2]^{1/2} = \frac{1}{2}\frac{\gamma H^2}{\sin\theta_1}\sqrt{K_a^2 \sin^2\theta + \cos^2\theta} \quad (5-54)$$

9. 开挖情况的挡土墙土压力计算

在天然地基、天然土坡以及老土体中开挖，然后建造挡土墙，若开挖面较陡，墙后土体受到限制而不可能出现库仑理论的破坏面时，则不能用前述公式计算作用在墙背上的土压力。如图 5.20 所示，应当考虑开挖线内滑动土体的平衡条件，用力矢三角形解法计算作用在墙背上的土压力。同时，再假定土体性质与开挖线以下的老土性质相同，用前述公式计算土压力，取两者中的较大值；如果开挖面较缓，未限制土体中出现在库仑理论的破坏面，就按土体的性质计算土压力。

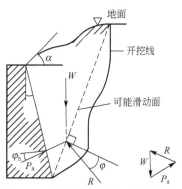

图 5.20 开挖情况的挡土墙土压力

【例 5.2】 已知某挡土墙高 $H=6\text{m}$，墙背竖直光滑，土体面水平且有均布荷载 $q=10\text{kN/m}^2$，墙后土体重度 $\gamma=1.8\text{kN/m}^3$，内摩擦角 $\varphi=30°$，粘聚力 $c=0$，试求挡土墙的主动土压力 E_a，并绘出土压力分布图。

解：将地面均布荷载换算成土体的当量土层厚度为

$$h = \frac{10}{18} = 0.556\text{m}$$

土体面处的土压力强度为

$$\sigma_{a1} = \gamma h K_a = qK_a = 10 \times \tan^2\left(45° - \frac{30°}{2}\right) = 3.33\text{kPa}$$

墙底处的土压力强度为

$$\sigma_{a2} = \gamma(h+H)K_a = (q+\gamma H)\tan^2\left(45° - \frac{\varphi}{2}\right)$$
$$= (10+18\times 6)\times \tan^2\left(45° - \frac{30°}{2}\right) = 39.33\text{kPa}$$

总主动土压力为

$$E_a = (\sigma_{a1}+\sigma_{a2})\frac{H}{2} = (3.33+39.33)\times \frac{6}{2} = 127.98\text{kN}$$

土压力作用点位置为

$$y = \frac{H}{3}\frac{2\sigma_{a1}+\sigma_{a2}}{\sigma_{a1}+\sigma_{a2}} = \frac{6}{3}\times\frac{2\times 3.33+39.33}{3.33+39.33} = 2.16\text{m}$$

土压力分布如图 5.21 所示。

【例 5.3】 已知某挡土墙高 $H=6m$，墙背竖直光滑，土体面水平，共分两层。各层土的物理力学指标如图 5.22 所示，试求主动土压力 E_a，并给出土压力的分布图。

解： 第一层土体的土压力强度

$$\sigma_{a01} = -2c_1 K_a = 0$$

$$\sigma_{a1} = \gamma_1 H_1 K_a - 2c_1 \sqrt{K_{a1}} = 17 \times 2.5 \times \tan^2\left(45° - \frac{34°}{2}\right) = 12.02 \text{kPa}$$

第二层土体的土压力强度

$$\sigma_{a02} = \gamma_1 H_1 K_a - 2c_2 \sqrt{K_{a2}}$$
$$= 17 \times 2.5 \times \tan^2\left(45° - \frac{18°}{2}\right) - 2 \times 10 \times \tan\left(45° - \frac{18°}{2}\right) = 7.90 \text{kPa}$$

$$\sigma_{a2} = (\gamma_1 H_1 + \gamma_2 H_2) K_a - 2c_2 \sqrt{K_{a2}}$$
$$= (17 \times 2.5 + 18 \times 3.5) \tan^2\left(45° - \frac{18°}{2}\right) - 2 \times 10 \times \tan\left(45° - \frac{18°}{2}\right) = 41.16 \text{kPa}$$

主动土压力 E_a 为

$$E_a = 12.02 \times 2.5/2 + (7.90 + 41.16) \times \frac{3.5}{2} = 100.88 \text{kN/m}$$

主动土压力分布如图 5.22 所示。

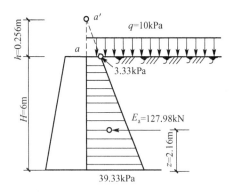

图 5.21 例 5.3 土压力分布图

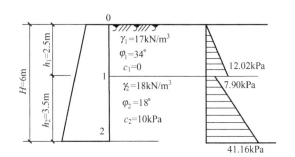

图 5.22 例 5.4 主动土压力分布图

5.1.4 地震时的土压力

地震作用下的挡土墙上的土压力称为动土压力。由于地震时的动力作用，墙背上的动土压力不论其大小及分布都与无地震时的静土压力不同。动土压力的确定不仅与地震强度有关，而且与地基土性、挡土墙与墙后填土的动力特性有关，是一个比较复杂的问题。工程实践中现有的方法仍以拟静力方法进行地震土压力计算。通常是以静力库仑土压力理论为基础，考虑竖向和水平向地震加速度的影响，对原有库仑理论进行修正。

1. 拟静力法（物部-岗部法）

(1) 设：最不利竖向加速度为 a_v、水平加速度为 a_h；水平地震系数为 $K_h = a_h/g$、水平惯性力为 $W \cdot K_h$；垂直地震系数为 $K_v = a_v/g$、垂直惯性力为 $W \cdot K_v$。

(2) 虚拟自重 W'(两个惯性力分量与重力的合力)

如图 5.23 所示，两个惯性力分量与重力的合力为

$$W' = (1-K_v)W\sec\theta' = (1-K_v)\gamma A\sec\theta' = \gamma' A \tag{5-55}$$

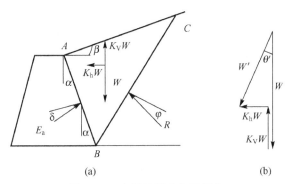

图 5.23 水平地震力与地震角

合力与铅垂向的夹角 θ' 称为地震角为

$$\theta' = \tan^{-1}\left(\frac{K_h}{1-K_v}\right) \tag{5-56}$$

式中，$\gamma' = (1-K_v)\gamma\sec\theta'$。

为方便计算，在挡土墙设计中，一般只考虑水平地震力，竖向地震力因影响小，可略去不计。则作用于破裂棱体与挡土墙重心上的最大水平地震力 P_s 和地震角 θ' 可按下式计算。

$$P_s = C_z W K_h \tag{5-57}$$

$$\theta' = \arctan C_z K_h \tag{5-58}$$

式中，C_z——综合影响系数，表示实际建筑物的地震反应与理论计算间的差异，取 $C_z=0.25$；

K_h——水平地震系数，为地震时地面最大水平加速度的统计平均值与重力加速度的比值，见表 5-7；

W——破裂棱体与挡土墙的重量。

表 5-7 水平地震系数

设计烈度/度	7	8	9
水平地震系数 K_h	0.1	0.2	0.4

假设地震作用下，土的内摩擦角与墙背面与填土的摩擦角不变，则墙后滑动体的力平衡关系如图 5.24 所示。

为了使考虑地震作用的合力沿竖直向，可以将图 5.24(a)逆时针旋转 θ' 角[图 5.24(b)]，由于这种旋转并未改变平衡力系，因此不会改变主动动土压力的计算。但是，原挡土墙的边界条件发生了变化，即

$$\left.\begin{array}{l}\beta' = \beta + \theta' \\ \alpha' = \alpha + \theta' \\ H' = AB\cos(\alpha+\theta') = H\dfrac{\cos(\alpha+\theta')}{\cos\alpha}\end{array}\right\} \tag{5-59}$$

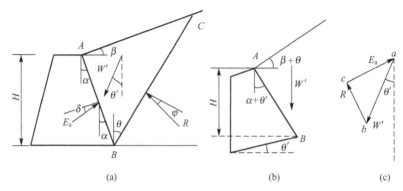

图 5.24 地震作用下的主动土压力计算图示及力多边形

把上述边界参数及修正后容重 γ' 代入库仑土压力公式，得到地震作用下动土压力 E_a 为

$$E_a = (1 - K_v) \frac{\gamma H^2}{2} K_{a\theta} \tag{5-60}$$

$$K_{a\theta} = \frac{\cos^2(\varphi - \alpha - \theta')}{\cos\theta' \cdot \cos^2(\alpha + \theta') \cdot \cos(\alpha + \theta' + \delta) \left[1 + \sqrt{\dfrac{\sin(\varphi + \delta) \cdot \sin(\varphi - \beta - \theta')}{\cos(\alpha + \theta' + \delta) \cdot \cos(\alpha + \beta)}}\right]^2} \tag{5-61}$$

从图 5.24(c) 中可以看出，当用 γ'、β'、α' 取代 γ、β 和 α 值时，地震作用下的力三角形 abc 与图 5.6 中一般情况下的力三角形 abc 完全相似，因此可直接采用一般库仑土压力公式来求算地震土压力。

各种边界条件下的地震土压力均可用 γ'、β'、α' 取代 γ、β 和 α 而按一般数解公式求算。必须指出，这种方法仅仅是利用原有公式来求解的计算过程，而地震土压力 E_a 的作用方向仍应按实际墙背摩擦角 δ 决定，在计算 E_x 和 E_y 时，仍采用 δ。

5.1.5 板桩墙及支撑板上的土压力

板桩墙在工程中的用途与其他形式的挡土墙相同，但是它的受力与稳定状况又有不同的地方。首先，它是由一排质量不大的板桩打入土中所组成的，墙身自重小，与作用在其上的土压力相比可以忽略不计；其次，板桩墙是柔性的，在土压力作用下能产生侧向弯曲变形，其变形量常常足以使墙后及墙前的填土达到主动极限平衡或被动极限平衡状态；第三，板桩墙的弯曲变形随板桩墙的入土深度和结构形式而异。由于这些特点，板桩墙上的土压力分布与刚性的挡土墙不同。柔性墙上的土压力分布很复杂，实用上没有简单的理论公式计算，目前仍用朗金理论加以修正计算。

1. 悬臂式板桩墙上的土压力计算

悬臂式板桩墙只靠埋入土中的板桩部分维持稳定，适用于挡土高度较低的情况。当具有足够的入土深度时，一般将产生如图 5.25(a) 所示的弯曲变形。从图中可以看出，在拐弯点 C 以上发生向前弯曲，而在 C 点以下则发生向后弯曲。根据这些变形情况，悬臂式板桩墙上 AC 段墙后的土压力按主动土压力计算，BC 段墙前的土压力按被动土压力计算，CD 段墙后的土压力按被动状态计算，墙前则按主动状态计算，压力分布如图 5.25(b)所示。

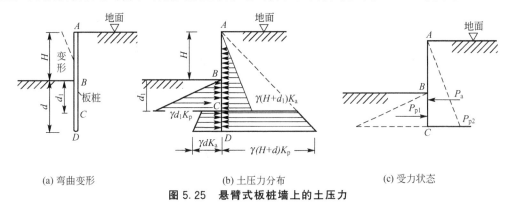

图 5.25 悬臂式板桩墙上的土压力

需注意的是，对于这种变形情况，墙后填土达到主动极限平衡状态时未必能使墙前达到被动极限平衡状态。为安全起见，常将被动土压力按计算值折减一半，即取安全系数为 2。同时，为进一步简化计算，目前常将 CD 段的两侧土压力相减后以集中力 P_{p2} 作用在 C 点，因此，板桩的最后受力状态如图 5.25(c)所示。有了土压力的分布，即可根据力矩平衡条件，确定板桩的入土深度 d_1 及其跨中弯矩和相应的断面。应该指出，在实际使用中，常将计算得到的 d_1 值增大 20% 作为板桩实际的入土深度 d，以考虑 CD 段上的土压力作为集中力 P_{p2} 处的影响。

2. 锚着板桩墙上的土压力计算

若板桩上端设置有锚着拉杆，由拉杆与埋入土中部分共同来维持稳定，称为锚着式板桩。根据入土深度的深浅而产生不同的变形，可分为自由端板桩和固定端板桩两种计算形式。

自由端板桩是指板桩入土深度较浅，板桩墙的弯曲变形与上端未固定的简支梁相似，如图 5.26(a)所示。此时墙后填土足以达到主动极限平衡状态，因此墙 AD 段按主动土压力计算。而墙前的侧向土压力，过去一般采用被动土压力计算值的一半，即取安全系数为 2。现在一般认为，由于自由端板桩的入土深度较浅，在墙后主动土压力作用下有可能产生向前移动，并绕锚着点转动的趋势，其变形量可以达到被动极限平衡状态，因此应按被动土压力计算。综上所述，自由端板桩墙上的土压力分布如图 5.26(b)所示。板桩墙上的土压力分布图确定以后，即可将板桩视为支承在锚着点 A 和底端 D 上的简支梁进行计算，以求得板桩的入土深度、最大弯矩和锚杆拉力等。

固定端板桩是指板桩的入土深度较深，足以使板桩下端产生如图 5.27(a)所示的弯曲变形。从变形曲线可以看出，C 点相当于变形为零的拐弯点，而在 D 点以下某一深度处板桩不发生弯曲变形，如同嵌固点，因此称这种板桩为固定端板桩。

根据固定端板桩变形的特点，在墙后 C 点以上填土按主动土压力计算，在 C 点以下按被动土压力计算。而在墙前 C 点以上按被动土压力计算，C 点以下按主动土压力计算。墙上土压力的分布实际如图 5.27(b)所示。为了简化计算，将板桩两侧的土压力相消后，取两个大小相等、方向相反的压力 ΔP 加在板桩下部的两侧，如图 5.27(b)中的阴影面积所示，并且将下部右侧的两部分土压力用一个集中力 P_{bd} 作用在 D_1 点来代替，最后成为图 5.27(c)所示的实用土压力计算图形。

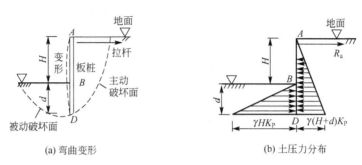

(a) 弯曲变形 (b) 土压力分布

图 5.26　自由端板桩的土压力

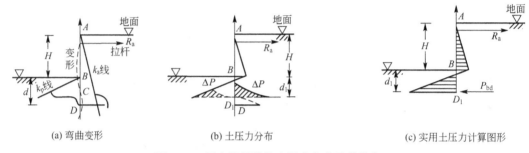

(a) 弯曲变形　　　(b) 土压力分布　　　(c) 实用土压力计算图形

图 5.27　固定端板桩的土压力分布及其简化

3. 开挖支承上的土压力计算

在工程建设中常需要开挖土方，挖方的边坡要保持稳定，有时要做成有暂时支承的直立边坡。深挖方支承的形式如图 5.28 所示，图 5.28(a)用挡土板和横撑构成，图 5.28(b)用板桩和横撑构成。随着开挖深度的增大，横撑可分几次设置。在设置最上一横撑时，开挖引起的地面移动很小，但在设置以下的横撑时，由于开挖深度大，土体发生的位移增大，这种移动使挡土板或板桩上的土压力接近抛物线分布，其最大压力强度约在挖方的半高处。在这种情况下，若按挡土墙后土压力理论计算，土压力随深度直线增大，由此引起邻近横撑所承受的压力增大，使整个支承逐渐破坏，不同于挡土墙整体丧失稳定。因此，各个横撑必须根据可能作用的最大压力设计。实测的支承上的土压力分布形状随土的性质和支承施工方法而异，横撑上可能的最大压力是根据所有实测土压力分布曲线所绘的包线确定的。

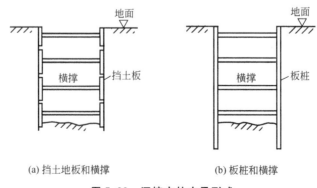

(a) 挡土地板和横撑　　　(b) 板桩和横撑

图 5.28　深挖方的支承形式

图 5.29(a)是太沙基和派克根据开挖支承实测和模型试验结果给出的支承上的土压力分布包络线。对于砂土,如图 5.29(b)所示,其中的土压力为均匀分布,压强为 $0.65\gamma H K_a$。对于 $\gamma H/c_\mu$ 大于 6 的粘性土,如图 5.29(c)所示,在接近极限平衡时土压力的最大值为 $(\gamma H - 4mc_\mu)$,m 通常为 1。但是在软粘土中深开挖时,坑底的软土可流入坑内,m 值要小得多,建议用 0.4。对于 $\gamma H/c_\mu$ 小于 4 的粘性土,如图 5.29(d)所示,土压力的最大值为 $(0.2\sim0.4)\gamma H$。对于 $\gamma H/c_\mu$ 在 4~6 之间的情况,可取图 5.29(c)和图 5.29(d)之间的数值。

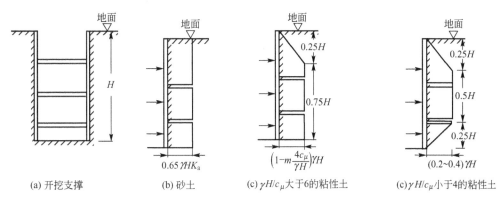

图 5.29　各种土中支承上土压力分布的包络线

5.1.6　涵洞上的土压力

涵洞及其他地下管道上的土压力,因埋设方式不同而采用不同的计算方法。埋设方式有沟埋式和上埋式两种,如图 5.30 所示。

1. 沟埋式涵洞上的土压力

沟埋式是在天然地基或老填土中挖沟,将涵洞放在沟底,在其上填土。设开挖一条宽度为 $2B$ 的沟,如图 5.31 所示,填土表面有均布荷载。由于填土压缩下沉与沟壁发生摩擦,一部分填土和荷载的重力将传至两侧的沟壁上,使填土及荷载的重量减轻,这种现象称为填土中的拱作用。

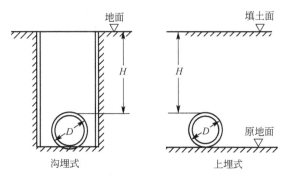

图 5.30　涵管埋设的方法

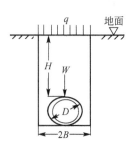

图 5.31　埋设式涵洞上的土压力

涵洞顶上的竖向压力为
$$\sigma_z = \frac{B\left(\gamma - \dfrac{c}{B}\right)}{K\tan\varphi}(1 - e^{-K\frac{z}{B}\tan\varphi}) + qe^{-K\frac{z}{B}\tan\varphi} \tag{5-62}$$

作用在涵洞顶上的总压力为
$$W = \sigma_z D \tag{5-63}$$

但填土经过长时间的压缩后,沟壁摩擦作用将消失,涵顶上所受到的由土重力引起的总压力将增大为
$$W = \gamma HD \tag{5-64}$$

作用在涵洞测壁的水平方向压力与竖直方向压力成正比,为
$$\sigma_x = K\sigma_z = \frac{B\left(\gamma - \dfrac{c}{B}\right)}{\tan\varphi}(1 - e^{-K\frac{z}{B}\tan\varphi}) + Kqe^{-K\frac{z}{B}\tan\varphi} \tag{5-65}$$

式中,K——土压力系数,一般采用静止土压力系数;

γ——沟中填土的容重;

c, φ——填土与沟壁之间的粘聚力和内摩擦角。

但如果在软土地基上用沟埋式建造涵洞,为防止不均匀沉降而采用桩基础时,要按上埋式计算作用在涵洞上的土压力。

2. 上埋式涵洞上的土压力

将涵洞放在天然地基上再填土,由于涵洞顶上的填土与两侧土之间的沉降不同,对涵洞上的填土受到向下的剪切力,因此,作用在涵洞上的土压力为土重与该剪切力之和。计算公式为

$$\sigma_x = \frac{D\left(\gamma + \dfrac{2c}{D}\right)}{2K\tan\varphi}(e^{2K\frac{H}{D}\tan\varphi} - 1) + qe^{2K\frac{H}{D}\tan\varphi} \tag{5-66}$$

作用在涵洞顶上的总压力为
$$W = \sigma_x D \tag{5-67}$$

作用在涵洞壁的水平方向压力与竖直方向压力成正比,为

$$\sigma_x = \frac{D\left(\gamma + \dfrac{2c}{D}\right)}{2\tan\varphi}(e^{2K\frac{H}{D}\tan\varphi} - 1)Kqe^{2K\frac{H}{D}\tan\varphi} \tag{5-68}$$

式(5-66)和式(5-68)适用于涵洞顶上填土厚度小的情况。若填土厚度较大,在上层某一深度内涵洞顶上的填土与周围的填土相对沉降很小(可以忽略不计),该深度处成为等沉降面。在等沉降面以下的填土才有相对沉降,发生剪切力。设发生相对沉降的土层厚度为 H,如图5.32所示,则作用在涵洞上的竖直方向压力与水平方向压力分别为

$$\sigma_z = \frac{D\left(\gamma + \dfrac{2c}{D}\right)}{2K\tan\varphi}(e^{2K\frac{H_e}{D}\tan\varphi} - 1) + [q + \gamma(H - H_e)]e^{2K\frac{H}{D}\tan\varphi} \tag{5-69}$$

$$\sigma_x = \frac{D\left(\gamma + \dfrac{2c}{D}\right)}{2\tan\varphi}(e^{2K\frac{z}{D}\tan\varphi} - 1) + K[q + \gamma(H - H_e)]e^{2K\frac{z}{D}\tan\varphi} \tag{5-70}$$

H_e 的计算公式为

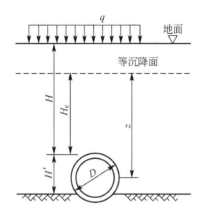

图 5.32 上埋式涵洞上的土压力

$$e^{2K\frac{H_e}{D}} - 2K\frac{H_e}{D}\tan\varphi = (2K\rho\tan\varphi)\gamma_{sd} + 1 \qquad (5-71)$$

式中，γ_{sd}——实验系数，称为沉降比，一般的土取 0.75，压缩性大的土取 0.5；

ρ——突出比，等于放涵洞的地面至洞顶的距离 H' 除以涵洞的外径 D；

其余符号同前述。

【例 5.4】 已知一涵洞外径为 1m，填土为砂土，容重 $\gamma = 17.6 \text{kN/m}^3$，内摩擦角为 30°，涵洞顶上的填土厚度 H 为 3m，设沟宽 $2B$ 为 1.6m，计算沟埋式施工时作用在涵洞顶上的土压力。

解： 沟埋式涵洞上的竖向压力为

$$\sigma_z = \frac{B\left(\gamma - \frac{C}{B}\right)}{K\tan\varphi}(1 - e^{-K\frac{z}{B}\tan\varphi}) = \frac{0.8 \times 17.6}{0.33 \times \tan 30°}(1 - e^{-0.33 \times \frac{3}{0.8} \times \tan 30°}) = 37.8 \text{kPa}$$

作用在涵洞顶上的总压力为 $W = \sigma_z D = 37.8 \times 1 = 37.8 \text{kN/m}$

5.2 静水压力及流水压力

5.2.1 静水压力

静水压力是指静止液体对其接触面产生的压力，在建造水闸、堤坝、桥墩、围堰和码头等工程时，必须考虑水在结构物表面产生的静水压力。为了计算作用于某一面积上的静水压力，需要了解静水压强的特征及分布规律。

静水压强具有两个特征：一是静水压强指向作用面内部并垂直于作用面；二是静止液体中任一点处各方向的静水压强都相等，与作用面的方位无关。

静止液体任意点的压强由两部分组成：一部分是液体表面压强，另一部分是液体内部压强。在重力作用下，静止液体中任一点的静水压强 p 等于液面压强 p_0 加上该点在液面以下深度 h 与液体重度 γ 的乘积，即任意点静水压强可用静止液体的基本方程表

示，即

$$p = p_0 + \gamma h \tag{5-72}$$

式(5-72)说明，静止液体某点的压强 p 与该点在液面以下的深度成正比。

一般情况下，液体表面与大气接触，其表面压强 p_0 即为大气压强。由于液体性质受大气影响不大，水面及挡水结构物周围都有大气压力作用，处于相互平衡状态，在确定液体压强时常以大气压强为基准点。以大气压强为基准起算的压强称为相对压强，工程中计算水压力作用时，只考虑相对压强。液体内部压强与深度成正比，可表示为

$$p = \gamma h \tag{5-73}$$

式中，p——自由水面下作用在结构物任一点 a 的压强；

h——结构物上的水压强计算点 a 到水面的距离(m)；

γ——水的重度(kN/m^3)。

静水压力随水深按比例增加而与水深呈线性关系，并总是作用在结构物表面的法线方向，水压力分布与受压面形状有关。图5.33列出了常见的受压面的压强分布规律。

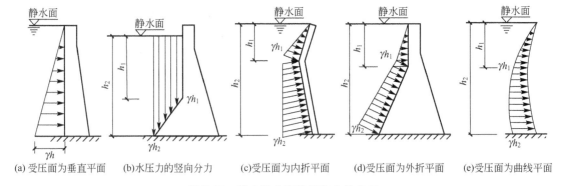

(a) 受压面为垂直平面　(b) 水压力的竖向分力　(c) 受压面为内折平面　(d) 受压面为外折平面　(e) 受压面为曲线平面

图5.33　静水压力在结构物上的分布

5.2.2　流水压力

1. 流体流动特征

在某等速平面流场中，流体是一组流线互相平行的水平线，若在流场中放置一个固定的圆柱体，如图5.34所示，则流线在接近圆柱体时流动受阻，流速减小，压强增大。在到达圆柱体表面时，该流线流速为零，压强达到最大；随后从 a 点开始形成边界层内流动，即继续流来的流体质点在 a 点较高压强作用下，改变原来流动方向沿圆柱面两侧向前流动；在圆柱面 a 点到点 b 区间，柱面弯曲导致该区段流线密集，边界层内流动处于加速减压状态。过 b 点后流线扩散，边界层内流动呈现相反势态，处于减速加压状态。过 c 点后继续流来的流体质点脱离边界向前流动，出现边界层分离现象。边界层分离后，c 点下游水压较低，必有新的流体反向回流，出现漩涡区，如图5.35所示。边界层分离现象及回流漩涡区的产生，在流体流动中遇到河流、渠道截面突然改变，或遇到闸筏、桥墩等结构物时是常见的现象。

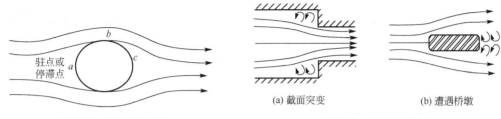

图 5.34 边界层分离　　　　图 5.35 漩涡区的产生

流体在桥墩边界层产生分离现象，还会导致绕流阻力对桥墩的作用。绕流阻力是结构物在流场中受到流动方向上的流体阻力，由摩擦阻力和压强阻力两部分组成。起主导作用的压强阻力是当边界层出现分离现象且分离漩涡区较大时，迎水面的高压区与背水面的低压区的压力差形成的。根据试验结果，绕流阻力可由下式计算。

$$P = C_D \frac{\rho v^2}{2} A \tag{5-74}$$

式中，v——来流流速；

A——绕流物体在垂直于来流方向上的投影面积；

C_D——绕流阻力系数，主要与结构物形状有关；

ρ——流体密度。

为减小绕流阻力，在实际工程中，常将桥墩、闸墩设计成流线型，以缩小边界层分离区。

2. 桥墩流水压力的计算

位于流水中的桥墩，其上游迎水面受到流水压力作用。流水压力的大小与桥墩平面形状、墩台表面粗糙度、水流速度和水流形态等因素有关。因此，桥墩迎水面水流单元体的压强 p 为

$$p = \frac{\rho v^2}{2} = \frac{\gamma v^2}{2g} \tag{5-75}$$

式中，v——水流未受桥墩影响时的流速，则水流单元体所具有的动能为 $\rho v^2/2$；

ρ——水的密度，可表示为 $\rho = \gamma/g$，γ 为水的重度。

若桥墩迎水面受阻面积为 A，再引入考虑墩台平面形状的系数 C，桥墩上的流水压力按下式计算。

$$P = CA \frac{\gamma v^2}{2g} \tag{5-76}$$

式中，p——作用在桥墩上的流水压力（kN）；

γ——水的重度（kN/m³）；

v——设计流速（m/s）；

A——桥墩阻力面积，一般算至冲刷线处；

g——重力加速度，取 9.81m/s²；

C——由试验测得的桥墩形状系数，按表 5-8 取用。

表 5-8 桥墩形状系数 C

桥墩形状	方形桥墩	矩形桥墩(长边与水流平行)	圆形桥墩	尖端形桥墩	圆端形桥墩
C	1.5	1.3	0.8	0.7	0.6

流速随深度呈曲线变化，河床底面处流速接近于零。为了简化计算，流水压力的分布可近似取为倒三角形，故其着力点位置取在设计水位以下 1/3 水深处。

5.3 波浪荷载

5.3.1 波浪特性

波浪是液体自由表面在外力作用下产生的周期性起伏波动，它是液体质点振动的传播现象。

不同的干扰力作用于液体表面所形成的波流形状和特性不同，可分为如下 3 种波。

(1) 风成波——由风力引起的波浪。
(2) 潮汐波——由太阳和月球引力引起的波浪。
(3) 船行波——由船舶航行引起的波浪。

风成波对港口建筑和水工构筑物来说影响最大，是工程设计主要考虑内容。风成波分为强制波——在风力直接作用下，静水表面形成的波；自由波——风力渐止后，波浪依靠其惯性力和重力作用继续运动的波。

从自由波的外形看又分为推进波——波是向前推进的，驻波——波不再向前推进。

从水域底部对波浪运动的影响来看又分为深水波——水域底部对波浪运动的形成无影响；浅水波——水域底部对波浪运动的形成有影响。

描述波浪运动性质及形态的要素如图 5.36 所示。

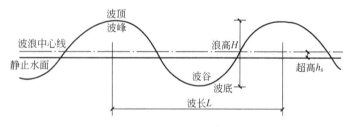

图 5.36 波浪要素

(1) 波峰——波浪在静水面以上部分，它的最高点称为波顶。
(2) 波谷——波浪在静水面以下部分，它的最低点称为波底。
(3) 波高也称浪高——波顶与波底之间的垂直距离，用 H 表示。
(4) 波长——两个相邻的波顶(或波底)之间的水平距离，用 L 表示。
(5) 波陡——波高和波长的比值，用 H/L 表示。

(6) 波周期——波顶向前推进一个波长所需的时间,用 T 表示。

(7) 超高——波浪中线(平分波高的水平线)到静止水面的垂直距离,用 h_s 表示。

在深水区,当水深 d 大于半个波长($d>L/2$)时,波浪运动就不再受水域底部摩擦阻力影响,底部水质点几乎不动,处于相对宁静状态,这种波浪被称为深水推进波。

当波浪推进到浅水地带,水深小于半个波长($d<L/2$)时,水域底部对波浪运动产生摩阻作用,底部水质点前后摆动,这种波浪被称为浅水推进波。

波浪形成后,会沿着力的方向向前推进。当浅水推进波向岸边推进时,水深不断减小,受水底的摩擦阻力作用,其波长和波速都比深水波略有缩减,波高有所增加,波峰也较尖突,波陡也比深水区大。一旦波陡增大到波峰不能保持平衡时,波峰发生破碎,波峰破碎处的水深称临界水深,用 d_c 表示。波峰破碎区域位于一个相当长的范围内,这个区域被称为波浪破碎带。由于波破碎后波能消耗较多,当又重新组成新的波浪向前推进时,其波长、波高均比原波显著减小。但破碎后的新波仍含有较多能量,继续推进,到一定临界水深后有可能再度破碎,甚至几度破碎,随着水域深度逐渐变浅,波浪受海底摩擦阻力影响加大,表层波浪传播速度大于底层部分,使得波浪更为陡峻,波高有所增大,波谷变得缓而长,并逐渐形成一股水流向前推移,而底层则产生回流,形成击岸波。击岸波冲击岸滩或建筑物后,水流顺岸滩上涌,波形不再存在,上涌一定高度后回流大海,这个区域称为上涌带。图 5.37 所示为波浪推进过程的示意图。

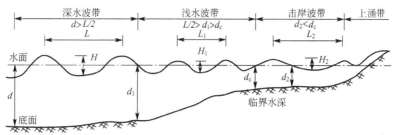

图 5.37 波浪的推进过程

击岸波形成的冲击水流对岸边水工建筑产生冲击作用,构成波浪荷载。

5.3.2 波浪荷载

波浪荷载不仅与波浪本身的特征有关,还与建筑物形式和水底坡度有关。对于作用于直墙式构筑物(图 5.38)上的波浪一般分为立波、远堤破碎波和近堤破碎波 3 种波态。

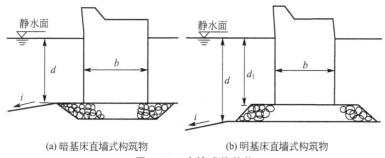

(a) 暗基床直墙式构筑物　　(b) 明基床直墙式构筑物

图 5.38 直墙式构筑物

(1) 立波——原始推进波冲击垂直墙面后与反射波互相叠加形成的一种干涉波。
(2) 近堤破碎波——在距直墙附近半个波长范围内发生破碎的波。
(3) 远堤破碎波——在距直墙半个波长以外发生破碎的波。

在工程设计时,应根据基床类型(抛石明基床或暗基床)、水底坡度 i、波高 H 及水深 d 判别波态(表 5-9),进行波浪作用力的计算。

表 5-9　直墙式构筑物前波态的判断

基床类型	产生条件	波态
暗基床和低基床($d_1/d>2/3$)	$d \geqslant 2H$	立波
	$D<2H, i \leqslant 1/10$	远破波
中基床($2/3 \geqslant d_1/d > 1/3$)	$d_1 \geqslant 1.8H$	立波
	$d_1 < 1.8H$	近破波
高基床($d_1/d \leqslant 1/3$)	$d_1 \geqslant 1.5H$	立波
	$d_1 < 1.5H$	近破波

1. 立波波压力

波浪遇到直墙反射后,形成 $2H$ 波高、L 波长的立波。《港工规范》假定波压强沿水深按直线分布,当 $d/L=0.1\sim 0.2$ 和 $H/L \geqslant 1/30$ 时,可按下面方法计算直墙各转折点压强,再将各点用直线相连,即得直墙上立波压强分布。

(1) 图 5.39 示意波峰时水底处波压力强度 p_d 为

$$p_d = \frac{\gamma H}{ch\dfrac{2\pi d}{L}} \tag{5-77}$$

式中,γ——水的重度。

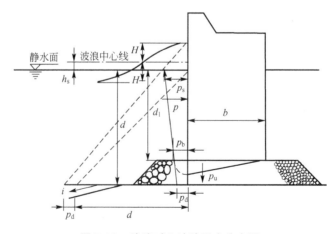

图 5.39　波峰时立波波压力分布图

静水面上 $h+h_s$ 处(即波浪中线上 h 处)的波浪压力强度为零。
静水面处的波浪压力强度 p_s 为

$$p_s = (p_d + \gamma d)\left(\frac{H + h_s}{d + H + h_s}\right) \quad (5-78)$$

式中，超高为

$$h_s = \frac{\pi H^2}{L} \cdot \coth \cdot \frac{2\pi d}{L} \quad (5-79)$$

墙底处波浪压力强度 P_b 为

$$p_b = p_s - (p_s - p_d)\frac{d_1}{d} \quad (5-80)$$

单位长度直墙上总波浪压力 p 为

$$p = \frac{(H + h_s + d_1)(P_b + \gamma d_1)}{2} - \frac{\gamma d_1^2}{2} \quad (5-81)$$

墙底波浪浮托力 p_u 为

$$p_u = \frac{b p_b}{2} \quad (5-82)$$

(2) 图 5.40 示意波谷时水底处波浪压力强度 p'_d 为

$$p'_d = \frac{\gamma H}{ch\dfrac{2\pi d}{L}} \quad (5-83)$$

静水面处波压强度为零，静水面下 $H - h_s$ 处（即波浪中线下 H 处）的波压强度 p'_s 为

$$p'_s = \gamma(H - h_s) \quad (5-84)$$

墙底波压强度 p'_b 为

$$p'_b = p'_s - (p'_s - p'_d)\frac{d_1 + h_s - H}{d + h_s - H} \quad (5-85)$$

单位长度直墙上总波浪压力 p' 为

$$p' = \frac{(\gamma d_1 - p'_b)(d_1 - H + h_s)}{2} - \frac{\gamma d_1^2}{2} \quad (5-86)$$

墙底波浪浮托力（方向向下）p'_u 为

$$p'_u = \frac{b p'_b}{2} \quad (5-87)$$

当相对水深 $d/L > 0.2$ 时，采用简化方法计算出的波峰立波波压强度将显著偏大，应采取其他方法确定。

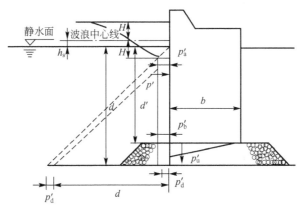

图 5.40 波谷时立波波压力分布图

2. 远破波波压力

远破波波压力不仅与波高有关,而且与波陡、堤前海底坡度有关,波陡越小或底坡越陡,波压力越大。

(1) 图 5.41 示意波峰时静水面以上高度 H 处波压强度为零,静水面处的波压强度 p_s 为

$$p_s = \gamma u_1 u_2 H \tag{5-88}$$

式中,u_1——水底坡度 i 的函数,按表 5-10 取用;

u_2——坡坦 L/H 的函数,按表 5-11 取用。

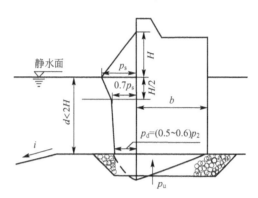

图 5.41 波峰时远波波压力分布图

表 5-10 u_1 值

海底坡度 i	1/10	1/25	1/40	1/50	1/60	1/80	1/100
u_2 值	1.89	1.54	1.40	1.37	1.33	1.29	1.25

表 5-11 u_2 值

坡坦 L/H	14	15	16	17	18	19	20	21	22
u_2 值	1.01	1.06	1.12	1.17	1.21	1.26	1.30	1.34	1.37
坡坦 L/H	23	24	25	26	27	28	29	30	
u_2 值	1.41	1.44	1.16	1.49	1.50	1.52	1.54	1.55	

静水面以下 $H/2$ 处,波压强取为 $0.7p_s$,墙底处波压强取为 $(0.5 \sim 0.6)p_s$,墙底波浪浮托力 p_u 为

$$p_u = (0.5 \sim 0.6)\frac{bp_s}{2} \tag{5-89}$$

(2) 图 5.42 示意波谷时静水面处波压强度为零,从静水面以下 $H/2$ 处至水底处的波压强度为

$$p = 0.5\gamma H \tag{5-90}$$

墙底波浪浮托力(方向向下)为

$$p'_u = \frac{bp}{2} \tag{5-91}$$

3. 近破波波压力

如图 5.43 所示,当墙前水深 $d_1 \geqslant 0.6H$ 时,可按下述方法计算。

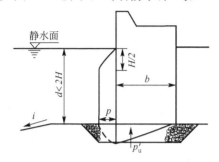

图 5.42 波谷时远破波波压力分布图

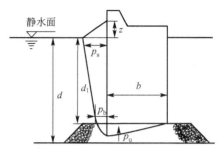

图 5.43 近破波波压力分布图

静水面以上 z 处的波压强度为零,z 按下式计算。

$$z = \left(0.27 + 0.53 \frac{d_1}{H}\right) H \tag{5-92}$$

静水面处波压强度 p_s 的计算公式如下。

(1) 当 $\dfrac{2}{3} \geqslant \dfrac{d_1}{d} > \dfrac{1}{3}$ 时

$$p_s = 1.25 \gamma H \left(1.8 \frac{H}{d_1} - 0.16\right)\left(1 - 0.13 \frac{H}{d_1}\right) \tag{5-93}$$

(2) 当 $\dfrac{1}{3} \geqslant \dfrac{d_1}{d} \geqslant \dfrac{1}{4}$ 时

$$p_s = 1.25 \gamma H \left[\left(13.9 - 36.4 \frac{d_1}{d}\right)\left(\frac{H}{d_1} - 0.67\right) + 1.03\right]\left(1 - 0.13 \frac{H}{d_1}\right) \tag{5-94}$$

墙底处波压强度为

$$p_b = 0.6 p_s \tag{5-95}$$

单位长度墙身上的总波浪力 P 计算公式如下。

(1) 当 $\dfrac{2}{3} \geqslant \dfrac{d_1}{d} > \dfrac{1}{3}$ 时

$$p = 1.25 \gamma H d_1 \left(1.9 \frac{H}{d_1} - 0.17\right) \tag{5-96}$$

(2) 当 $\dfrac{1}{3} \geqslant \dfrac{d_1}{d} \geqslant \dfrac{1}{4}$ 时

$$p = 1.25 \gamma H d_1 \left[\left(14.8 - 38.8 \frac{d_1}{d}\right)\left(\frac{H}{d_1} - 0.67\right) + 1.1\right] \tag{5-97}$$

墙底波浪浮托力为

$$p_u = 0.6 \frac{b p_s}{2} \tag{5-98}$$

5.4 冰 荷 载

冰荷载按照其作用性质的不同,可分为静冰压力和动冰压力。

静冰压力包括：①冰堆整体推移的静压力；②风和水流作用于大面积冰层引起的静压力；③冰覆盖层受温度影响膨胀时产生的静压力；④冰层因水位升降产生的竖向作用力。

动冰压力主要指河流流冰产生的冲击动压力。

5.4.1 冰堆整体推移的静压力

当大面积冰层以缓慢的速度接触墩台时，受阻于桥墩而停滞在墩台前，形成冰层或冰堆现象。墩台受到流冰挤压，并在冰层破碎前的一瞬间对墩台产生最大压力，基于作用在墩台的冰压力不能大于冰的破坏力这一原理，考虑到冰的破坏力与结构物的形状、气温以及冰的抗压极限强度等因素有关，可导出极限冰压力计算公式为

$$p = \alpha\beta F_y bh \tag{5-99}$$

式中，p——极限冰压力合力(N)；

h——计算冰厚(m)，可取发生频率为1%的冬季冰的最大厚度80%，当缺乏观测资料时，可用勘探确定的最大冰厚；

b——墩台或结构物在流冰作用高程处的宽度(m)；

α——墩台形状系数，与墩台水平截面形状有关，可按表5-12取值；

F_y——冰的抗压极限强度(Pa)，采用相应流冰期冰块的实际强度，当缺少试验资料时，取开始流冰的$F_y = 735$kPa，最高流冰水位时$F_y = 441$kPa；

β——地区系数，气温在零上解冻时为1.0；气温在零下解冻且冰温为-10℃及以下者为2.0；其间用插入法求得。

表 5-12 墩台形状系数 α 值

墩台平面形状	三角形夹角 $2\alpha/°$					圆形	矩形
	45	60	75	90	120		
形状系数 α	0.60	0.65	0.69	0.73	0.81	0.9	1.0

5.4.2 大面积冰层的静压力

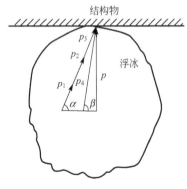

图 5.44 大面积冰层静压力示意图

由于水流和风的作用，推动大面积浮冰移动对结构物产生静压力，可根据水流方向和风向，考虑冰层面积来计算，如图 5.44 所示。

$$p = \Omega[(p_1 + p_2 + p_3)\sin\alpha + p_4\sin\beta] \tag{5-100}$$

式中，p——作用于结构物的正压力(N)；

Ω——浮冰冰层面积(m²)，取有史以来有记载的最大值；

p_1——水流对冰层下表面的摩阻力(Pa)，可取为 $0.5v_s^2$，v_s 为冰层下的流速(m/s)；

p_2——水流对浮冰边缘的作用力(Pa),可取为 $50\dfrac{h}{l}v_s^2$,h 为冰厚(m),l 为冰层沿水流方向的平均长度(m),在河中不得大于两倍河宽;

p_3——由于水面坡降对冰层产生的作用力(Pa),等于 $920hi$,i 为水面坡降;

p_4——风对冰层上表面的摩擦阻力(Pa),$p_4=(0.001\sim0.002)V_F$,V_F 为风速,采用历史上有冰时期与水流方向基本一致的最大风速(m/s);

α——结构物迎冰面与冰流方向间的水平夹角;

β——结构物迎冰面与风向间的水平夹角。

5.4.3 冰覆盖层受到温度影响膨胀时产生的静压力

温度升高冰层膨胀,当冰场的自由膨胀受到坝体、桥墩等结构物的约束时,则冰层对约束体产生静压力。冰的膨胀压力与冰面温度、升温速率、冰盖厚度以及冰与结构物之间的距离有关。

日照气温早晨回升傍晚下降,当冰层很厚时,日照升温时 50cm 以下深度处的冰层影响很小,因为该处尚未达到升温所需的时间,气温已经开始下降。因此冰层计算厚度 h,当 $h>50$cm 时,以 50cm 计算,当 $h<50$cm 时,按实际 h 计算,试验表明,产生最大冰压的厚度约为 25cm。冰压力沿冰厚方向基本上呈上大下小的倒三角形分布,可认为冰压力的合力作用点在冰面以下 1/3 冰厚处。

确定冰与结构物接触面的静压力时,其中冰面初始温度、冰温上升速率、冰覆盖层厚度及冰盖约束体之间的距离,由下式确定。

$$p=3.1\dfrac{(t_0+1)^{1.67}}{t_0^{0.881}}\eta^{0.33}hb\varphi \qquad (5-101)$$

式中,p——冰覆盖层升温时,冰与结构物接触面产生的静压力(Pa);

t_0——冰层初始温度(℃),取冰层内温度的平均值,或取 $0.4t$,t 为升温开始时的气温;

η——冰温上升速率(℃/h),采用冰层厚度内的温升平均值,即 $\eta=t_1/s=0.4t_2/s$,s 为气温变化的时间(h),t_1 为 s 期间内冰层平均温升值,t_2 为 s 期间内气温的上升值;

h——冰盖层计算厚度(m),采用冰层实际厚度,但不大于 0.5m;

b——墩台宽度(m);

φ——系数,视冰盖层的长度 L 而定,见表 5-13。

表 5-13 系数 φ 值

L/m	<50	50~75	75~100	100~150	>150
φ	1.0	0.9	0.8	0.7	0.6

5.4.4 冰层因水位升降产生的竖向作用力

当冰覆盖层与结构物冻结在一起时,若水位升高,水通过冻结在桥墩、桩群等结构物上的冰盖对结构物产生上拔力。可按照桥墩四周冰层有效直径为 50 倍冰层厚度的平板应力来计算。

$$V = \frac{300h^2}{\ln \frac{50h}{d}} \quad (5-102)$$

式中，V——上拔力(N)；

h——冰层厚度(m)；

d——桩柱或桩群直径(m)，当桩柱或桩群周围有半径不小于 20 倍冰层厚度的连续冰层，且桩群中各桩距离在 1m 以内；当桩群或承台为矩形，则采用 $d = \sqrt{ab}$（a、b 为矩形边长）。

5.4.5 流冰冲击力

当冰块运动时，对结构物前沿的作用力与冰块的抗压强度、冰层厚度、冰块尺寸、冰块运动速度及方向等因素有关。由于这些条件不同，冰块碰到结构物时可能发生破碎，也可能只有撞击而不破碎。

(1) 当冰块的运动方向大致垂直于结构物的正面，即冰块运动方向与结构物正面的夹角 $\varphi = 80° \sim 90°$ 时，有

$$p = kvh\sqrt{\Omega} \quad (5-103)$$

(2) 当冰块的运动方向与结构物正面所成夹角 $\varphi < 80°$ 时，作用于结构物正面的冲击力按下式计算：

$$p = Cvh^2 \sqrt{\frac{\Omega}{\mu \cdot \Omega + \lambda \cdot h^2}} \sin\varphi \quad (5-104)$$

式中，p——流冰冲击力(N)；

v——冰块流动速度(m/s)，宜按资料确定，当无实测资料时，对于河流可采用水流速度；对于水库可采用历年冰块运动期内最大风速的 3%，但不大于 0.6m/s；

h——流冰厚度(m)，可采用当地最大冰厚的 70%～80% 倍，流冰初期取最大值；

Ω——冰块面积(m²)，可由当地或邻近地点的实测或调查资料确定；

C——系数，可取为 136(s·kN/m³)；

k，λ——与冰的计算抗压极限强度 F_y 有关的系数，按表 5-14 采用；

μ——随 φ 角变化的系数，按表 5-15 采用。

表 5-14 系数 k、λ 值

F_y/kPa	441	735	980	1225	1471
k/(s·kN/m³)	2.9	3.7	4.3	4.8	5.2
λ	2220	1333	1000	800	667

注：表中 R_y 为其他值时，k、λ_y 可用插入法求得。

表 5-15 系数 μ 值

φ	20°	30°	45°	55°	60°	65°	70°	75°
μ	6.70	2.25	0.50	0.16	0.08	0.04	0.016	0.005

本 章 小 结

土的侧压力是指挡土墙后的填土因自重或外荷载作用对墙背产生的侧向压力。根据挡土墙的移动情况和墙后土体所处的应力状态,土压力可分为静止土压力、主动土压力和被动土压力3种情形。土压力计算的理论主要有朗金土压力理论和库仑土压力理论。库仑法的应用最广,常用来计算非粘性土作填料的重力式挡墙的土压力。对粘性土的土压力计算,也多采用基于库仑理论的近似方法。朗金法实质上是库仑法的一个特例,一般多用于计算衡重式、凸形折线式、悬臂式和扶臂式挡土墙的土压力,计算被动土压力亦宜采用朗金法。各种条件下挡土墙的土压力应视实际状况进行计算。静止液体对其接触面产生静水压力,并随水深按比例增加而与水深呈线性关系;且作用在结构物表面的法线方向,水压力分布与受压面形状有关。流体在结构物边界层产生分离现象,还会导致绕流阻力对结构物的作用。绕流阻力由摩擦阻力和压强阻力两部分组成。不同的干扰力作用于液体表面所形成的波流形状和特性不同,波浪荷载不仅与波浪本身的特征有关,还与建筑物形式和水底坡度有关。冰荷载按照其作用性质的不同,可分为静冰压力和动冰压力。

思 考 题

1. 土压力有哪几种?各种土压力的大小及分布的主要影响因素是什么?如何计算?
2. 水中构筑物在确定流水荷载时,为什么主要考虑正压力?
3. 水中构筑物为什么设计成流线型?
4. 确定波浪荷载计算理论的依据是什么?如何计算?
5. 在冰压力计算时如何考虑结构物形状的影响?

习 题

某浆砌毛石重力式挡土墙如图5.45所示。墙高6m,墙背垂直光滑;墙后填土的表面水平并与墙齐高;挡土墙基础埋深1m。

(1) 当墙后填土重度 $\gamma=18\text{kN/m}^3$、内摩擦角 $\varphi=30°$、粘聚力 $c=0$、土对墙背的摩擦角 $\delta=0$、填土表面无均匀荷载时,试求该挡土墙的主动土压力 E_a。

(2) 除已知条件同(1)外,墙后尚有地下水,地下水位在墙底面以上2m处;地下水位以下的填土重度 $\gamma_1=20\text{kN/m}^3$,假定其内摩擦角仍为 $\varphi=30°$,且 $c=0$,$\delta=0$,并已知在地下水位处填土产生的主动土压力强度 $\sigma_{ai}=24\text{kPa}$ 时,试计算作用在墙背的总压力 E_a。

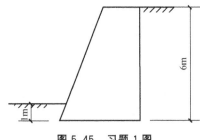

图 5.45 习题 1 图

(3) 当墙后填土的 $\gamma=18\text{kN/m}^3$, $\varphi\approx30°$, $c=0$, $\delta=0$, 无地下水, 但填土表面有均匀荷载 $q=20\text{kPa}$ 时, 试计算主动土压力 E_a。

(4) 假定墙后填土是粘性土, 其 $\gamma=17\text{kN/m}^3$, $\varphi=20°$, $c=10\text{kPa}$, $\delta=0$; 在填土表面有连续均布荷载 $q=20\text{kPa}$ 时, 试计算墙顶面处的主动土压力强度 σ_{a1}。

(5) 当填土为粘性土, 其 $\gamma=17\text{kN/m}^3$, $\varphi=25°$, $c=10\text{kPa}$, $\delta=0$; 在填土表面有连续均布荷载 $q=10\text{kPa}$ 时, 已知墙顶面处的主动土压力强度 $\sigma_{a1}=-8.68\text{kPa}$, 墙底面处的主动土压力强度 $\sigma_{a2}=32.73\text{kPa}$, 试计算主动土压力 E_a。

第 6 章 其他荷载与作用

教学目标

（1）了解各种特殊荷载与作用产生的条件和对结构的影响。
（2）熟知各种荷载与作用的取值和计算方法。

教学要求

知识要点	能力要求	相关知识
温度作用	（1）熟知温度作用概念 （2）了解产生温度作用的条件和对结构的影响	虚功原理
变形作用	了解产生变形作用的条件和对结构的影响	（1）沉降 （2）收缩 （3）徐变
爆炸作用	（1）了解爆炸的概念及其类型 （2）熟知爆炸对结构的影响及爆炸作用计算	（1）冲击波 （2）超压 （3）泄压 （4）压缩波
浮力作用	（1）了解浮力作用概念 （2）熟知浮力计算原则	土的物理特性
制动力及离心力	（1）了解制动力及离心力概念 （2）了解其计算方法	（1）吊车运行 （2）冲击及撞击
预应力	（1）了解预应力概念 （2）熟知预应力施加的方法及工艺	（1）先张法 （2）后张法

基本概念

徐变、冲击波、预应力

引例

结构除了受到前述章节所提到的常见荷载，在有些情况下，还会受到特殊荷载作用，如温度变化引起的结构变形和附加力，基础沉降以及混凝土收缩、徐变等引起的结构内力，爆炸、浮力、制动力、预应力等对结构产生的影响。

6.1 温度作用

6.1.1 温度作用的概念

当结构物所处环境的温度发生变化，且结构或构件的热变形受到边界条件约束或相邻部分的制约，不能自由胀缩时，就会在结构或构件内形成一定的应力，这个应力被称为温度应力，即温度作用，指因温度变化引起的结构变形和附加力。温度作用不仅取决于结构物环境的温度变化，它还与结构或构件受到的约束条件有关。

在土木工程中所遇到的许多因温度作用而引发的问题，从约束条件看大致可分为两类。

第一类，结构物的变形受到其他物体的阻碍或支承条件的制约，不能自由变形。现浇钢筋混凝土框架结构的基础梁嵌固在两柱基之间，基础梁的伸缩变形受到柱基约束，没有任何变形余地(图6.1)。排架结构支承于地基，当上部横梁因温度变化伸长时，横梁的变形使柱产生侧移，在柱中引起内力；柱子对横梁施加约束，在横梁中产生压力(图6.2)。

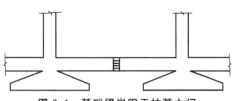

图 6.1 基础梁嵌固于柱基之间

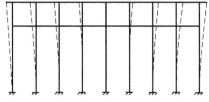

图 6.2 排架结构受到支承条件的约束

第二类，构件内部各单元体之间相互制约，不能自由变形。简支屋面梁在日照作用下屋面温度升高，而室内温度相对较低，简支梁沿梁高受到不均匀温差作用，产生翘曲变形，在梁中引起应力。大体积混凝土梁结硬时，水化热使得中心温度较高，两侧温度偏低，内外温差不均衡在截面引起应力，产生裂缝。

6.1.2 温度应力的计算

结构物受温度变化的影响应根据不同结构类型和约束条件进行分类而分别计算。一类是静定结构在温度变化时能够自由变形，结构物无约束应力产生，故无内力。但由于任何材料都具有热胀冷缩的性质，因此静定结构在满足其约束的条件下可自由地产生变形，这时应考虑结构的这种变形是否超过允许范围。此变形可由变形体系的虚功原理并按下式计算。

$$\Delta_{pt} = \sum \alpha t_0 \omega_{N-P} + \sum \alpha \Delta_t \omega_{M-P}/h \tag{6-1}$$

式中，Δ_{pt}——结构中任一点 P 沿任意方向 p-p 的变形；

α——材料的线膨胀系数(1/℃)，温度每升高或降低 1℃，单位长度构件的伸长或缩短量，几种主要材料线膨胀系数见表 6-1；

t_0——杆件轴线处的温度变化；

Δ_t——杆件上、下侧温差的绝对值；

h——杆件截面高度；

ω_{N-P}——杆件的 $\overline{N}_P$ 图的面积，$\overline{N}_P$ 图为虚拟状态下轴力大小沿杆件的分布图；

ω_{M-P}——杆件的 $\overline{M}_P$ 图的面积，$\overline{M}_P$ 图为虚拟状态下弯矩大小沿杆件的分布图。

表 6-1　常用材料线膨胀系数

结构种类	钢结构	混凝土结构	混凝土砌块	砖砌块
线膨胀系数/(1/℃)	1.2×10^{-5}	1.0×10^{-5}	0.9×10^{-5}	0.7×10^{-5}

对于超静定结构存在有多余约束或物体内部单元体相互制约的构件，温度改变引起的变形将受到限制，从而在结构内产生内力。这一温度作用效应的计算，可根据变形协调条件，按结构力学或弹性力学方法确定。

(1) 受均匀温差 T 作用的两端嵌固于支座的梁(图 6.3)。若求此梁温度应力，可将其一端解除约束，成为一静定悬臂梁。悬臂梁在温差 T 的作用下产生的 ΔL 的自由伸长量及相对变形值 ε 可由下式求得。

$$\Delta L = \alpha T L \tag{6-2}$$

$$\varepsilon = \frac{\Delta L}{L} = \alpha T \tag{6-3}$$

式中，T——温差(℃)；

L——梁跨度(m)。

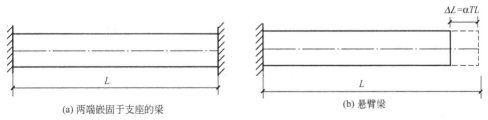

(a) 两端嵌固于支座的梁　　　　(b) 悬臂梁

图 6.3　两端嵌固的梁与自由变形梁示意图

如果悬臂梁右端受到嵌固不能自由伸长，梁内便产生约束力，约束力 N 的大小等于将自由变形梁压回原位所施加的力(拉为正，压为负)，即

$$N = -\frac{EA}{L} \Delta L \tag{6-4}$$

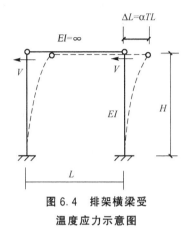

图 6.4 排架横梁受温度应力示意图

截面应力为

$$\sigma = -\frac{P}{A} = -\frac{EA}{LA} \cdot \alpha TL = \alpha TE \quad (6-5)$$

式中，E——材料弹性模量；
A——材料截面面积；
σ——杆件约束应力。

由式(6-5)可知，杆件约束应力只与温差、线膨胀系数和弹性模量有关，其数值等于温差引起的应变与弹性模量的乘积。

(2) 排架横梁受到均匀温差 T 作用，如图 6.4 所示。横梁受温度影响伸长 $\Delta L = \alpha TL$（若忽略横梁的弹性变形），此即柱顶产生的水平位移。K 为柱顶产生单位位移时所施加的力（柱的抗侧刚度），由结构力学可知

$$K = \frac{3EI}{H^3} \quad (6-6)$$

柱顶所受到的水平剪力为

$$V = \Delta L \cdot K = \alpha TL \cdot \frac{3EI}{H^3} \quad (6-7)$$

式中，I——柱截面惯性矩；
H——柱高；
L——横梁长（结构物长）。

由此可见，温度变化在柱中引起的约束内力与结构长度成正比。当结构物长度很长时，必然在结构中产生较大温度应力。为了降低温度应力，只能缩短结构物的长度，这就是过长的结构每隔一定距离必须设置伸缩缝的原因。

6.2 变形作用

所谓变形作用，实质上是结构物由于种种原因引起的变形受到多于约束的阻碍，而导致结构物产生内力。主要原因有：①由于外界因素造成结构基础的移动或不均匀沉降；②由于自身原因收缩或徐变使构件发生伸缩变形，两者均导致结构或构件产生内力。因而从广义上来说，这种变形作用也是荷载。

当静定结构体系发生符合其约束条件的位移时，不会产生内力；而当超静定结构体系的多余约束限制了结构自由变形时，基础的移动和不均匀沉降或当混凝土构件在空气中结硬产生收缩以及在不变荷载的长期作用下发生徐变时，由于构件与构件之间、钢筋与混凝土之间相互影响、相互制约，不能自由变形，都会引起结构内力。

超静定结构由于变形作用引起的内力和位移计算应遵循力学基本原理，可根据长期压密后的最终沉降量、收缩量、徐变量，由静力平衡条件和变形协调条件计算构件截面附加内力和附加变形。

6.3 爆炸作用

6.3.1 爆炸的概念及其类型

爆炸是物质系统在足够小的容积内，以极短的时间突然迅速释放大量能量的物理或化学过程。按照爆炸发生的机理和作用的性质，又可分为物理爆炸（锅炉爆炸）、化学爆炸（炸药爆炸和燃气爆炸）和核爆炸（核裂变——原子弹和核聚变——氢弹）等多种类型。因此爆炸作用是一种复杂的荷载。

核爆炸发生时，压力波在几毫秒内即可达到峰值，且压力峰值相当高，正压作用后还有一段负压段，如图 6.5(a)所示。化学爆炸和燃气爆炸压力升高相对依次较慢［图 6.5(b)、(c)］，峰值压力亦较核爆炸低较多，但化学爆炸正压作用时间短，从几毫秒到几十毫秒，负压段更短，而燃气爆炸是一个缓慢衰减的过程，正压作用时间较长，负压段很小，甚至测不出负压段。

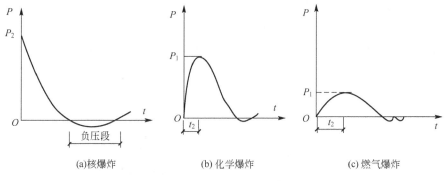

(a) 核爆炸 (b) 化学爆炸 (c) 燃气爆炸

图 6.5 压力-时间曲线

由于爆炸是在极短的时间内压力达到峰值，使周围气体迅猛地被挤压和推进，从而产生过高的运动速度，形成波的高速推进，这种使气体压缩而产生的压力称为冲击波。它会在瞬间压缩周围空气而产生超压，超压是指爆炸压力超过正常大气压，核爆、化爆和燃爆都产生不同幅度的超压。冲击波的前锋犹如一道运动着的高压气体墙面，称为波阵面，超压向发生超压空间内的各表面施加挤压力，作用效应相当于静压。冲击波所到之处，除产生超压外，还带动波阵，而后空气质点高速运动引起动压，动压与物体形状和受力面方位有关，类似于风压。燃气爆炸的效应以超压为主，动压很小，可以忽略，所以燃气爆炸波属压力波。

6.3.2 爆炸对结构的影响及荷载计算

爆炸对结构产生破坏作用，其破坏程度与爆炸的性质和爆炸物质的数量有关。爆炸物质数量越大,积聚和释放的能量越多,破坏作用也越剧烈。爆炸发生的环境或位置不同,其破坏作用也不同,在封闭的房间、密闭的管道内发生的爆炸其破坏作用比在结构外部发生的爆炸要严重得多。当冲击波作用在建筑物上时,会引起压力、密度、温度和质点迅速变化,而其变化是结构物几何形状、大小和所处方位的函数。

(1) 当爆炸发生在一密闭结构中时,在直接遭受冲击波的维护结构上受到骤然增大的反射超压,并产生高压区,这时的反射超压峰值为

$$K_f = \frac{\Delta P_f}{\Delta P} = 2 + \frac{6\Delta P}{\Delta P + 7} \tag{6-8}$$

式中,ΔP_f——最大的反射超压(kPa);

ΔP——入射波波阵面上的最大超压(kPa);

K_f——反射系数,取值为 2~8。

如果燃气爆炸发生在生产车间、居民厨房等室内环境下,一旦发生爆炸,常常是窗玻璃被压碎,屋盖被气浪掀起,导致室内压力下降,反而起到了泄压保护的作用。

Dragosavic 在体积为 20m³ 的实验房屋内测得了包含泄爆影响的压力时间曲线,经过整理绘出了室内理想化的理论燃气爆炸的升压曲线模型(图 6.6)。图中 A 点是泄爆点,压力从 O 开始上升到 A 点出现泄爆(窗玻璃压碎),泄瀑后压力稍有上升随即下降,下降过程中有时出现短暂的负超压,经过一段时间,由于波阵面后的湍流及波的反射出现高频振荡。图中 P_v 为泄爆压力,P_1 为第一次压力峰值,P_2 为第二次压力峰值,P_w 为高频振荡峰值。该试验是在空旷房屋中进行的,如果室内有家具或其他器物等障碍物,则振荡会大大减弱。

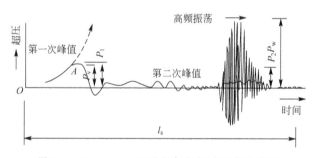

图 6.6 Dragosavic 理论燃气爆炸升压曲线模型

对易爆建筑物在设计时需要有一个压力峰值的估算,作为确定窗户面积、屋盖轻重等的依据,使得易爆场所一旦发生燃爆能及时泄爆减压。Dragosavic 给出了最大爆炸压力计算公式,即

$$\Delta P = 3 + 0.5P_v + 0.04\varphi^2 \tag{6-9}$$

式中,ΔP——最大爆炸压力(kPa);

φ——泄压系数,房间体积与泄压面积之比;

P_v——泄压时的压力(kPa)。

式(6-9)不适用于大体积空间中爆炸压力估算和泄压计算。

(2) 爆炸冲击波绕过结构物对结构产生动压作用。由于结构物形状不同,维护结构面

相对气流流动方向的位置也不同。可用试验确定的表面阻力系数 C_d（对矩形结构物取 1.0）表示，这样动压作用引起的维护结构面压力等于 $C_d \cdot q(t)$，因此维护结构迎波面压力从 ΔP_f 衰减到 $\Delta P(t)+C_d \cdot q(t)$，其单位面积平均压力 $\Delta P_1(t)$（kPa）为

$$\Delta P_1(t)=\Delta P(t)+C_d \cdot q(t) \tag{6-10}$$

式中，$q(t)$——冲击波产生的动压（kPa）。

注意维护结构的顶盖、迎波面及背波面上的每一点，压力自始至终为冲击波超压与动压作用之和。不同之处在于由于涡流等原因，产生作用力的方向不同，压力 C_d 取正，吸力 C_d 取负，且作用时间不同。

在冲击波超压和动压共同作用下，结构物受到巨大的挤压作用，加之前后压力差的作用，使得整个结构物受到超大水平推力，导致结构物平移和倾斜。而对于烟囱、桅杆、塔楼及桁架等细长形结构物，由于它们的横向线性尺寸很小，则所受合力就只有动压作用，因此结构物容易遭到抛掷和弯折。

（3）地面爆炸冲击波对地下结构物的作用与对上部结构的作用有很大不同。主要影响因素有：①地面上空气冲击波压力参数引起岩土压缩波向下传播并衰减；②压缩波在自由场中传播时参数变化；③压缩波作用于结构物的反射压力取决于波与结构物的相互作用。根据《人民防空地下室设计规范》（GB 50038—2005），综合考虑各种因素，采用简化的综合反射系数法的半经验实用计算方法。采用将地面冲击波超压计算的结构物各自的动载峰值，根据结构的自振频率以及动载的升压时间查阅有关图表得到荷载系数，最后再换算成作用在结构物上的等效静载。

压缩波峰值压力 P_h 为

$$P_h = \Delta P_d e^{-\alpha h} \tag{6-11}$$

结构顶盖动载峰值 P_d 为

$$P_d = K'_f P_h \tag{6-12}$$

结构侧维护动载峰值 P_c 为

$$P_c = \xi \cdot P_h \tag{6-13}$$

底板动载峰值 P_b 为

$$P_b = \eta \cdot P_h \tag{6-14}$$

式中，ΔP_k——地面上空气冲击波超压（kPa）；

　　　h——地下结构物距地表深度（m）；

　　　α——衰减系数，对非饱和土，主要由颗粒骨架承受外加荷载，因此传播时衰减相对大，而对饱和土，主要靠水分来传递外加荷载，因此传播时衰减很小，一般为 0.03~0.1（适合于核爆炸，对一般燃气爆炸或化学爆炸衰减的速率要大得多）；

　　　P_h——顶盖深度处自由场压缩波压力峰值（kPa）；

　　　K'_f——综合反射系数，与结构埋深、外包尺寸及形状等复杂因素有关，一般对饱和土中结构取 1.8。

ξ——压缩波作用下的侧压系数,按表 6-2 取值;

η——底压系数,对饱和土和非饱和土中结构分别取 0.8~1.0 和 0.5~0.75。

表 6-2 侧压系数 ξ

岩土介质类别		侧压系数 ξ
碎石土		0.15~0.25
砂土	地下水位以上	0.25~0.35
	地下水位以下	0.70~0.90
粉土		0.33~0.43
粘土	坚硬、硬塑	0.20~0.40
	可塑	0.40~0.70
	软、流塑	0.70~1.0

6.4 浮力作用

如果结构物或基础的底面置于地下水位以下,这时底面受到的浮力如何计算至今仍是一个值得研究的问题。一般讲,地下水或地表水能否通过土的孔隙、联通或溶入到结构物或基础底面是产生水的浮力的必要条件,为此,浮力的计算主要取决于土的物理特性。

当地下水能够通过土的孔隙溶入结构物或基础的底面,且土的固体颗粒与结构基底之间的接触面很小,可以把它们作为点的接触时,才可以认为土中结构物或基础处于完全浮力状态(如对粉土或砂性土等)。若固体土颗粒与结构物或基础底面之间的接触面较大,而且各个固体颗粒的连贯是由胶结连接而形成(如对密实的粘性土)的,地下水不能充分渗透到土和结构物或基础底面之间,则土中结构物或基础不会处于完全的浮力作用状态。

浮力作用可根据地基土的透水程度,按照结构物丧失的重量等于它所排开的水重这一浮力原则计算。

从安全角度出发,结构物或基础受到的浮力可按如下方面考虑。

(1) 如果结构物置于透水性饱和的地基上,可认为结构物处于完全浮力状态。

(2) 如果结构物置于不透水性的地基上,且结构物或基础底面与地基接触良好,可不考虑水的浮力。

(3) 如果结构物置于透水性较差的地基上,可按 50% 计算浮力。

(4) 如果不能确定地基是否透水,应从透水和不透水两种情况与其他荷载组合,取其最不利者;对于粘性土地基,浮力与土的物理特性有关,应结合实际情况确定。

(5) 对有桩基的结构物,作用在桩基承台底部的浮力应考虑全部面积,但桩嵌入不透水持力层者,计算承台底部浮力时应扣除桩的截面积。

注意两点:①在确定地基承载力设计值时,无论是结构物或基础底面以下的天然重度还是底面以上土的加权平均重度,地下水位以下一律取有效重度;②设计时应考虑到地下水位并不是一成不变的而是随季节会产生涨落。

6.5 制 动 力

6.5.1 汽车制动力

汽车制动力是汽车在桥上刹车时为克服汽车的惯性力在车轮与路面之间产生的滑动摩擦力。《公路桥涵设计通用规范》(JTG D60—2004)把经常、大量出现的汽车荷载排列成车队形式,作为设计荷载。但事实上,在桥上成列车队同时刹车的概率极小,制动力的取值仅为摩擦系数乘以桥上成队车辆重力的一个部分。《公路桥涵设计通用规范》规定:当桥涵为一或二车道时,制动力按布置在荷载长度内的一行汽车车队总重量的10%计算,但不得小于一辆车重的30%;对于四车道的桥梁,制动力取上述规定数值的2倍。履带车和平板挂车不计制动力。

城市桥梁以两条及两条以上加载车道为标准,当设计一个车道时,取城-A级汽车制动力160kN或10%车道荷载与城-B级汽车制动力90kN或10%车道荷载二者的较大值。

制动力的方向为车行驶方向,其作用点在车辆的竖向重心线与桥面以上1.2m高处水平线的交点。在计算墩台时,可移至支座中心处(铰或滚轴中心)或滑动、橡胶、摆动支座的底板面上,在计算刚架桥、拱桥时,可移至桥面上,但不计由此而产生的力矩。

6.5.2 吊车制动力

在工业厂房中常设有吊车,吊车在运行中的刹车会产生制动力。因此在设计有吊车厂房结构时,一般需考虑吊车运行时大车和小车的刹车产生的纵向和横向水平制动力。

吊车纵向水平制动力(图6.7)是由吊车桥架沿厂房纵向运行时制动引起的惯性力产生的,其大小受制动轮与轨道间的摩擦力的影响,当制动惯性力大于制动轮与轨道间的摩擦力时,吊车轮将在轨道上滑动。经实测,吊车轮与钢轨间的摩擦系数一般小于0.1,所以吊车纵向水平荷载可按一边轨道上所有刹车轮的最大轮压之和的10%采用。制动的作用点位于刹车轮与轨道的接触点,方向与车的行驶方向一致。

吊车横向水平制动力(图6.8)是吊车小车及起吊物沿桥架在厂房横向运行时制动所引起的惯性力。该惯性力与吊钩种类和起吊物重量有关,一般硬钩吊车比软钩吊车的制动加速度大。另外,起吊物越重,一般运行速度越慢,制动产生的加速度则较小。故《建筑结构荷载规范》(GB 50009—2001)(2006年版)规定,吊车横向水平荷载按下式计算。

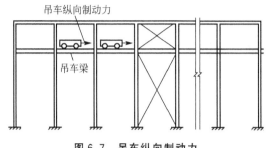

图 6.7 吊车纵向制动力　　　　图 6.8 吊车横向制动力

$$T=\alpha(G+W) \tag{6-15}$$

式中，G——小车重量；

W——吊车额定起重量；

α——制动系数。对于硬钩吊车取 0.2；对于软钩吊车，当额定起重量不大于 10t 时，取 0.12，当额定起重量为 10～50t 时，取 0.1，当额定起重量不小于 75t 时，取 0.08。

横向水平荷载应等分于桥架的两端，分别由车轮平均传至轨道，其方向与轨道垂直，并考虑正反两个方向的刹车情况。

《建筑结构荷载规范》(GB 50009—2001)(2006 年版)规定：①悬挂吊车的水平荷载应由支承系统承受，可不计算；②手动吊车及电动葫芦可不考虑水平荷载。

计算排架考虑多台吊车水平荷载时，由于同时启动和制动的机会很小，对单跨或多跨的每个排架，参与组合的吊车台数不应多于两台。多台吊车的荷载折减系数见表 2-7。

吊车荷载的组合值、频遇值及准永久值系数见表 2-8。

6.5.3 汽车竖向冲击力

车辆在桥面上高速度行驶时，由于桥面不平整或车轮不圆或发动机抖动等多种原因，都会引起车体上下振动，使得桥跨结构受到影响。车辆在动载作用下产生的应力和变形要大于在静载作用下产生的应力和变形，这种由于动力作用而使桥梁发生振动造成内力和变形增大的现象称为冲击作用。目前对冲击作用尚不能从理论上作出符合实际的详细计算，一般可根据试验和实测结果或近似地将汽车荷载乘以冲击系数 μ 来计及车辆的冲击作用，即采用静力学的方法考虑荷载增大系数来反映动力作用。

冲击影响与结构刚度有关，一般来说，跨径越大，结构越柔，对动力荷载的缓冲作用好，冲击力影响越小。因此，冲击力是随跨径的增大而减小的，可近似认为冲击系数 μ 与计算跨径 l 成反比。

冲击系数是根据在已建成的实桥上所做的振动试验的结果分析整理而确定的，设计中可按不同结构种类和跨度大小选用相应的冲击系数。《公路桥涵设计通用规范》给出了钢筋混凝土、混凝土和砖石砌桥涵的冲击系数(表 6-3)和钢桥的冲击系数(表 6-4)。当跨径 l 在表中所列数值之间时，冲击系数按直线内插法求得。

表 6-3 钢筋混凝土和混凝土以及砖石砌桥涵的冲击系数

结构种类	跨径或荷载长度/m	冲击系数 μ
梁、刚构、拱上构造、桩式或柱式墩台、涵洞盖板	$l \leqslant 5$ $l \geqslant 45$	0.30 0
拱桥的主拱圈或拱肋	$l \leqslant 20$ $l \geqslant 70$	0.20 0

表 6-4 钢桥的冲击系数

结构种类	冲击系数 μ
主桁(梁、拱)、联合梁桥面梁、钢墩台等	$\dfrac{15}{37.5+l}$
吊桥的主桁、主索或主链、塔架	$\dfrac{50}{70+l}$

《城市桥梁设计荷载标准》(CJJ 77—1998)按车道荷载和车辆荷载分别给出城市桥梁汽车荷载冲击系数 μ。

(1) 车道荷载的冲击系数。

$$\mu = \frac{20}{80+l} \tag{6-16}$$

式中，l——桥梁跨径(m)。

当 $l=20\text{m}$ 时，$\mu=0.20$；当 $l=150\text{m}$ 时，$\mu=0.10$。

(2) 车辆荷载的冲击系数。

$$\mu = 0.6686 - 0.3032\log l < 0.4 \tag{6-17}$$

由于结构物上的填料能起到缓冲和减振作用，冲击影响能被填料吸收一部分，故对于拱桥、涵洞以及重力式墩台，当填料厚度(包括路面厚度)等于或大于 0.5m 时，可不计冲击力。

6.5.4 汽车水平撞击力

桥梁防撞栏杆的设计应考虑汽车对栏杆的撞击力，撞击力与车重、车速、碰撞角度等因素有关。对此各国规范的规定不尽相同。《城市桥梁设计荷载标准》规定：防撞栏杆应采用 80kN 横向集中力进行检算，作用点应在防撞栏杆板的中心。

6.6 离 心 力

位于曲线上的桥梁，当曲线半径等于或小于 250m 时，汽车应考虑离心力的作用。离心力的大小与曲线半径成反比，离心力的取值可通过车辆荷载乘以离心力系数 C 得到，离心力系数 C 可由力学方法导出。

离心力为

$$F = m \cdot \frac{v^2}{R} = \frac{W}{g} \cdot \frac{v^2}{R} \tag{6-18}$$

令

$$C = \frac{v^2}{gR} \tag{6-19}$$

式中，v——行车速度(m/s)，应按桥梁所在路线等级的规定采用；

R——弯道平曲线半径(m)；

g——重力加速度，取 9.81m/s^2；

W——车辆总重力(kN)。

如果将行车速度 v 的单位以 km/h 表示，并将 $g = 9.81\text{m/s}^2$ 代入式(6-19)，可得

$$C = \frac{v^2}{9.81 \times 3.6^2 \times R} = \frac{v^2}{127R} \tag{6-20}$$

离心力应作用在汽车的重心上，一般离桥面1.2m，为了计算简便，也可移到桥面上，但不计由此而引起的力矩。离心力对墩台的影响多按均布荷载考虑，即把离心力均匀分布在桥跨上，由两墩台平均分担。

6.7 预应力

6.7.1 预应力的概念

预应力混凝土结构是由配置受力的预应力钢筋通过张拉或其他方法建立预应力的混凝土制成的结构。它从本质上改善了钢筋混凝土结构的受力性能，具有技术革命的意义。

图 6.9 所示是一简支梁在外荷载作用前后截面的应力变化。发现外荷载作用减小了梁截面下边缘的拉应力，有时甚至使之变成压应力，这种在构件受荷前预先对混凝土受拉区施加压应力的结构称为预应力混凝土结构。由此可见，预应力混凝土与普通混凝土相比，具有以下特点。

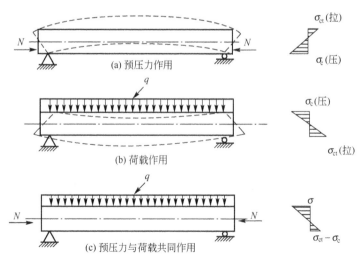

图 6.9 预应力梁的受力情况

(1) 构件的抗裂度和刚度提高。由于钢筋混凝土中预应力的作用,当构件在使用阶段外荷载作用下产生拉应力时,首先要抵消预压应力。这就推迟了混凝土裂缝的出现,并限制了裂缝的发展,从而提高了混凝土构件的抗裂度和刚度。

(2) 构件的耐久性增加。预应力混凝土能避免或延缓构件出现裂缝,而且能限制裂缝的扩大,构件内的预应力筋不容易锈蚀,延长了使用期限。

(3) 自重减轻。由于采用高强度材料,构件截面尺寸相应减小,自重减轻。

(4) 节省材料。预应力混凝土可以发挥钢材的强度,钢材和混凝土的用量均可减少。

(5) 预应力混凝土施工,需要专门的材料和设备、特殊的工艺,造价较高。

由此可见,预应力混凝土构件从本质上改善了钢筋混凝土结构的受力性能,因而具有技术革命的意义。

6.7.2 预应力混凝土的分类

预应力混凝土按预加应力的方法可分为先张法预应力混凝土和后张法预应力混凝土;按预加应力的程度可分为全预应力混凝土和部分预应力混凝土;按预应力钢筋与混凝土的粘结状况可分为有粘结预应力混凝土和无粘结预应力混凝土;按预应力筋的位置可分为体内预应力混凝土和体外预应力混凝土。

1. 先张法预应力混凝土和后张法预应力混凝土

钢筋混凝土构件中配有纵向受力钢筋,通过张拉这些纵向受力钢筋并使其产生回缩,对构件施加预应力。根据张拉预应力钢筋和浇捣混凝土的先后顺序,将建立预应力的方法分为先张法和后张法。

1) 先张法预应力混凝土

先张法的主要工艺如图 6.10 所示,采用先张法时,预应力的建立主要依靠钢筋与混凝土之间的粘结力。该方法适用于以钢丝或 $d<16\mathrm{mm}$ 钢筋配筋的中、小型构件,如预应力混凝土空心板等。

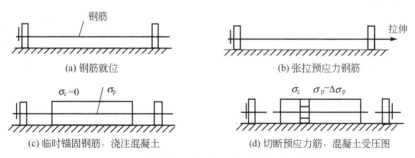

图 6.10 先张法预应力混凝土构件施工工艺

2) 后张法预应力混凝土

后张法的主要工艺如图 6.11 所示。采用后张法时,预应力的建立主要依靠构件两端的锚固装置。该方法适用于钢筋或钢铰线配筋的大型预应力构件,如屋架、吊车梁、屋面梁。后张法施加预应力方法的缺点是工序多,预留孔道占截面面积大,施工复杂,压力灌浆费时,造价高。

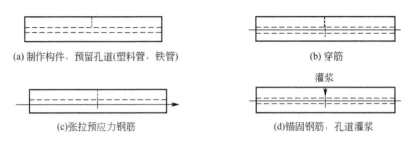

图 6.11 后张法预应力混凝土构件施工工艺

2. 全预应力混凝土和部分预应力混凝土

1) 全预应力混凝土

全预应力混凝土指预应力混凝土结构在最不利荷载效应组合作用下，混凝土中不允许出现拉应力。《混凝土结构设计规范》（GB 50010—2010）中裂缝控制等级为一级，即严格要求不出现裂缝的构件。

全预应力混凝土具有抗裂性好和刚度大等优点，但也存在以下缺点。

(1) 抗裂要求高。预应力钢筋的配筋量取决于抗裂要求，而不是取决于承载力的需要，导致预应力钢筋配筋量增大。

(2) 反拱值往往过大。由于截面预加应力值高，尤其对永久荷载小、可变荷载大的情况，会使构件的反拱值过大，导致混凝土在垂直于张拉方向产生裂缝，并且由于混凝土的徐变会使反拱值随时间的增长而发展，影响上部结构构件的正常使用。

(3) 张拉应力高。对锚具和张拉设备要求高，锚具下混凝土受到较大的局部压力，需配置较多的钢筋网片或螺旋筋以加强混凝土的局部承压力。

(4) 延性较差。由于全预应力混凝土构件的开裂荷载与破坏荷载较为接近，致使构件破坏时的变形能力较差，对结构抗震不利。

(5) 由于高压应力的作用，随时间的增长，徐变和反拱加大。

2) 限值预应力混凝土

限值预应力混凝土也属部分预应力混凝土。使用荷载作用下根据荷载效应组合情况，不同程度地保证混凝土不开裂的构件，则称为限值预应力混凝土，大致相当于《混凝土结构设计规范》（GB 50010—2010）中裂缝控制等级为二级，即一般要求不出现裂缝的构件。

3) 部分预应力混凝土

部分预应力混凝土系指预应力混凝土结构在最不利荷载效应组合作用下，容许混凝土受拉区出现拉应力或裂缝。其中，在最不利荷载效应组合作用下，受拉区出现拉应力但不出现裂缝的预应力混凝土结构称为有限预应力混凝土。大致相当于《混凝土结构设计规范》（GB 50010—2010）中裂缝控制等级为 3 级，即允许出现裂缝的构件。

部分预应力混凝土的特点如下。

(1) 可合理控制裂缝与变形，节约钢材。因可根据结构构件的不同使用要求、可变荷载的作用情况及环境条件等对裂缝和变形进行合理的控制，降低了预应力，从而减少了锚具的用量，适量降低了费用。

(2) 可控制反拱值不致过大。由于预加应力值相对较小，构件的初始反拱值小，徐变变形亦减小。

(3) 延性较好。在部分预应力混凝土构件中，通常配置非预应力钢筋，因而其正截面受弯的延性较好，有利于结构抗震，并可改善裂缝分布，减小裂缝宽度。

(4) 与全预应力混凝土相比，可简化张拉、锚固等工艺，获得较好的综合经济效果。

(5) 计算较为复杂。部分预应力混凝土构件需按开裂截面分析，计算较繁冗，在部分预应力混凝土多层框架的内力分析中，除需计算由荷载及预应力作用引起的内力外，还需考虑框架在预加应力作用下的轴向压缩变形引起的内力。此外，在超静定结构中还需考虑预应力次弯矩和次剪力的影响，并需计算配置非预应力筋。

越来越多的研究成果和工程实践表明，采用部分预应力混凝土结构是合理的。可以认为，部分预应力混凝土结构的出现是预应力混凝土结构设计和应用的一个重要发展。

3. 有粘结预应力混凝土和无粘结预应力混凝土

有粘结预应力混凝土系指预应力钢筋与其周围的混凝土有可靠的粘结强度，使得在荷载作用下预应力钢筋与其周围的混凝土有共同的变形。先张法预应力混凝土及后张灌浆的预应力混凝土都是有粘结预应力混凝土。

无粘结预应力混凝土系指预应力钢筋与其周围的混凝土没有任何粘结强度，在荷载作用下预应力钢筋与其周围的混凝土各自变形。这种预应力混凝土采用的预应力筋全长涂有特制的防锈油脂，并套有防老化的塑料管保护。

无粘结预应力技术克服了一般后张法预应力构件施工工艺的缺点。因为后张法预应力混凝土构件需要有预留孔道、穿筋、灌浆等施工工序，而预留孔道（尤其是曲线形孔道）和灌浆都比较麻烦，灰浆漏灌还易造成事故隐患。因此，若将预应力钢筋外表涂以防腐油脂并用油纸包裹，外套塑料管，它就可以像普通钢筋一样直接按设计位置放入钢筋骨架内，并浇灌混凝土，这种钢筋就是无粘结预应力钢筋。当混凝土达到规定的强度（如不低于混凝土设计强度等级的75%），即可对无粘结预应力钢筋进行张拉，建立预应力。

无粘结预应力钢筋外涂油脂的作用是减少摩擦力，并能防腐，故要求它具有良好的化学稳定性，温度高时不流淌，温度低时不硬脆。无粘结预应力钢筋一般采用工业化生产。

由于无粘结预应力混凝土技术综合了先张法和后张法施工工艺的优点，因而具有广阔的发展前景。

4. 体内预应力混凝土和体外预应力混凝土

体内预应力混凝土系指预应力筋布置在混凝土构件体内，并且混凝土件中的预加力通过张拉结构中的高强钢筋，使构件产生预压应力的预应力混凝土。先张法预应力混凝土和后张法预应力混凝土等均属此类。

体外预应力混凝土系指预应力筋布置在混凝土构件体外，并且结构构件中的预加力来自结构之外的预应力混凝土（图6.12）。如利用桥梁的有利地形和地质件，采用千斤顶对梁施加压力作用；在连续梁中利用千斤顶在支座施加反力，使内力作有利分布。混凝土斜拉桥与悬索桥属此类特例。

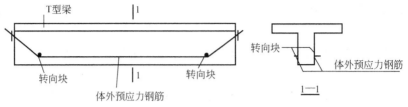

图 6.12 体外预应力混凝土结构

本 章 小 结

当结构物所处环境的温度发生变化,且结构或构件的热变形受到边界条件约束或相邻部分的制约,不能自由胀缩时,就会在结构或构件内形成一定的温度应力即温度作用。温度作用不仅取决于结构物环境的温度变化,它还与结构或构件受到的约束条件有关。

结构物由于种种原因引起的变形受到多于约束的阻碍,而导致结构物产生变形作用。

爆炸是物质系统在足够小的容积内,以极短的时间突然迅速释放大量能量的物理或化学过程。爆炸作用是一种复杂的荷载。爆炸对结构产生破坏作用,其破坏程度与爆炸的性质和爆炸物质的数量有关。

如果结构物或基础的底面置于地下水位以下,这时底面受到浮力,浮力的计算主要取决于土的物理特性。浮力作用可根据地基土的透水程度,按照结构物丧失的重量等于它所排开的水重这一浮力原则计算。

预先施加压应力的措施,从本质上改善了结构材料的受力性能。

思 考 题

1. 简述温度应力产生的原因及条件。
2. 举例说明地基不均匀沉降对结构的影响。
3. 简述混凝土收缩的原因。
4. 《混凝土结构设计规范》(GB 50010—2010)为什么对变形缝的最大间距提出了要求?
5. 土的冻胀力对结构物产生什么影响?
6. 爆炸有哪些种类?各以什么方式释放能量?
7. 采取何种措施能减轻燃爆对建筑物的破坏?
8. 桥梁设计应如何考虑汽车冲击力?
9. 试述厂房吊车纵向和横向水平制动力的作用方式。
10. 为什么要在结构或构件中建立预加力?

习 题

1. 已知刚架如图6.13所示，梁下侧和柱右侧温度升高10℃，梁上侧和柱左侧温度无改变。杆件截面为矩形，截面高度 $h=600\text{mm}$，$\alpha=1.0\times10^{-5}$。试求刚架C点的竖向位移 Δc。

2. 图6.14为超静定体系，支座B发生了水平位移 a 和下沉 b，求刚架的弯矩图。

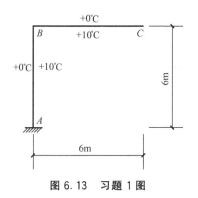

图6.13 习题1图

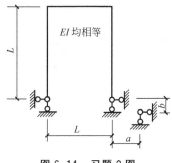

图6.14 习题2图

第 7 章 荷载的统计分析

教学目标

(1) 了解荷载的概率分析模型。
(2) 了解荷载效应组合规则。
(3) 熟知各种荷载代表值的取值和计算方法。

教学要求

知识要点	能力要求	相关知识
荷载的概率模型	(1) 了解平稳二项随机过程模型 (2) 了解荷载统计参数分析	(1) 随机过程 (2) 样本函数 (3) 正态分布 (4) 极值Ⅰ分布
荷载效应组合规则	(1) 了解 Turkstras 组合规则 (2) 了解 JCSS 组合规则	(1) 荷载效应 (2) 概率
常遇荷载的统计分析	熟知各种荷载统计分析过程及参数	(1) 设计基准期 (2) 标准差 (3) 平均值
荷载的代表值	(1) 熟知荷载的代表值概念 (2) 掌握荷载的代表值取值	(1) 均值 (2) 众值 (3) 中值 (4) 分位值

基本概念

荷载效应、荷载代表值、频遇值、准永久值

施加在结构上的荷载,不但具有随机性,而且还与时间参数有关,在数学上采用随机过程概率模型来描述。对结构设计和可靠度分析来说,最有意义的是确定设计基准期内的荷载最大值。

7.1 荷载的概率模型

7.1.1 平稳二项随机过程模型

结构上的荷载可分为 3 类:永久荷载、可变荷载和偶然荷载。

永久荷载指在结构使用期间,其值不随时间变化,或其变化与平均值相比可以忽略不计,或其变化是单调的并能趋于限值的荷载,如结构自重、土压力、预应力等。可变荷载指在结构使用期间,其值随时间变化,且其变化与平均值相比不可以忽略不计的荷载,如楼面活荷载、屋面活荷载和积灰荷载、吊车荷载、风荷载、雪荷载等。偶然荷载指在结构使用期间不一定出现,一旦出现,其值很大且持续时间很短的荷载,如爆炸力、撞击力等。

施加在结构上的荷载,不仅具有随机性,一般还与时间有关,在数学上可采用随机过程概率模型来描述。在一个确定的设计基准期 T 内,对荷载随机过程作一次连续观测(如对某地的风压连续观测 50 年),所获得依赖于观测时间的数据称为随机过程的一个样本函数。每个随机过程都是由大量的样本函数构成的。

荷载随机过程的样本函数十分复杂,它随荷载的种类不同而异。目前对各类荷载过程的样本函数及其性质了解甚少。在结构设计和可靠度分析中,主要讨论的是结构设计基准期 T 内的荷载最大值 Q_T。不同的 T 时间内,统计得到的 Q_T 值很可能不同,即 Q_T 为随机变量。为便于对 Q_T 的统计分析,通常将楼面活荷载、风荷载、雪荷载等处理成平稳二项随机过程 $\{Q(t), t \in T\}$,其基本假定如下。

(1) 荷载一次持续施加于结构上的时段长度为 τ,而在设计基准期 T 内可分为 r 个相等的时期,即 $r = T/\tau$。

(2) 在每一时段上荷载出现的概率为 p,不出现的概率为 $q = 1 - p$。

(3) 在每一时段上,当荷载出现时,其幅值是非负随机变量,且在不同时段上其概率分布函数 $F_i(X) = P[Q(t) \leqslant x, t \in \tau]$ 相同,这种概率分布称为任意时点荷载概率分布。

(4) 不同时段上的幅值随机变量是相互独立的,且与在时段上荷载是否出现也相互独立。

以上假定实际上是将荷载随机过程的样本函数模型化为等时段的矩形波函数(图 7.1)。

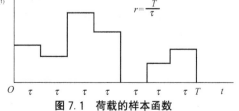

图 7.1 荷载的样本函数

根据上述假定，可导出荷载在设计基准期 T 内最大值 Q_T 的概率分布 $F_T(x)$。

由假设(2)和(3)，任一时段 τ 内的概率分布 $F_\tau(x)$ 为

$$\begin{aligned}F_\tau(x)&=P[Q(\tau)\leqslant x, t\in\tau]\\&=P[Q(t)\neq 0]\cdot P[Q(t)\leqslant x, t\in\tau|Q(t)\neq 0]\\&\quad+P[Q(t)=0]\cdot P[Q(t)\leqslant x, t\in\tau|Q(t)=0]\\&=p\cdot F_i(x)+q\cdot 1=p\cdot F_i(x)+(1-p)=1-p\cdot[1-F_i(x)]\end{aligned} \quad (7-1)$$

由假设(1)和(4)，可得设计基准期 T 内最大值 Q_T 的概率分布 $F_T(x)$ 为

$$F_T(x)=P[Q_T\leqslant x]=P\left[\max_{0\leqslant t\leqslant T}Q(t)\leqslant x\right]=\prod_{j=1}^r P[Q(t)\leqslant x, \tau\in\tau_j]$$

$$=\prod_{j=1}^r\{1-p[1-F_i(x)]\}=\{1-p[1-F_i(x)]\}^r \quad (7-2)$$

设荷载在 T 年内出现的平均次数为 N，则

$$N=pr \quad (7-3)$$

显然，(1) 当 $p=1$ 时，$N=r$，由式(7-2)得

$$F_T(x)=[F_i(x)]^N \quad (7-4)$$

(2) 当 $p<1$ 时，利用近似关系式得：$e^{-x}\approx 1-x$（x 为小数）。

如果式(7-2)中 $p[1-F_i(x)]$ 项充分小，则

$$F_T(x)\approx\{e^{-p[1-F_i(x)]}\}^r=\{e^{-p[1-F_i(x)]}\}^{pr}\approx\{1-[1-F_i(x)]\}^{pr}$$

由此

$$F_T(x)\approx[F_i(x)]^N \quad (7-5)$$

由上述可知，荷载统计时需确定 3 个统计参数：①荷载在 T 内变动次数 r 或变动一次的时间 τ；②在每个时段 τ 内荷载 Q 出现的频率 p；③荷载任意时点概率分布 $F_i(x)$。采用平稳二项随机过程模型确定设计基准期 T 内的荷载最大值的概率分布 $F_T(x)$。对于几种常遇的荷载，参数可以通过调查测定或经验判断得到。

7.1.2 荷载统计参数分析

按照上述平稳二项随机过程模型，可以直接由任意时点荷载概率分布 $F_i(x)$ 的统计参数推求设计基准期 T 内荷载概率分布 $F_T(x)$ 的统计参数。

1. $F_i(x)$ 为正态分布

$$F_i(x)=\int_{-\infty}^x\frac{1}{\sqrt{2\pi}\sigma_i}\exp\left[-\frac{(y-\mu_i)^2}{2\sigma_i^2}\right]dy \quad (7-6)$$

式中，μ_i，σ_i——任意时点荷载的均值和方差。

若已知设计基准期 T 内荷载的平均变动次数为 N，由式(7-4)或式(7-5)可以证明 $F_T(x)$ 也近似服从正态分布，即

$$F_i(x)=\int_{-\infty}^x\frac{1}{\sqrt{2\pi}\sigma_T}\exp\left[-\frac{(y-\mu_T)^2}{2\sigma_T^2}\right]dy \quad (7-7)$$

其统计参数的均值 μ_i 和方差 σ_i 可按下列公式近似计算。

$$\mu_T \approx \mu_i + 3.5\left(1 - \frac{1}{\sqrt[4]{N}}\right)\sigma_i \qquad (7-8a)$$

$$\sigma_T \approx \frac{\sigma_i}{\sqrt[4]{N}} \qquad (7-8b)$$

2. $F_i(x)$ 为极值 I 分布

$$F_i(x) = \exp\left\{-\exp\left[-\frac{x-u_i}{\alpha_i}\right]\right\} \qquad (7-9)$$

其中，α_i 和 u_i 为常数。其与均值 μ_i 和方差 σ_i 的关系为

$$\sigma_i = 1.2826\alpha_i \qquad (7-10a)$$

$$\mu_i = u_i + 0.5772\alpha_i \qquad (7-10b)$$

由式(7-4)或式(7-5)，得

$$\begin{aligned}F_T(x) &= [F_i(x)]^N = \exp\left\{-N\exp\left[-\frac{x-u_i}{\alpha_i}\right]\right\}\\ &= \exp\left\{-\exp(\ln N)\exp\left[-\frac{x-u_i}{\alpha_i}\right]\right\}\\ &= \exp\left\{-\exp\left[-\frac{x-u_i-\alpha_i\ln N}{\alpha_i}\right]\right\} \end{aligned} \qquad (7-11)$$

显然，$F_T(x)$ 仍为极值型分布，将其表达为

$$F_T(x) = \exp\left\{-\exp\left[-\frac{x-u_T}{\alpha_T}\right]\right\} \qquad (7-12)$$

对比式(7-12)与式(7-11)，参数 u_T、α_T 与 u_i、α_i 间的关系为

$$u_T = u_i + \alpha_i \ln N \qquad (7-13a)$$

$$\alpha_T = \alpha_i \qquad (7-13b)$$

$F_T(x)$ 均值 μ_T、方差 σ_T 与参数 u_T、α_T 的关系式仍为式(7-10)的形式，由此可得 μ_T、α_T 与 μ_i、σ_i 的关系为

$$\sigma_T = \sigma_i = 1.2826\alpha_i \qquad (7-14a)$$

$$\mu_T = \mu_i + \alpha_i \ln N = 0.5772\alpha_i + u_i + \alpha_i \ln N \qquad (7-14b)$$

7.2 荷载效应组合规则

结构在设计基准期内，可能经常会遇到同时承受恒载及两种以上可变荷载的情况，如活荷载、风荷载、雪荷载等。在进行结构分析和设计时，必须研究和考虑两种以上可变荷载同时作用而引起的荷载效应组合问题。因此，为确保结构安全，考虑荷载效应组合，研究多个可变荷载是否相遇以及相遇的概率大小问题。一般说，多种可变荷载在设计基准期内最大值相遇的概率不是很大。例如最大风荷载与最大雪荷载同时存在的概率，除个别情况外，一般是极小的。但是研究这个问题远比单个荷载的问题复杂得多。

1. Turkstras 组合规则

该规则轮流以一个荷载效应的设计基准期 T 内最大值与其余荷载的任意点值组合，即取

$$S_{Ci} = \max_{t \in [0,T]} S_i(t) + S_1(t_0) + \cdots + S_{i-1}(t_0) + S_{i+1}(t_0) + \cdots + S_n(t_0) \quad (i=1, 2, \cdots, n)$$
(7-15)

式中，t_0——$S_i(t)$ 达到最大的时刻。

在时间 T 内，荷载效应组合的最大值取为式(7-15)组合的最大值，即

$$S_C = \max(S_{C1}, S_{C2}, \cdots, S_{Cn})$$
(7-16)

其中任一组合的概率分布，可根据式(7-15)中各求和项的概率分布通过卷积运算得到。

图 7.2 为 3 个荷载随机过程按 Turkstras 规则组合的情况。显然，该规则并不是偏于保守的，因为理论上还可能存在着更不利的组合。这种组合规则比较简单，并且通常与当一种荷载达到最大值时产生失效的观测结果相一致。近年来，对荷载效应方面的研究表明，在许多实际情况下，"Turkstras 组合规则"是一个较好的近似方法。

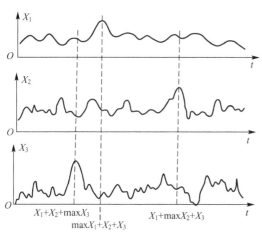

图 7.2 3 个不同荷载的组合

2. JCSS 组合规则

该规则是国际结构安全度联合委员会(JCSS)建议的荷载组合规则。按照这种规则，先假定可变荷载的样本函数为平稳二项过程，将某一可变荷载 $Q_1(t)$ 在设计基准期 $[0, T]$ 内的最大值效应 $\max_{t \in [0,T]} S_1(t)$ (持续时间为 τ_1)，与另一可变荷载 $Q_2(t)$ 在时间 τ_1 内的局部最大值效应 $\max_{t \in [0,\tau_1]} S_2(t)$ (持续时间为 τ_2)，以及第三个可变荷载 $Q_3(t)$ 在时间 τ_2 内的局部最大值效应 $\max_{t \in [0,\tau_2]} S_3(t)$ 相组合，依次类推。图 7.3 所示阴影部分为 3 个可变荷载效应组合的示意。

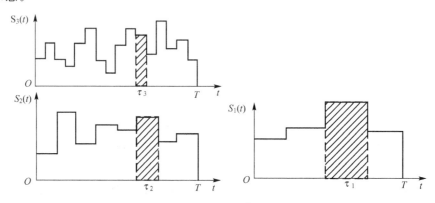

图 7.3 JCSS 组合规则

按该规则确定荷载效应组合的最大值时，可考虑所有可能的不利组合项，取其中最不利者。对于 n 个荷载组合，一般有 2^{n-1} 项可能的不利组合。

7.3 常遇荷载的统计分析

7.3.1 永久荷载

永久荷载在设计基准期 T 内必然出现，故 $p=1$，且基本上不随时间变化，故可认为 $r=1$。其模型化的样本函数为一条与时间轴平行的直线，如图 7.4 所示。因此，永久荷载可直接用随机变量来描述，记为 G。

以无量纲参数 $\Omega=G/G_k$ 作为基本统计对象，其中 G 为实测重量，G_k 为《建筑结构荷载规范》(GB 50009—2001)(2006 年版)规定的标准值(设计尺寸乘容重标准值)，经统计假设检验，认为 G 服从正态分布 $N(1.060G_k, 0.074G_k)$。概率分布函数为

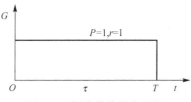

图 7.4 恒荷载的样本函数

$$F_G(x) = \frac{1}{\sqrt{2\pi}\,0.074G_k} \int_{-\infty}^{x} \exp\left[-\frac{(u-1.06G_k)^2}{0.011G_k^2}\right] du \qquad (7-17)$$

根据公式(7-4)可得

$$F_{GT}(x) = [F_G(x)]^N = F_G(x) \qquad (7-18)$$

即设计基准期最大恒荷载 F_{GT} 的概率分布函数与任意时点恒荷载的概率分布函数相同，故统计参数也保持不变。

7.3.2 民用楼面活荷载

民用建筑楼面活荷载一般分为持久性活荷载 $L_i(t)$ 和临时性活荷载 $L_r(t)$ 两类。持久性活荷载是在设计基准期内，经常出现的荷载，如办公楼内的家具、设备、办公用具、文件资料等的重量以及正常办公人员的体重、住宅中的家具、日用品等重量以及常住人员的体重。临时性活荷载是指暂时出现的活荷载，如办公室内开会时人员的临时集中、临时堆放的物品重量、住宅中逢年过节、婚丧喜庆的家庭成员和亲友的临时聚会时的活荷载。

持久性活荷载可由现场实测得到，临时性活荷载一般通过口头询问调查，要求住户提供他们在使用期内的最大值。

1. 持久性活荷载

持久性活荷载 $L_i(t)$ 在设计基准期 T 内任何时刻都存在，故出现概率 $p=1$。经过

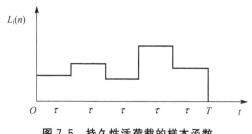

图 7.5 持久性活荷载的样本函数

对办公楼、住宅使用情况的调查,每次搬迁后的平均持续使用时间 τ 接近于 10 年,亦即在设计基准期 50 年内,总时段数 $r=5$,荷载出现次数 $N=pr=5$。也即在设计基准期 50 年内 $r=5$,$N=5$。据此样本函数可模型化为图 7.5。

以无量纲参数 $\Omega_L = L_i/L_k$ 作为基本统计对象,其中 L_i 为实测所得的室面积平均荷载,L_k 为《建筑结构荷载规范》(GB 50009—2001)(2006 年版)的标准值($L_k = 2\mathrm{kN/m^2}$),经统计假设检验,任意时点持久性活荷载的概率分布服从极值 I 型分布。

办公楼为

$$F_{L_i}(x) = \exp\left[-\exp\left(-\frac{x-0.153L_k}{0.069L_k}\right)\right] \tag{7-19}$$

其平均值为 $0.193L_k$,标准差为 $0.088L_k$。

住宅为

$$F_{L_i}(x) = \exp\left[-\exp\left(-\frac{x-0.215L_k}{0.063L_k}\right)\right] \tag{7-20}$$

其平均值为 $0.251L_k$,标准差为 $0.081L_k$。

根据任意时点分布并利用式(7-5),可以求得在 50 年设计基准期内持久性活荷载的最大值概率分布函数。

办公楼为

$$\begin{aligned} F_{L_iT}(x) &= \left\{\exp\left[-\exp\left(-\frac{x-0.153L_k}{0.069L_k}\right)\right]\right\}^5 \\ &= \exp\left[-\exp\left(-\frac{x-0.153L_k-0.069L_k\ln5}{0.069L_k}\right)\right] \\ &= \exp\left[-\exp\left(-\frac{x-0.264L_k}{0.069L_k}\right)\right] \end{aligned} \tag{7-21}$$

其平均值为 $0.304L_k$,标准差为 $0.088L_k$。

住宅为

$$\begin{aligned} F_{L_iT}(x) &= \left\{\exp\left[-\exp\left(-\frac{x-0.215L_k}{0.063L_k}\right)\right]\right\}^5 \\ &= \exp\left[-\exp\left(-\frac{x-0.316L_k}{0.063L_k}\right)\right] \end{aligned} \tag{7-22}$$

其平均值为 $0.353L_k$,标准差为 $0.081L_k$。

2. 临时性活荷载

临时性活荷载在设计基准期 T 内的平均出现次数很多,持续时间较短。在每一时段

内出现的概率 p 也很小。其样本函数经模型化后如图 7.6 所示。对临时荷载的统计特性，包括荷载的变化幅度、平均出现次数、持续时段长度 τ 等，要取得精确的资料是困难的。

临时性荷载调查测定时，按用户在使用期（平均取 10 年）内的最大值计算，10 年内的最大临时性荷载记为 $L_{rs}(t)$。经 x^2 统计假设检验，临时活荷载的概率分布服从极值 I 型分布。

办公楼为

$$F_{L_{rs}}(x) = \exp\left[-\exp\left(-\frac{x-0.123L_k}{0.095L_k}\right)\right] \quad (7-23)$$

其平均值为 $0.178L_k$，标准差为 $0.122L_k$。

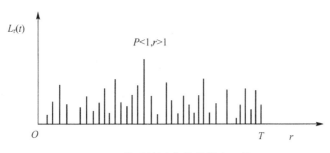

图 7.6 临时性活荷载的样本函数

办公楼楼面临时性活荷载在设计基准期的最大值分布为

$$F_{L_{rT}}(x) \approx [F_{L_{rs}}(x)]^5 = \exp\left[-\exp\left(-\frac{x-0.276L_k}{0.095L_k}\right)\right] \quad (7-24)$$

其平均值为 $0.331L_k$，标准差为 $0.122L_k$。

住宅为

$$F_{L_{rs}}(x) = \exp\left[-\exp\left(-\frac{x-0.177L_k}{0.098L_k}\right)\right] \quad (7-25)$$

其平均值为 $0.233L_k$，标准差为 $0.126L_k$。

住宅楼面临时性活荷载在设计基准期的最大值分布为

$$F_{L_{rT}}(x) \approx [F_{L_{rs}}(x)]^5 = \exp\left[-\exp\left(-\frac{x-0.335L_k}{0.098L_k}\right)\right] \quad (7-26)$$

其平均值为 $0.391L_k$，标准差为 $0.126L_k$。

7.3.3 办公楼楼面活荷载的统计参数

由上述统计分析结果和 Turkstra 组合规则（由任意时点持久性活荷载 L_i 与设计基准期最大临时性活荷载 L_{rT} 组合）可得出设计基准期内办公楼楼面活荷载的统计参数为

$$\mu_{L_T} = \mu_{L_i} + \mu_{L_{rT}} = (0.304 + 0.331)L_k = 0.635L_k$$

$$\sigma_{LT} = \sqrt{\sigma_{Li}^2 + \sigma_{LrT}^2} = \sqrt{(0.088L_k)^2 + (0.122L_k)^2} = 0.150L_k$$

$$\delta_{LT} = \sigma_{LT}/\mu_{LT} = 0.150L_k/0.635L_k = 0.236$$

若采用 $K_L = \mu_{LT}/L_k$ 作为办公楼楼面活荷载的统计变量,则有办公楼楼面荷载的统计参数为 $K_{Lk} = 0.635L_k/L_k = 0.635$,$\delta_k = 0.236$。

7.3.4 住宅楼楼面活荷载的统计参数

设计基准期内住宅楼楼面活荷载的统计参数为

$$\mu_{LT} = \mu_{Li} + \mu_{LrT} = (0.353 + 0.391)L_k = 0.744L_k$$

$$\sigma_{LT} = \sqrt{\sigma_{Li}^2 + \sigma_{LrT}^2} = \sqrt{(0.081L_k)^2 + (0.126L_k)^2} = 0.150L_k$$

$$\delta_{LT} = \sigma_{LT}/\mu_{LT} = 0.150L_k/0.744L_k = 0.202$$

若采用 $K_L = \mu_{LT}/L_k$ 作为住宅楼面活荷载的统计变量,则有住宅楼面荷载的统计参数为 $K_{Lk} = 0.744L_k/L_k = 0.744$,$\delta_k = 0.202$。

7.4 荷载的代表值

荷载代表值是指设计中用以验算极限状态所采用的荷载量值,如标准值、组合值、频遇值和准永久值。

建筑结构设计中,对不同荷载应采用不同的代表值。永久荷载采用标准值作为代表值;可变荷载应根据设计要求采用标准值、组合值、频遇值或准永久值作为代表值;偶然荷载应按建筑结构使用的特点确定其代表值。

7.4.1 荷载标准值

荷载标准值是 GB 50009—2011 规定的荷载基本代表值,为设计基准期内最大荷载统计分布的特征值(如均值、众值、中值或某个分位值)。由于最大荷载值是随机变量,因此,原则上应由设计基准期(50 年)荷载最大值概率分布的某一分位数来确定。但是,有些荷载并不具备充分的统计参数,只能根据已有的工程经验确定,故实际上荷载标准值取值的分位数并不统一。

对于结构或非承重构件的自重,永久荷载标准值可由设计尺寸与材料单位体积的自重计算确定。GB 50009—2011 给出的自重大体上相当于统计平均值,其分位数为 0.5。对于自重变异较大的材料(如屋面保温材料、防水材料、找平层等),在设计中应根据该荷载对结构有利或不利,分别取 GB 50009—2011 中给出的自重上限和下限值。

可变荷载标准值是由设计基准期内荷载最大值概率分布的某一分位值确定的。例如,民用楼面活荷载的标准值 L_k 相当于民用楼在设计基准期最大活荷载 L_T 概率分布的平均值 μ_{LT} 加 α 倍标准差 σ_{LT}，即 $L_k = \mu_{LT} + \alpha\sigma_{LT}$。

实际上，并非所有的荷载都能取得充分的统计资料，并以合理的统计分析来规定其特征值。因此 GB 50009—2011 没有对分位值作具体的规定，但对性质类同的可变荷载，应尽可能使其取值在保证率上保持相同的水平。

7.4.2　荷载准永久值

荷载准永久值是对可变荷载而言的，是指可变荷载中比较呆滞的部分（如住宅中较为固定的家具、办公室的设备、学校的课桌椅等），在规定的时间内具有较长的总持续期。它对结构的影响犹如永久荷载。荷载准永久值主要用于正常使用极限状态的长期效应组合，其值与可变荷载出现的频繁程度和持续时间长短有关。荷载的准永久值根据在设计基准期内荷载达到和超过该值的总持续时间与设计基准期的比值为 0.5 确定。对办公楼、住宅楼面活荷载及风、雪荷载等，这相当于取其任意时点荷载概率分布的 0.5 分位数。

可变荷载的准永久值记为 $\psi_q Q_k$，其中 ψ_q 称为准永久系数，是对荷载标准值 Q_k 的一种折减系数，即 $\psi_q =$ 荷载准永久值/荷载标准值。我国目前确定的各种可变荷载准永久值系数见表 7-1。

7.4.3　荷载组合值

荷载组合值也是对可变荷载而言的，它是当结构承受两个或两个以上可变荷载时，承载能力极限状态按基本组合设计及正常使用极限状态按短期效应组合设计所采用的荷载代表值。当两种或两种以上可变荷载在结构上同时作用时，由于所有荷载同时达到其单独出现时可能达到的最大值的概率极小，因此，除主导荷载（产生最大荷载效应的荷载）仍可以用其标准值为代表值外，其他伴随荷载均取小于其标准值的组合值为荷载代表值。

荷载组合值记为 $\psi_c Q_k$，其中 ψ_c 称为组合值系数，是对荷载标准值 Q_k 的一种折减系数。其值应根据两个或两个以上可变荷载在设计基准期 T 内相遇的情况及其组合的最大效应概率分布，并考虑结构可靠指标具有一致性的原则确定，具体取值见表 7-1。

7.4.4　荷载频遇值

荷载频遇值同样是对可变荷载而言的，它是指在设计基准期 T 内，其超越的总时间为规定的较小比率或超越频数为规定频率的荷载值。

荷载频遇值记为 $\psi_f Q_k$，其中 ψ_f 称为频遇值系数，是对荷载标准值 Q_k 的一种折减系数。

它是正常使用极限状态按频遇组合设计时所采用的可变荷载代表值。频遇值系数 ψ_f 取值见表 7-1。

表7-1 荷载组合值、频遇值和准永久值

项次	类别	适用地区	组合值系数 ψ_q	频遇值系数 ψ_c	准永久值系数 ψ_f
1	（1）住宅、宿舍、旅馆、办公楼、医院病房、托儿所、幼儿园 （2）教室、实验室、阅览室、会议室、医院门诊室	全国	0.7 0.7	0.5 0.6	0.4 0.5
2	食堂、餐厅、一般资料档案室	全国	0.7	0.6	0.5
3	（1）礼堂、剧场、影院、有固定座位的看台 （2）公共洗衣房	全国	0.7 0.7	0.5 0.6	0.3 0.5
4	（1）商店、展览厅、车站、港口、机场大厅及其旅客等候室 （2）无固定座位的看台	全国	0.7 0.7	0.5 0.6	0.5 0.3
5	（1）健身房、演出舞台 （2）舞厅	全国	0.7 0.7	0.6 0.6	0.5 0.3
6	书库、档案库、储藏室、密集库书柜	全国	0.9	0.9	0.8
7	通风机房、电梯机房	全国	0.9	0.9	0.8
8	汽车通道及停车库	全国	0.7	0.7	0.6
9	厨房 （1）一般的 （2）餐厅	全国	0.7 0.7	0.6 0.7	0.5 0.7
10	浴室、厕所、盥洗室 （1）第1项中的民用建筑 （2）其他民用建筑	全国	0.7 0.7	0.5 0.6	0.4 0.5
11	走廊、门厅、楼梯 （1）住宅、宿舍、旅馆、医院病房、托儿所、幼儿园 （2）办公楼、教室、餐厅、医院门诊部 （3）消防疏散楼梯、其他民用建筑	全国	0.7 0.7 0.7	0.5 0.6 0.5	0.4 0.5 0.3
12	阳台	全国	0.7	0.6	0.5
13	不上人屋面	全国	0.7	0.5	0
14	上人屋面	全国	0.7	0.5	0.4
15	屋顶花园	全国	0.7	0.6	0.5
16	风荷载	全国			0
17	雪荷载	东北 新疆北部 其他有雪地区			0.2 0.15 0

本 章 小 结

施加在结构上的荷载，不仅具有随机性，一般还与时间有关，在数学上可采用随机过程概率模型来描述。荷载随机过程的样本函数十分复杂，它随荷载的种类不同而异。在结构设计和可靠度分析中，主要讨论的是结构设计基准期 T 内的荷载最大值 Q_T。为便于对 Q_T 的统计分析，通常将楼面活荷载、风荷载、雪荷载等处理成平稳二项随机过程 $\{Q(t), t \in T\}$。

结构在设计基准期内，可能经常会遇到同时承受恒载及两种以上可变荷载的情况，如活荷载、风荷载、雪荷载等。在进行结构分析和设计时，必须研究和考虑两种以上可变荷载同时作用而引起的荷载效应组合问题。荷载效应组合规则包括 Turkstras 组合规则、JCSS 组合规则。

荷载代表值是指设计中用以验算极限状态所采用的荷载量值，如标准值、组合值、频遇值和准永久值。建筑结构设计中，对不同荷载应采用不同的代表值。永久荷载采用标准值作为代表值；可变荷载应根据设计要求采用标准值、组合值、频遇值或准永久值作为代表值；偶然荷载应按建筑结构使用的特点确定其代表值。

思 考 题

1. 为什么把荷载处理为平稳二项随机过程模型？简述其基本假定。
2. 荷载的统计参数有哪些？进行荷载统计时必须统计哪 3 个参数？
3. 简述 Turkstras 和 JCSS 的组合原则。
4. 荷载有哪些代表值？有何意义？
5. 荷载效应与荷载有何区别？有何联系？

习 题

某地 25 年年标准最大风压 $x_i(\mathrm{N/m^2})$ 记录为：111.4，138.1，143.1，436.7，352.0，374.4，214.2，198.0，239.6，222.5，314.4，218.3，198.0，160.4，148.2，138.1，204.2，202.0，198.0，118.9，198.3，160.4，126.7，79.8，101.2。

求该地设计基准期内的标准最大风压统计参数。

第 8 章 结构构件抗力的统计分析

教学目标

(1) 了解影响抗力的各种不定性因素。
(2) 掌握材料强度的标准值和设计值的取值方法。
(3) 熟悉结构构件抗力的统计特征。

教学要求

知识要点	能力要求	相关知识
结构构件抗力的不定性	了解影响抗力的各种不定性因素	不定性
结构构件抗力的统计特征	熟悉结构构件抗力的统计参数及分布类型	结构抗力
材料强度的标准值和设计值	(1) 熟知材料强度标准值的确定 (2) 掌握材料强度设计值的计算	(1) 概率分布 (2) 标准值 (3) 设计值

基本概念

抗力、概率

引例

结构抗力指结构或结构构件承受作用构件效应的能力,如承载能力等。影响结构构件抗力的主要因素是结构构件材料性能 f、截面几何参数 a 和计算模式的精确性 p。它们都是相互独立的随机变量。

8.1 结构构件抗力的不定性

8.1.1 结构构件材料性能的不定性

结构构件材料性能的不定性主要是指材料质因素以及工艺、加荷、环境、尺寸等因素引起的结构中材料性能的变异性。在工程问题中,材料性能(如强度、弹性模量等)一般是采用标准试件和标准试验方法确定的,并以一个时期内由全国有代表性的生产单位(或地区)的材料性能的统计结果作为全国平均生产水平的代表。对于结构构件的材料性能,还要进一步考虑实际材料性能与标准试件材料性能的差别、实际工作条件与标准试验条件的差别等。结构构件材料性能的不定性可用随机变量 Ω_f 表达,即

$$\Omega_f = \frac{f_c}{k_0 f_k} = \frac{1}{\omega_0} \cdot \frac{f_c}{f_s} \cdot \frac{f_s}{f_k} \tag{8-1}$$

式中,f_c,f_s——结构构件中材料性能值及试件材料性能值;

$\omega_0 f_k$——规范规定的结构构件材料性能值;

f_k——规范规定的结构构件材料性能标准值;

ω_0——规范规定的反映结构构件材料性能与试件材料性能差别的系数,如考虑缺陷、外形、尺寸、施工质量、加载速度、试验方法、时间等因素影响的各种系数及其函数。

令

$$\Omega_0 = \frac{f_c}{f_s}, \quad \Omega_1 = \frac{f_s}{f_k}$$

则

$$\Omega_f = \frac{1}{\omega_0} \Omega_0 \Omega_1 \tag{8-2}$$

式中,Ω_0——反映结构构件材料性能与试件材料性能差别的随机变量;

Ω_1——反映试件材料性能不定性的随机变量。

从而,Ω_f 的平均值 μ_{Ω_f} 和变异系数 δ_{Ω_f} 为

$$\mu_{\Omega_f} = \frac{1}{\omega_0} \mu_{\Omega_0} \mu_{\Omega_1} = \frac{\mu_{\Omega_0} \mu_f}{\omega_0 f_k} \tag{8-3}$$

$$\delta_{\Omega_f}=\sqrt{\delta_{\Omega_0}^2+\delta_f^2} \qquad (8-4)$$

式中，μ_f，μ_{Ω_0}，μ_{Ω_1}——试件材料性能 f_s 的平均值及随机变量 Ω_0、Ω_1 的平均值；

δ_f，δ_{Ω_0}——试件材料性能 f_s 的变异系数及随机变量 Ω_0 的变异系数。

【例 8.1】 某钢筋材料屈服强度的平均值 $\mu_{fy}=280.3\text{MPa}$，标准差 $\sigma_{fy}=21.3\text{MPa}$。由于加荷速度及上、下屈服点的差别，构件中材料的屈服强度低于试件材料的屈服强度，两者比值 Ω 的平均值 $\mu_{\Omega_0}=0.92$，标准差 $\sigma_{\Omega_0}=0.032$。规范规定的构件材料屈服强度值为 ω_0，$f_k=240\text{MPa}$。试求该钢筋材料屈服强度 f_y 的统计参数。

解：（1）求 Ω_0 和 Ω_{fy} 的变异系数。

$$\delta_{\Omega_0}=\frac{\sigma_{\Omega_0}}{\mu_{\Omega_0}}=\frac{0.032}{0.92}=0.035$$

$$\delta_{fy}=\frac{\sigma_{fy}}{\mu_{fy}}=\frac{21.3}{280.3}=0.076$$

（2）计算屈服强度 f_y 的统计参数。

由式（8-3）、式（8-4）可得

$$\mu_{\Omega_f}=\frac{\mu_{\Omega_0}\mu_{fy}}{\omega_0 f_k}=\frac{0.92\times280.3}{240}=1.074$$

$$\delta_{\Omega_f}=\sqrt{\delta_{\Omega_0}^2+\delta_{fy}^2}=\sqrt{0.035^2+0.076^2}=0.084$$

我国对各种常用结构材料的强度性能进行过大量的统计研究，得出的统计参数见表 8-1。

表 8-1　各种结构材料 Ω_f 的统计参数

结构材料种类	材料品种和受力状况		μ_{Ω_f}	δ_{Ω_f}
型钢	受拉	Q235 钢	1.08	0.08
		16Mn 钢	1.09	0.07
薄壁型钢	受拉	Q235F 钢	1.12	0.10
		Q235 钢	1.27	0.08
		16Mn 钢	1.05	0.08
钢筋	受拉	Q235F 钢 20MnSi	1.02	0.08
			1.14	0.07
		25MnSi	1.09	0.06
混凝土	轴心受压	C20	1.66	0.23
		C30	1.41	0.19
		C40	1.35	0.16
砖砌体	轴心受压		1.15	0.20
	小偏心受压		1.10	0.20
	齿缝受剪		1.00	0.22
	受剪		1.00	0.24
木材	轴心受拉		1.48	0.32
	轴心受压		1.28	0.22
	受弯		1.47	0.25
	顺纹受剪		1.32	0.22

8.1.2 结构构件几何参数的不定性

结构构件几何参数的不定性主要是指制作尺寸偏差和安装误差等引起的构件几何参数的变异性,它反映了所设计的构件和制作安装后的实际构件之间几何上的差异。根据对结构构件抗力的影响程度,一般构件可仅考虑截面几何参数(如宽度、有效高度、面积、面积矩、抵抗矩、惯性矩、箍筋间距及其函数等)的变异。

结构构件几何参数的不定性可采用随机变量 Ω_a 表达,即

$$\Omega_a = \frac{a}{a_k} \tag{8-5}$$

式中,a,a_k——结构构件的几何参数及几何参数标准值。

从而,Ω_a 的平均值 μ_{Ω_a} 和变异系数 δ_{Ω_a} 为

$$\mu_{\Omega_a} = \frac{\mu_a}{a_k} \tag{8-6}$$

$$\delta_{\Omega_a} = \delta_a \tag{8-7}$$

式中,μ_a,δ_a——结构构件几何参数的平均值及变异系数。

结构构件实际几何参数的统计参数可根据正常生产情况下结构构件几何尺寸的实测数据,经统计分析得到。当实测数据不足时,也可根据有关标准中规定的几何尺寸公差,经分析判断确定。

一般来说,几何参数的变异系数随几何尺寸的增大而减小,故钢筋混凝土结构和砌体结构截面尺寸的变异系数,通常小于钢结构和薄壁型钢结构的相应值。值得指出,结构构件截面几何特性的变异对其可靠度影响较大,不可忽视;而结构构件长度、跨度变异的影响则相对较小,有时可按确定量来考虑。

【例 8.2】 根据钢筋混凝土工程施工及验收规范,经统计,某预制梁截面宽度 b 允许偏差 Δb 为 $(-5\text{mm}, 2\text{mm})$,截面高度 h 允许偏差 Δh 为 $(-5\text{mm}, 2\text{mm})$。截面尺寸标准值 $b_k = 200\text{mm}$,$h_k = 500\text{mm}$。假定截面尺寸符合正态分布,合格率应达到 95%。试求该钢筋混凝土预制梁截面宽度和高度的统计参数。

解:(1)截面宽度 b 和截面高度 h 的均值和方差。

根据所规定的允许偏差,截面尺寸平均值为

$$\mu_b = b_k + \left(\frac{\Delta b^+ - \Delta b^-}{2}\right) = 200 + \left(\frac{2-5}{2}\right) = 198.5\text{mm}$$

$$\mu_h = h_k + \left(\frac{\Delta h^+ - \Delta h^-}{2}\right) = 500 + \left(\frac{2-5}{2}\right) = 498.5\text{mm}$$

由正态分布函数的性质可知,当合格率为 95% 时,有 $b_{\min} = \mu_b - 1.645\sigma_b$,而

$$\mu_b - b_{\min} = \frac{\Delta b^+ + \Delta b^-}{2} = \frac{2+5}{2} = 3.5\text{mm}$$

则有

$$\sigma_b = \frac{\mu_b - b_{\min}}{1.645} = \frac{3.5}{1.645} = 2.128\text{mm}$$

同理

$$\sigma_h = \frac{\mu_h - h_{\min}}{1.645} = \frac{3.5}{1.645} = 2.128 \text{mm}$$

(2) 计算截面宽度 b 和截面高度 h 的统计参数。

根据式(8-6)、式(8-7)可得

$$\mu_{\Omega_b} = \frac{\mu_b}{b_k} = \frac{198.5}{200} = 0.993, \quad \delta_{\Omega_b} = \delta_b = \frac{\sigma_b}{\mu_b} = \frac{2.128}{198.5} = 0.011$$

$$\mu_{\Omega_h} = \frac{\mu_h}{h_k} = \frac{498.5}{500} = 0.997, \quad \delta_{\Omega_h} = \delta_h = \frac{\sigma_h}{\mu_h} = \frac{2.128}{498.5} = 0.004$$

我国对各种结构构件的几何尺寸进行了大量的实测统计工作，得出的有关统计参数列于表8-2中。

表8-2 各种结构构件几何特征 Ω_a 的统计参数

结构构件种类	项目	μ_{Ω_a}	δ_{Ω_a}
型钢构件	截面面积	1.00	0.05
薄壁型钢构件	截面面积	1.00	0.05
钢筋混凝土构件	截面高度、宽度	1.00	0.02
	截面有效高度	1.00	0.03
	纵筋截面面积	1.00	0.03
	纵筋重心到截面近边距离（混凝土保护层厚度）	0.85	0.30
	箍筋平均间距	0.99	0.07
	纵筋锚固长度	1.02	0.09
砖砌体	单向尺寸(37cm)	1.00	0.02
	截面尺寸(37cm×37cm)	1.01	0.02
木构件	单向尺寸	0.98	0.03
	截面面积	0.96	0.06
	截面模量	0.94	0.08

8.1.3 结构构件计算模式的不定性

结构构件计算模式的不定性主要是指在抗力计算中，采用的基本假定和计算公式的不精确等引起的变异性。例如，在建立计算公式的过程中，常采用理想弹性、理想塑性、匀质性、各向同性、平面变形等假定；常采用矩形、三角形等简单应力图形来代替实际应力分布；常采用简支、固定支等典型边界条件来代替实际边界条件；常采用铰支、刚接来代替实际的连接条件；常采用线性方法来简化计算表达式等。所有这些近似的处理，必然会导致实际的结构构件抗力与给定公式计算的抗力之间的差异。例如，在计算钢筋混凝土受弯构件正截面强度时，通常用所谓"等效矩形应力图形"来代替受压区混凝土实际的呈曲线分布的压应力图形。这种简化计算的假定，同样会使实际强度与计算强度之间产生误差

(虽然不是太大)。计算模式的不定性就反映了这种差异。

结构构件计算模式的不定性,可用随机变量 Ω_P 表达,即

$$\Omega_P = \frac{R^0}{R^c} \tag{8-8}$$

式中,R^0,R^c——结构构件的实际抗力值(可取试验实测值或精确计算值)及按规范公式的计算抗力值。

式(8-8)中 R^c 应根据材料性能和几何尺寸的实测值按规范给定的公式计算,以排除 Ω_f、Ω_a 的变异性对分析 Ω_P 的影响。

8.2 结构构件抗力的统计特征

8.2.1 结构构件抗力的统计参数

对于由几种材料构成的结构构件,在考虑上述 3 种主要因素的情况下,其抗力可采用下列形式表达。

$$R = \Omega_P R_P = \Omega_P R(f_{c1} \cdot a_1, f_{c2} \cdot a_2, \cdots, f_{cn} \cdot a_n) \tag{8-9a}$$

或写成

$$R = \Omega_P R(f_{ci} a_i) \quad (i=1, 2, \cdots, n) \tag{8-9b}$$

则

$$R = \Omega_P R[(\Omega_{fi} \cdot \omega_{0i} \cdot f_{ki}) \cdot (\Omega_{ai} \cdot a_{ki})] \quad (i=1, 2, \cdots, n) \tag{8-10}$$

式中,R_P——由计算公式确定的结构构件抗力,$R_P = R(\cdot)$,其中 $R(\cdot)$ 为抗力函数;

f_{ci}——结构构件中第 i 种材料的构件性能;

a_i——与第 i 种材料相应的结构构件几何参数;

Ω_{fi}、f_{ki}——结构构件中第 i 种材料的材料性能随机变量及其试件标准值;

Ω_{ai}、a_{ki}——与第 i 种材料相应的结构构件几何参数随机变量及其标准值。

按随机变量函数统计参数的运算法则,求出抗力 R 的统计参数为

$$\mu_{RP} = R(\mu_{fci}, \mu_{ai}) \quad (i=1, 2, \cdots, n) \tag{8-11}$$

$$\sigma_{RP}^2 = \left[\sum_{i=1}^{n} \left(\frac{\partial R_P}{\partial X_i} \bigg|_\mu \right)^2 \cdot \sigma_{xi}^2 \right]^{\frac{1}{2}} \quad (i=1, 2, \cdots, n) \tag{8-12}$$

$$\delta_{RP} = \frac{\sigma_{RP}}{\mu_{RP}} \tag{8-13}$$

式中,X_i——函数 $R(\cdot)$ 的有关变量 f_{ci} 和 $a_i (i=1, 2, \cdots, n)$;

$(\cdot)|_\mu$——计算偏导数时变量均用各自的平均值赋值。

从而,结构构件抗力 R 的统计参数可按下式计算。

$$\kappa_R = \frac{\mu_R}{R_k} = \frac{\mu_{\Omega_P} \cdot \mu_{RP}}{R_k} \tag{8-14}$$

$$\delta_R = \sqrt{\delta_{\Omega P}^2 + \delta_{RP}^2} \qquad (8-15)$$

式中，R_k——按规范规定的材料性能和几何参数标准值以及抗力计算公式求得的结构构件抗力值。

结构构件抗力值 R_k 可表达为

$$R_k = R(\omega_{0i} f_{ki} \cdot a_{ki}) \quad (i = 1, 2, \cdots, n) \qquad (8-16)$$

如果结构构件仅由单一材料构成，则抗力计算可简化为

$$R = \Omega_P \cdot (\Omega_f \cdot \omega_0 f_k) \cdot (\Omega_a \cdot a_k) = \Omega_P \cdot \Omega_f \cdot \Omega_a \cdot R_k \qquad (8-17)$$

式中，

$$R_k = \omega_0 f_k \cdot a_k$$

则

$$\kappa_R = \frac{\mu_R}{R_k} = \mu_{\Omega_P} \cdot \mu_{\Omega_f} \cdot \mu_{\Omega_a} \qquad (8-18)$$

$$\delta_R = \sqrt{\delta_{\Omega_P}^2 + \delta_{\Omega_f}^2 + \delta_{\Omega_a}^2} \qquad (8-19)$$

对于钢筋混凝土、配筋砖砌体等由两种或两种以上材料构成的结构构件，可采用式(8-14)、式(8-15)计算抗力的统计参数。对于钢、木等由单一材料构成的结构构件，可采用式(8-18)、式(8-19)计算抗力的统计参数。

8.2.2 结构构件抗力的分布类型

由式(8-9a)、式(8-17)可知，构件抗力 R 由多个随机变量相乘而得，所以一般认为结构构件抗力服从对数正态分布。

8.3 材料强度的标准值和设计值

材料强度的标准值 f_K 是结构设计时所用的材料强度 f 的基本代表值，它不仅是设计表达式中材料性能取值的依据，而且也是生产中控制材料性能质量的主要依据。

材料强度标准值应根据符合规定质量的材料性能的概率分布的某一分位值确定。从当前的发展来看，一般将材料强度标准值 f_K 定义在设计限定质量相应的材料强度 f 概率分布的 0.05 分位值上，这时相应的偏低率 P_K 为 5%。当材料强度 f 服从正态分布时有

$$f_K = \mu_f - \alpha \sigma_f = \mu_f - 1.645 \sigma_f \qquad (8-20)$$

当材料强度符合式(8-20)所定义的标准值时，可近似地认为其在质量上等同于极限质量水平。

材料强度设计值是荷载分项系数与荷载标准值的乘积。荷载的分项系数是根据规定的目标可靠指标和不同活荷载与恒载比值，对不同类型的构件进行反算后，得出相应的分项系数，从中经过优选，得出合适的数值而确定的。分项系数确定后，即可确定材料强度的设计值。

本 章 小 结

结构或结构构件承受作用效应的能力,如承载能力称为结构抗力。影响结构构件抗力的主要因素是结构构件材料性能 f、截面几何参数 a 和计算模式的精确性 p。它们都是相互独立的随机变量。材料性能(如强度、弹性模量等)一般是采用标准试件和标准试验方法确定的,结构构件截面几何特性的变异对其可靠影响较大,一般构件可仅考虑截面几何参数(如宽度、有效高度、面积、面积矩、抵抗矩、惯性矩、箍筋间距及其函数等)的变异,在抗力计算中,采用的基本假定和计算公式的不精确等计算模式的不定性,都会引起结构构件的变异性。结构构件抗力服从对数正态分布。材料强度的标准值 f_K 是结构设计时所用的材料强度 f 的基本代表值,它不仅是设计表达式中材料性能取值的依据,而且也是生产中控制材料性能质量的主要依据。

思 考 题

1. 影响结构抗力的因素有哪些?
2. 结构构件材料性能的不定性是由什么原因引起的?
3. 什么是结构计算模式的不定性?如何统计?
4. 结构构件几何参数的不定性主要包括哪些?
5. 结构构件的抗力分布可近似为什么类型?其统计参数如何计算?

习 题

1. 试求 16Mn 钢筋屈服强度的统计参数。

已知:试件钢筋本身屈服强度的平均值 $\mu_{f_y}=380\text{MPa}$,变异系数 $\delta_{f_y}=0.053$。由于加荷速度及上、下屈服点的差别,构件中材料的屈服强度低于试件材料的屈服强度,经统计,两者比值 K_0 的平均值 $\mu_{K_0}=0.975$,变异系数 $\delta_{f_y}=0.011$。钢筋轧制时截面面积变异,其平均值 $\mu_{K_0}=1.015$,变异系数 $\delta_{f_y}=0.0247$,设计中选用规格引起的钢筋截面面积变异,其平均值 $\mu_{K_0}=1.025$,变异系数 $\delta_{f_y}=0.05$。规范规定的构件材料屈服强度值为 $k_0 f_K=340\text{MPa}$。

2. 求优良等级钢筋混凝土预制板截面宽度和高度的统计参数。已知:根据钢筋混凝土工程施工及验收规范,预制板截面宽度允许偏差 Δb 为 $(-5\text{mm}, 3\text{mm})$,截面高度允许偏差 Δh 为 $(-3\text{mm}, 25\text{mm})$,截面尺寸标准值为 $b_k=500\text{mm}$,$h_k=100\text{mm}$,假定截面尺寸符合正态分布,合格率应达到 90%。

3. 求钢筋混凝土斜压抗剪强度计算公式不精确性的统计参数。设对 10 根梁进行实验，相关数据见表 8-3。

表 8-3 各种结构构件抗力 R 的统计参数

序号	f_a^s/MPa	$b^s \times h_0^s$/cm	a^s/h_0^s	Q_P^s/kN	Q_P/kN	Q_P^s/Q_P
1	385	7.9×18.0	0.8	12.2	15.1	0.807
2	194	10.1×54.9	1.0	29.9	33.1	0.905
3	252	7.5×55.4	1.0	29.9	32.6	0.916
4	256	6.6×54.5	1.0	24.9	27.7	0.900
5	195	5.1×54.5	1.0	16.9	16.8	1.015
6	266	5.1×55.1	1.5	20.0	21.4	0.936
7	266	5.0×54.5	1.5	21.7	20.7	1.048
8	230	6.2×54.8	2.0	17.5	20.8	0.840
9	282	5.5×45.0	2.0	18.5	18.6	0.983
10	282	6.1×45.2	3.6	17.3	18.3	0.946

第9章 结构可靠度分析与计算

教学目标

(1) 掌握结构可靠度基本概念。
(2) 熟悉结构可靠度常用的计算方法。

教学要求

知识要点	能力要求	相关知识
结构可靠度的基本概念	掌握结构可靠度的基本概念	(1) 结构的功能要求 (2) 极限状态 (3) 结构抗力 (4) 结构功能函数 (5) 结构可靠度 (6) 可靠指标
结构可靠度计算	熟知结构可靠度计算	(1) 均值一次二阶矩法 (2) 改进的一次二阶矩法 (3) JC 法
相关随机变量的结构可靠度计算	了解变量相关的概念和变换	(1) 标准差 (2) 协方差 (3) 正交矩阵
可靠度计算	了解可靠度计算概念	功能函数
结构系统的基本模型	了解基本模型	(1) 串联模型 (2) 并联模型 (3) 混联模型
结构体系可靠度计算方法	了解其计算方法	(1) 区间估计法 (2) PNET 法

基本概念

可靠性、可靠度、可靠指标

 引例

结构的可靠性是结构在规定的时间内和规定的条件下完成预定功能的能力。工程结构要求具有一定的可靠性,因为工程结构在设计、施工、使用过程中具有各种影响结构安全、适用、耐久的不确定性。结构的可靠性分析是对可靠性所进行的概率分析。

9.1 结构可靠度的基本概念

9.1.1 结构的功能要求和极限状态

结构的设计、施工和维护应使结构在规定的设计使用年限内以适当的可靠度且经济的方式满足规定的各项功能要求。《工程结构可靠性设计统一标准》(GB 50513—2008)规定,结构在规定的设计使用年限内应满足下列功能要求。

(1) 能承受在施工和使用期间可能出现的各种作用。
(2) 保持良好的使用性能。
(3) 具有足够的耐久性能。
(4) 当发生火灾时,在规定的时间内可保持足够的承载力。
(5) 当发生爆炸、撞击、人为错误等偶然事件时,结构能保持必需的整体稳定性,不出现与起因不相称的破坏后果,防止出现结构的连续倒塌。

上述(1)、(4)、(5)项为结构的安全性要求,第(2)项为结构的适用性要求,第(3)项为结构的耐久性要求。

这些功能要求概括起来称为结构的可靠性,即结构在规定的时间内(如设计基准期为50年),在规定的条件下(正常设计、正常施工、正常使用维护)完成预定功能(安全性、适用性和耐久性)的能力。显然,增大结构设计的余量,如加大结构构件的截面尺寸或钢筋数量,或提高对材料性能的要求,总是能够增加或改善结构的安全性、适应性和耐久性要求,但这将使结构造价提高,不符合经济的要求。因此,结构设计要根据实际情况,解决好结构可靠性与经济性之间的矛盾,既要保证结构具有适当的可靠性,又要尽可能降低造价,做到经济合理。

整个结构或结构的一部分超过某一特定状态就不能满足设计规定的某一功能要求,此特定状态称为该功能的极限状态。极限状态是区分结构工作状态可靠或失效的标志。极限状态可分为两类:承载力极限状态和正常使用极限状态。

(1) 承载力极限状态。这种极限状态对应于结构或结构构件达到最大承载能力或不适于继续承载的变形状态。结构或结构构件出现下列状态之一时,应认为超过了承载力极限状态。

① 结构构件或连接因超过材料强度而破坏(包括疲劳破坏),或因过度变形而不适于继续承载(如受弯构件中的少筋梁)。

② 整个结构或结构的一部分作为刚体失去平衡(如倾覆、过大的滑移等)。

③ 结构转变为机动体系(如超静定结构由于某些截面的屈服,使结构成为几何可变体系)。

④ 结构或结构构件丧失稳定(如细长柱达到临界荷载发生压曲等)。

⑤ 结构因局部破坏而发生连续倒塌。

⑥ 地基丧失承载力而破坏(如失稳等)。

⑦ 结构或者结构构件的疲劳破坏(如吊车梁在重复荷载作用而引起的破坏等)。

(2) 正常使用极限状态。这种极限状态对应于结构或构件达到正常使用或耐久性能的某项规定限值的状态。结构或结构构件出现下列状态之一时,应认为超过了承载力极限状态。

① 影响正常使用或外观的变形(如过大的挠度)。

② 影响正常使用或耐久性能的局部损失(如不允许出现裂缝结构的开裂;对允许出现裂缝的构件,其裂缝宽度超过了允许限值)。

③ 影响正常使用的振动。

④ 影响正常使用的其他特定状态。

9.1.2 结构抗力

结构抗力 R 是指结构或构件承受作用效应的能力,如构件的承载力、刚度、抗裂度等。影响结构抗力的主要因素是材料性能(承载力、变形模量等物理力学性能)、几何参数以及计算模式的精确性等。考虑到材料性能的变异性、几何参数及计算模式精确性的不确定性,所以由这些因素综合而成的结构抗力也是随机变量。

9.1.3 结构功能函数

结构构件完成预定功能的工作状态可以用作用效应 S 和结构抗力 R 的关系来描述,这种表达式称为结构功能函数,用 Z 来表示,即

$$Z = R - S = g(R, S) \quad (9-1)$$

它可以用来表示结构的 3 种工作状态(图 9.1):结构可靠、结构失效、极限状态。

当 $Z > 0$ 时,结构能够完成预定的功能,处于可靠状态。

当 $Z < 0$ 时,结构不能完成预定的功能,处于失效状态。

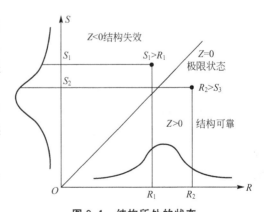

图 9.1 结构所处的状态

当 $Z = 0$ 时,即 $R = S$ 时结构处于临界的极限状态,$Z = g(R, S) = R - S = 0$ 称为极限状态方程。

结构功能函数的一般表达式 $Z=g(X_1, X_2, \cdots, X_n)=0$，其中 $X_i(i=1, 2, \cdots, n)$ 为影响作用效应 S 和结构抗力 R 的基本变量，如荷载、材料性能、几何参数等。由于 R 和 S 都是非确定性的随机变量，故 Z 也是随机变量。

9.1.4 结构可靠度和可靠指标

结构在规定的时间内，在规定的条件下完成预定功能的概率，称为结构的可靠度。可见，可靠度是对结构可靠性的一种定量描述，亦即概率度量。

结构能够完成预定功能的概率称为可靠概率 P_s；结构不能完成预定功能的概率称为失效概率 P_f。显然，二者是互补的，即 $P_s+P_f=1.0$。因此，结构可靠性也可用结构的失效概率来度量，失效概率愈小，结构可靠度愈大。

基本的结构可靠度问题只考虑有一个抗力 R 和一个荷载效应 S 的情况，现以此来说明失效概率的计算方法。设结构抗力 R 和荷载效应 S 都服从正态分布的随机变量，R 和 S 是互相独立的。由概率论知，结构功能函数 $Z=R-S$ 也是正态分布的随机变量。Z 的概率分布曲线图如图 9.2 所示。

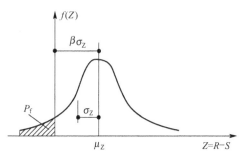

图 9.2 功能函数 Z 的分布曲线

$Z=R-S<0$ 的事件出现的概率就是失效概率 P_f，即

$$P_f=P(Z=R-S<0)=\int_{-\infty}^{0} f(Z)\mathrm{d}Z \qquad (9-2)$$

式中，$f(Z)$——结构功能函数 Z 的概率密度分布函数。

失效概率 P_f 可以用图 9.2 中的阴影面积表示。如结构抗力 R 的平均值为 μ_R，标准差为 σ_R；荷载效应的平均值为 μ_S，标准差为 σ_S，则功能函数 Z 的平均值及标准差为

$$\mu_Z=\mu_R-\mu_S \qquad (9-3)$$

$$\sigma_Z=\sqrt{\sigma_R^2+\sigma_S^2} \qquad (9-4)$$

结构失效概率 P_f 与功能函数平均值 μ_Z 到坐标原点的距离有关，取 $\mu_Z=\beta\sigma_Z$。由图 9.2 可见，β 与 P_f 之间存在着对应关系。β 值越大，失效概率 P_f 就小；β 值越小，失效概率 P_f 就大。因此，β 与 P_f 一样，可作为度量结构可靠度的一个指标，故称 β 为结构的可靠指标。β 值可按式(9-5)计算，得

$$\beta=\frac{\mu_Z}{\sigma_Z}=\frac{\mu_R-\mu_S}{\sqrt{\sigma_R^2+\sigma_S^2}} \qquad (9-5)$$

β 与 P_f 在数值上的对应关系见表 9-1。从表中可以看出，β 值相差 0.5，失效概率 P_f 大致差一个数量级。

表 9-1　β 与 P_f 的对应关系

β	P_f	β	P_f
1.0	1.59×10^{-1}	3.2	6.40×10^{-4}
1.5	6.68×10^{-2}	3.5	2.33×10^{-4}
2.0	2.28×10^{-2}	3.7	1.10×10^{-4}
2.5	6.21×10^{-3}	4.0	3.17×10^{-5}
2.7	3.50×10^{-3}	4.2	1.30×10^{-5}
3.0	1.35×10^{-3}		

由图 9.2 可知，失效概率 P_f 尽管很小，但总是存在的。因此，要使结构设计做到绝对的可靠（$R>S$）是不可能的，合理的解答应该是把所设计的结构失效概率降低到人们可以接受的程度。

【例 9.1】 某钢筋混凝土轴心受压短柱，截面尺寸为 $A_c=b\times h=(300\times500)\text{mm}^2$，配有 4 根直径为 25 的 HRB335 钢筋，$A_s=1964\text{mm}^2$。设荷载服从正态分布，轴力 N 的平均值 $\mu_N=1800\text{kN}$，变异系数 $\delta_N=0.10$。钢筋屈服强度 f_y 服从正态分布，其平均值 $\mu_{f_y}=380\text{N}/\text{mm}^2$，变异系数 $\delta_{f_y}=0.06$。混凝土轴心抗压强度 f_c 也服从正态分布，其平均值 $\mu_{f_c}=24.80\text{N}/\text{mm}^2$，变异系数 $\delta_{f_c}=0.20$。不考虑结构尺寸的变异和计算模式的不准确性，试计算该短柱的可靠指标 β。

解：（1）荷载效应 S 的统计参数。

$$\mu_S=\mu_N=1800\text{kN},\quad \sigma_S=\sigma_N=\mu_N\delta_N=1800\times0.10=180\text{kN}$$

（2）构件抗力 R 的统计参数。

短柱的抗力由混凝土抗力 $R_c=f_cA_c$ 和钢筋的抗力 $R_s=f_yA_s$ 两部分组成，即 $R=R_c+R_s=f_cA_c+f_yA_s$

混凝土抗力 R_c 的统计参数为

$$\mu_{R_c}=A_c\mu_{f_c}=500\times300\times24.8=3720\text{kN}$$

$$\sigma_{R_c}=\mu_{R_c}\delta_{f_c}=3720\times0.20=744.0\text{kN}$$

钢筋抗力 R_s 的统计参数为

$$\mu_{R_s}=A_s\mu_{f_y}=1964\times380=746.3\text{kN}$$

$$\sigma_{R_s}=\mu_{R_s}\delta_{f_y}=746.3\times0.06=44.8\text{kN}$$

构件抗力 R 的统计参数为

$$\mu_R=\mu_{R_c}+\mu_{R_s}=3720+746.3=4466.3\text{kN}$$

$$\sigma_R=\sqrt{\sigma_{R_c}^2+\sigma_{R_s}^2}=\sqrt{744.0^2+44.8^2}=745.3\text{kN}$$

（3）可靠指标 β 计算。

$$\beta=\frac{\mu_R-\mu_S}{\sqrt{\sigma_R^2+\sigma_S^2}}=\frac{4466.3-1800.0}{\sqrt{745.3^2+180.0^2}}=3.48$$

查表 9-1 可得，相应的失效概率 P_f 为 2.06×10^{-4}。

9.2 结构可靠度计算

9.2.1 均值一次二阶矩法

均值一次二阶矩法(中心点法)是在结构可靠度研究初期提出的一种方法。其基本思路为：利用随机变量的平均值(一阶原点矩)和标准差(二阶中心矩)的数学模型，分析结构的可靠度，并将极限状态功能函数在平均值(即中心点处)作 Taylor 级数展开，使之线性化，然后求解可靠指标。

设 X_1，X_2，$\cdots$，X_n 是结构中 n 个相互独立的随机变量，其平均值和标准差分别为 μ_{X_i} 和 σ_{X_i} $(i=1, 2, \cdots, n)$，由这些随机变量所表示的结构功能函数为

$$Z = g(X_1, X_2, \cdots, X_n) \tag{9-6}$$

将功能函数 Z 在随机变量的平均值处展开为 Taylor 级数并保留至一次，即

$$Z_\mu = g(\mu_{X_1}, \mu_{X_2}, \cdots, \mu_{X_n}) + \sum_{i=1}^{n} \frac{\partial g}{\partial X_i}\bigg|_\mu (X_i - \mu_{X_i}) \tag{9-7}$$

Z_μ 的平均值为

$$\mu_{Z_\mu} = E(Z_\mu) = g(\mu_{X_1}, \mu_{X_2}, \cdots, \mu_{X_n}) \tag{9-8}$$

Z_μ 的方差为

$$\sigma_{Z_\mu}^2 = E[Z_0 - E(Z_\mu)]^2 = \sum_{i=1}^{n} \left(\frac{\partial g}{\partial X_i}\bigg|_\mu\right)^2 \sigma_{X_i}^2 \tag{9-9}$$

结构可靠指标表示为

$$\beta = \frac{\mu_{Z_\mu}}{\sigma_{Z_\mu}} = \frac{g(\mu_{X_1}, \mu_{X_2}, \cdots, \mu_{X_n})}{\sqrt{\sum_{i=1}^{n} \left(\frac{\partial g}{\partial X_i}\bigg|_\mu\right)^2 \sigma_{X_i}^2}} \tag{9-10}$$

由上述可以看出，均值一次二阶矩法概念清楚，计算比较简单，可导出解析表达式，直接给出可靠指标 β 与随机变量统计参数之间的关系，分析问题方便灵活。但它也存在着以下缺点。

(1) 不能考虑随机变量的分布概率。若基本变量的概率分布为非正态分布或非对数正态分布，则可靠指标的计算结果与其标准值有较大差异，不能采用。

(2) 将非线性功能函数在随机变量的平均值处展开不合理，由于随机变量的平均值不在极限状态曲面上，展开后的线性极限状态平面可能会较大程度地偏离原来的极限状态曲面。可靠指标 β 依赖于展开点的选择。

(3) 对有相同力学含义但不同数学表达式的极限状态方程，应用均值一次二阶矩法不能求得相同的可靠指标值，见例 9.2 的分析。

【例 9.2】 已知某钢梁截面的塑性抵抗矩 W 服从正态分布，$\mu_W = 9.0 \times 10^5 \text{ mm}^3$，$\delta_W = 0.04$；钢梁材料的屈服强度 f 服从对数正态分布，$\mu_f = 234 \text{ N/mm}^2$，$\delta_f = 0.12$。钢梁承受确定性弯矩 $M = 130.0 \text{ kN} \cdot \text{m}$。试用均值一次二阶矩法计算该梁的可靠指标 β。

解:(1) 取用抗力作为功能函数。
$$Z = fW - M = fW - 130.0 \times 10^6$$
极限状态方程为 $Z = fW - M = fW - 130.0 \times 10^6 = 0$
由式(9-9)得
$$\mu_Z = \mu_0 \mu_W - M = 234 \times 9.0 \times 10^5 - 130.0 \times 10^6 = 8.06 \times 10^7 \text{N} \cdot \text{m}$$
由式(9-9)得
$$\sigma_Z^2 = \sum_{i=1}^{n}\left(\frac{\partial g}{\partial X_i}\bigg|_{\mu}\right)^2 \sigma_{X_i}^2 = \mu_f^2 \sigma_W^2 + \mu_W^2 \sigma_f^2 = \mu_f^2 \mu_W^2 (\delta_W^2 + \delta_f^2) = 7.10 \times 10^{14}$$
$$\sigma_Z = 2.66 \times 10^7 \text{N} \cdot \text{m}$$
由式(9-10)得
$$\beta = \frac{\mu_Z}{\sigma_Z} = \frac{8.06 \times 10^7}{2.66 \times 10^7} = 3.03$$

(2) 取用应力作为功能函数。
$$Z = f - \frac{M}{W}$$
极限状态方程为 $Z = f - \frac{M}{W} = 0$
$$\mu_Z = \mu_f - \frac{M}{\mu_W} = 234 - \frac{130.0 \times 10^6}{9.0 \times 10^5} = 89.56 \text{N/m}^2$$
$$\sigma_Z^2 = \sum_{i=1}^{n}\left(\frac{\partial g}{\partial X_i}\bigg|_{\mu}\right)^2 \sigma_{X_i}^2 = \sigma_f^2 + \left(\frac{M}{\mu_W^2}\right)^2 \sigma_W^2 = \mu_f^2 \delta_f^2 + \left(\frac{M}{\mu_W}\right)^2 \delta_W^2 = 1623.05$$
$$\sigma_Z = 40.29 \text{N/m}^2$$
$$\beta = \frac{\mu_Z}{\sigma_Z} = \frac{89.56}{40.29} = 2.22$$

由上述比较可知,对于同一问题,由于所取的极限状态方程不同,计算出的可靠指标有较大的差异。

9.2.2 改进的一次二阶矩法

针对均值一次二阶矩法将结构功能函数线性化点取作基本随机变量均值点所带来的计算误差,人们开始在失效边界上寻求线性化点,该点通常在结构最大可能失效概率对应的设计验算 X^* 上,由此得到的方法称为改进的一次二阶矩法。

当线性化点选在设计验算点 $X^*(X_1^*, X_2^*, \cdots, X_n^*)$ 上时,线性化的极限状态方程为

$$Z \approx g(X_1^*, X_2^*, \cdots, X_n^*) + \sum_{i}^{n}(X_i - X_i^*)\frac{\partial g}{\partial X_i}\bigg|_{X^*} = 0 \quad (9-11)$$

Z 的均值为

$$\mu_Z = g(X_1^*, X_2^*, \cdots, X_n^*) + \sum_{i}^{n}(\mu_{X_i} - X_i^*)\frac{\partial g}{\partial X_i}\bigg|_{X^*} \quad (9-12)$$

由于设计验算点在失效边界上,故有 $g(X_1^*, X_2^*, \cdots, X_n^*) = 0$,因此,式(9-13)

变为

$$\mu_Z = \sum_{i}^{n} (\mu_{X_i} - X_i^*) \frac{\partial g}{\partial X_i}\bigg|_{X^*} \quad (9-13)$$

假设各随机变量相互独立，Z 的均值为

$$\sigma_Z^2 = \sum_{i=1}^{n} \left(\sigma_{X_i} \frac{\partial g}{\partial X_i}\bigg|_{X^*} \right)^2 \quad (9-14)$$

引入分离函数式，将式(9-14)线性化，得

$$\sigma_Z = \sum_{i=1}^{n} \alpha_i \sigma_{X_i} \frac{\partial g}{\partial X_i}\bigg|_{X^*} \quad (9-15)$$

$$\alpha_i = \frac{\sigma_{X_i} \dfrac{\partial g}{\partial X_i}\bigg|_{X^*}}{\sqrt{\sum_{i=1}^{n} \left(\sigma_{X_i} \dfrac{\partial g}{\partial X_i}\bigg|_{X_i} \right)^2}} \quad (9-16)$$

式中，α_i——第 i 个随机变量对整个标准差的相对影响，因此称为灵敏系数。在变量方差已知的情况下，α_i 就完全由 X_i^* 确定，α_i 值在 ± 1 之间，且有 $\sum_{i=1}^{n} \alpha_i^2 = 1$。

结构可靠指标 β 为

$$\beta = \frac{\mu_Z}{\sigma_Z} = \frac{\sum_{i=1}^{n} (\mu_{X_i} - X_i^*) \dfrac{\partial g}{\partial X_i}\bigg|_{X^*}}{\sum_{i=1}^{n} \left(\alpha_i \sigma_{X_i} \dfrac{\partial g}{\partial X_i}\bigg|_{X^*} \right)} \quad (9-17)$$

整理式(9-16)，有

$$\sum_{i=1}^{n} \frac{\partial g}{\partial X_i}\bigg|_{X^*} (\mu_{X_i} - X_i^* - \beta \alpha_i \sigma_{X_i}) = 0$$

由于 $\sum_{i=1}^{n} \dfrac{\partial g}{\partial X_i}\bigg|_{X^*} \neq 0$，必有

$$\mu_{X_i} - X_i^* - \beta \alpha_i \sigma_{X_i} = 0 \quad (i=1, 2, \cdots, n) \quad (9-18)$$

从而可解得设计验算点为

$$X_i^* = \mu_{X_i} - \beta \alpha_i \sigma_{X_i} \quad (i=1, 2, \cdots, n) \quad (9-19)$$

求解所得的设计验算点应满足

$$g(X_1^*, X_2^*, \cdots, X_n^*) = 0 \quad (9-20)$$

式(9-18)有 n 个方程，加上式(9-19)有 $n+1$ 个方程，可解得 X_i^* 及 β 共 $n+1$ 个未知数。但由于一般 $g(\cdot)$ 为非线性函数，则通常采用迭代法解上述方程组。其求解步骤如图 9.3 所示。

【例 9.3】 某钢梁截面抵抗矩为 W，$\mu_W = 5.5 \times 10^4 \text{mm}^3$，$\sigma_W = 0.3 \times 10^4 \text{mm}^3$；钢材的屈服强度为 f，$\mu_f = 380.0 \text{N/mm}^2$，$\sigma_f = 30.4 \text{N/mm}^2$。钢梁在

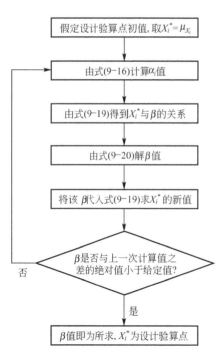

图 9.3 求 β 的迭代框图

固定荷载 P 作用下在跨中产生最大弯矩 M，$\mu_M = 1.3 \times 10^7 \text{N} \cdot \text{mm}$，$\sigma_M = 0.091 \times 10^7 \text{N} \cdot \text{mm}$。随机变量 W、f 和 M_P 均为互不相关服从正态分布的随机变量。试用改进的一次二阶矩法计算此梁的可靠指标。

解： 建立极限状态方程 $Z = g(W, F, M) = Wf - M = 0$。

（1）取均值作为设计验算点的初值。

$$W^* = \mu_W = 5.5 \times 10^4 \text{mm}^3, \quad f^* = \mu_f = 380.0 \text{N/mm}^2, \quad M_P^* = \mu_M = 1.3 \times 10^7 \text{N} \cdot \text{mm}$$

（2）计算 α_i 值。

$$\left.\frac{\partial g}{\partial W}\right|_{X^*} = f^*, \quad \left.\frac{\partial g}{\partial f}\right|_{X^*} = W^*, \quad \left.\frac{\partial g}{\partial M_P}\right|_{X^*} = -1$$

代入式(9-16)，有

$$\alpha_W = \frac{\left.\frac{\partial g}{\partial W}\right|_{X^*} \sigma_W}{\sqrt{\left(\left.\frac{\partial g}{\partial W}\right|_{X^*} \sigma_W\right)^2 + \left(\left.\frac{\partial g}{\partial f}\right|_{X^*} \sigma_f\right)^2 + \left(\left.\frac{\partial g}{\partial M_P}\right|_{X^*} \sigma_M\right)^2}}$$

$$= \frac{f^* \times \sigma_W}{\sqrt{(f^* \times \sigma_W)^2 + (W^* \times \sigma_f)^2 + (-1 \times \sigma_M)^2}} = 0.5138$$

$$\alpha_f = \frac{\left.\frac{\partial g}{\partial f}\right|_{X^*} \sigma_f}{\sqrt{\left(\left.\frac{\partial g}{\partial W}\right|_{X^*} \sigma_W\right)^2 + \left(\left.\frac{\partial g}{\partial f}\right|_{X^*} \sigma_f\right)^2 + \left(\left.\frac{\partial g}{\partial M_P}\right|_{X^*} \sigma_M\right)^2}}$$

$$= \frac{W^* \times \sigma_f}{\sqrt{(f^* \times \sigma_W)^2 + (W^* \times \sigma_f)^2 + (-1 \times \sigma_M)^2}} = 0.7535$$

$$\alpha_M = \frac{\left.\frac{\partial g}{\partial M_P}\right|_{X^*} \sigma_M}{\sqrt{\left(\left.\frac{\partial g}{\partial W}\right|_{X^*} \sigma_W\right)^2 + \left(\left.\frac{\partial g}{\partial f}\right|_{X^*} \sigma_f\right)^2 + \left(\left.\frac{\partial g}{\partial M_P}\right|_{X^*} \sigma_M\right)^2}}$$

$$= \frac{-1 \times \sigma_M}{\sqrt{(f^* \times \sigma_W)^2 + (W^* \times \sigma_f)^2 + (-1 \times \sigma_M)^2}} = -0.4101$$

（3）计算 X_i^*。

$$W^* = \mu_W - \alpha_W \beta \sigma_W = 5.5 \times 10^4 - 0.5138 \times \beta \times 0.3 \times 10^4 = (5.5 - 0.1541\beta) \times 10^4$$

$$f^* = \mu_f - \alpha_f \beta \sigma_f = 380.0 - 0.7535 \times \beta \times 30.4 = 380.0 - 22.9064\beta$$

$$M^* = \mu_M - \alpha_M \beta \sigma_M = 1.3 \times 10^7 - (-0.4101) \times \beta \times 0.091 \times 10^7 = (1.3 + 0.0373\beta) \times 10^7$$

（4）求解 β 值。

将上述 W^*、f^*、M^* 代入结构功能函数 $W^* f^* - M^* = 0$，得 $\beta_1 = 3.790$，$\beta_2 = 59.058$（舍去）

（5）求 X_i^* 的新值。

将 $\beta = 3.790$ 代入式(9-19)，求 X_i^* 的新值为

$$W^* = 4.9 \times 10^4 \text{mm}^3, \quad f^* = 289.1 \text{N/mm}^2, \quad M^* = 1.448 \times 10^7 \text{N} \cdot \text{mm}$$

重复上述计算，有

$$\alpha_W = 0.4450, \quad \alpha_f = 0.7642, \quad \alpha_M = -0.4669$$

$$W^* = 5.0 \times 10^4 \text{mm}^3, \quad f^* = 292.3 \text{N/mm}^2, \quad M^* = 1.460 \times 10^7 \text{N} \cdot \text{mm}$$

将上述值代入结构功能函数,解出 $\beta = 3.775$

进行第三次迭代,求得 $\beta = 3.764$,与上次的 $\beta = 3.775$ 接近,已收敛。

取 $\beta = (3.764 + 3.775) = 3.770$,相应的设计验算点为

$$W^* = 4.9967 \times 10^4 \text{mm}^3, \quad f^* = 292.4 \text{N/mm}^2, \quad M^* = 1.460 \times 10^7 \text{N} \cdot \text{mm}$$

相应的失效概率 $P_f = \phi(-3.770) = 9.173 \times 10^{-5}$

9.2.3 JC 法

由于改进的一次二阶矩法克服了均值一次二阶矩法存在的缺点,故得到了广泛的应用。它的主要优点是在基本变量分布未知时,只要知道均值与标准差就可确定可靠指标 β。而它的缺点是,求得的 β 值只有在基本变量服从正态分布且具有线性的极限状态方程时,才是精确的。作为一种近似方法,当极限状态方程的非线性程度较低,失效曲面接近平面时,改进的一次二阶矩还是可以采用的。在实际工程中,并不是所有的变量都是正态分布的。为解决这个问题,由拉克维茨和菲斯莱(Rackwitz - Fiessler)、哈索弗尔和林德(Hasofer - Lind)等提出了一种适合非正态分布的求解可靠指标 β 的方法。该方法被国际结构安全度联合委员会(JCSS)所采用,故称为 JC 法。

JC 法的基本原理是:首先将随机变量原来的非正态分布"当量"化为正态分布。"当量正态化"的条件(图 9.4)如下。

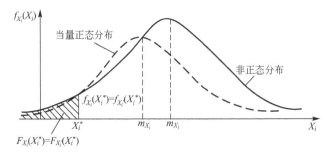

图 9.4 当量正态条件示意图

(1) 在设计验算点 X_i^* 处有相同的分布函数,即当量正态变量 X_i'(其平均值为 $\mu_{X_i'}$,标准差为 $\sigma_{X_i'}$)的分布函数值 $F_{X_i'}(x_i^*)$ 与原非正态变量(其平均值为 μ_{X_i},标准差为 σ_{X_i})的分布函数值 $F_{X_i}(x_i^*)$ 相等。

(2) 在设计验算点 X_i^* 处有相同的概率密度,即当量正态变量概率密度函数值 $f_{X_i'}(x_i^*)$ 与原非正态变量概率密度函数 $f_{X_i}(x_i^*)$ 相等。

然后根据这两个条件求得当量正态分布的平均值和标准差,最后用改进的一次二阶矩法计算结构的可靠指标。

由条件(1)

$$F_{X_i'}(x_i^*) = F_{X_i}(x_i^*) \quad \text{或} \quad \Phi\left[\frac{x_i^* - \mu_{X_i'}}{\sigma_{X_i'}}\right] = F_{X_i}(x_i^*)$$

从而求得当量正态分布的平均值为

$$\mu_{X_i'} = x_i^* - \Phi^{-1}[F_i(x_i^*)]\sigma_{X_i'} \tag{9-21}$$

由条件(2)
$$f_{X_i'}(x_i^*) = f_{X_i}(x_i^*)$$

或
$$\frac{\phi\left[\dfrac{x_i^* - \mu_{X_i'}}{\sigma_{X_i'}}\right]}{\sigma_{X_i'}} = f_{X_i}(x_i^*), \quad \frac{\phi[\Phi^{-1}F_{X_i}(x_i^*)]}{\sigma_{X_i'}} = f_{X_i}(x_i^*)$$

从而求得当量正态分布的标准差为
$$\sigma_{X_i'} = \frac{\phi[\Phi^{-1}F_{X_i}(x_i^*)]}{f_{X_i}(x_i^*)} \tag{9-22}$$

式中，$\Phi(\cdot)$——标准正态分布函数；

$\Phi^{-1}(\cdot)$——标准正态分布反函数；

$\phi(\cdot)$——标准正态分布的概率密度函数。

在求得当量正态分布的平均值 $\mu_{X_i'}$ 及标准值 $\sigma_{X_i'}$ 后，用 JC 法求 β 的步骤便与改进的一次二阶矩方法一样。

随机变量 X_i 服从对数正态分布，根据式(9-21)和式(9-22)，得

$$\sigma_{X_i'} = x_i^* \sqrt{\ln(1+\delta_{X_i}^2)}$$

$$\mu_{X_i'} = x_i^*\left[1 + \ln x_i^* - \ln\left(\frac{\mu_{X_i}}{\sqrt{1+\delta_{X_i}^2}}\right)\right]$$

【例 9.4】 某轴向受压短柱承受固定荷载 N_G 和活荷载 N_Q 作用，柱截面承载能力为 R。经统计分析后得各变量的统计信息见表 9-2。极限状态方程 $Z = g(R, N_G, N_Q) = R - N_G - N_Q = 0$，试用 JC 法求解其可靠指标和对应的失效概率。

表 9-2　各变量统计参数

变量	N_G	N_Q	R
分布类型	正态	极值 I 型	对数正态
平均值	53.0kN	70.0kN	309.2kN
标准差	3.7kN	20.3kN	52.6kN
变异系数	0.07	0.29	0.17

解：(1) 非正态变量的当量正态化。

R 当量正态化：取 R^* 的初始值为 μ_R，则
$$\mu_{R'} = R^*\left[1 + \ln R^* - \ln\left(\frac{\mu_R}{\sqrt{1+\delta_R^2}}\right)\right] = 304.8\text{kN}$$

$$\sigma_{R'} = R^*\sqrt{\ln(1+\delta_R^2)} = 52.2\text{kN}$$

N_Q 当量正态化：$\sigma_{N_Q'} = \dfrac{\phi[\Phi^{-1}F_{N_Q}(N_Q^*)]}{f_{N_Q}(N_Q^*)}$，$\mu_{N_Q'} = N_Q^* - \Phi^{-1}[F_{N_Q}(N_Q^*)]\sigma_{N_Q'}$

式中，$F_{N_Q}(N_Q^*) = \exp[-\exp(-y)]$，$f_{N_Q}(N_Q^*) = \dfrac{1}{a}\exp(-y)\exp[-\exp(y)]$

$$a = \sqrt{6}\sigma_{NQ}/\pi, \quad y = (N_Q^* - u)/a, \quad u = \mu_{NQ} - 0.577a$$

取 N_Q^* 的初始值为 μ_{NQ}，得到

$$a = 15.83, \quad u = 60.87, \quad y = 0.577$$
$$F_{NQ}(N_Q^*) = 0.5701, \quad f_{NQ}(N_Q^*) = 0.0204 \text{kN}$$
$$\sigma_{N'Q} = 19.4 \text{kN}, \quad \mu_{N'Q} = 66.57 \text{kN}$$

（2）求可靠指标 β 及设计验算点 R^*、N_G^*、N_Q^*。

用改进的一次二阶矩法计算得 $\beta = 2.320$

设计验算点 $R^* = 142.8 \text{kN}$，$N_G^* = 53.8 \text{kN}$，$N_Q^* = 89.0 \text{kN}$

（3）第二次迭代。

R 的当量正态化：$\mu_{R'} = 251.0 \text{kN}$，$\sigma_{R'} = 24.1 \text{kN}$

N_Q 的当量正态化：$\sigma_{N'Q} = 26.5 \text{kN}$，$\mu_{N'Q} = 62.2 \text{kN}$

用改进的一次二阶矩法计算得 $\beta = 3.773$。

设计验算点 $R^* = 190.0 \text{kN}$，$N_G^* = 135.6 \text{kN}$，$N_Q^* = 54.4 \text{kN}$

按上述步骤经 5 次迭代，最后求得可靠指标 β 及设计验算点 R^*、N_G^*、N_Q^* 值：$\beta = 3.583$，设计验算点 $R^* = 214.6 \text{kN}$，$N_G^* = 53.8 \text{kN}$，$N_Q^* = 160.8 \text{kN}$。

9.3 相关随机变量的结构可靠度计算

以上讨论的都是基本变量互不相关条件下的可靠指标 β 的计算方法。在实际工程中，随机变量存在着一定的相关性。研究表明，随机变量间的相关性对结构的可靠度有着明显的影响。因此，若随机变量相关，则在结构可靠度分析中应予以考虑。

9.3.1 变量相关的概念

由概率论可知，对于两个相关的随机变量 X_1 和 X_2，相关性可用相关系数 $\rho_{X_1X_2}$ 表示，即

$$\rho_{X_1X_2} = \frac{\text{Cov}(X_1, X_2)}{\sigma_{X_1}\sigma_{X_2}} \tag{9-23}$$

式中，$\text{Cov}(X_1, X_2)$——X_1 和 X_2 的协方差；

σ_{X_1}、σ_{X_2}——X_1 和 X_2 的标准差。

相关系数 $\rho_{X_1X_2}$ 的值域为 $[-1, 1]$。若 $\rho_{X_1X_2} = 0$，表示 X_1 和 X_2 不相关；若 $\rho_{X_1X_2} = 1$，表示 X_1 和 X_2 完全相关。

对于 n 个基本变量 $X_1, X_2, \cdots, X_n$，它们之间的相关性可用相关矩阵表示，即

$$[Cx] = \begin{bmatrix} \text{Var}[X_1] & \text{Cov}[X_1, X_2] & \cdots & \text{Cov}[X_1, X_n] \\ \text{Cov}[X_2, X_1] & \text{Var}[X_2] & \cdots & \text{Cov}[X_2, X_n] \\ \vdots & \vdots & \vdots & \vdots \\ \text{Cov}[X_n, X_1] & \text{Cov}[X_n, X_2] & \cdots & \text{Var}[X_n] \end{bmatrix} \tag{9-24}$$

【例 9.5】 梁 AB 承受随机荷载 P_1 和 P_2 作用，如图 9.5 所示。设荷载是统计独立的，其 P_1 均值为 4kN，标准差为 0.4kN；P_2 均值为 6kN，标准差为 0.5kN。在支座 B 处梁的剪力 V_B 和弯矩 M_B 为：$V_B = \frac{1}{27}(13P_1 + 23P_2)$，$M_B = \frac{6}{27}(4P_1 + 5P_2)$。试求 V_B 和 M_B 的相关性。

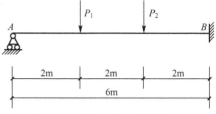

图 9.5 承受荷载作用的梁 AB

解：（1）V_B 和 M_B 的均值和标准差为

$$\mu_{V_B} = \frac{1}{27}(13\mu_{P_1} + 23\mu_{P_2}) = 7.04\text{kN}$$

$$\mu_{M_B} = \frac{6}{27}(4\mu_{P_1} + 5\mu_{P_2}) = 10.22\text{kN}$$

$$\sigma_{V_B} = \sqrt{\left(\frac{13}{27}\sigma_{P_1}\right)^2 + \left(\frac{23}{27}\sigma_{P_2}\right)^2} = 0.467\text{kN}$$

$$\sigma_{M_B} = \sqrt{\left(\frac{24}{27}\sigma_{P_1}\right)^2 + \left(\frac{30}{27}\sigma_{P_2}\right)^2} = 0.660\text{kN}$$

（2）协方差 $\text{Cov}(V_B, M_B)$ 为

$$E[P_1 P_2] = E[P_1]E[P_2] = 24\text{kN}^2$$
$$E[P_1^2] = \sigma_{P_1}^2 + \mu_{P_1}^2 = 16.16\text{kN}^2$$
$$E[P_2^2] = \sigma_{P_2}^2 + \mu_{P_2}^2 = 36.25\text{kN}^2$$
$$E[V_B M_B] = E\left[\frac{1}{27}(13P_1 + 23P_2), \frac{6}{27}(4P_1 + 5P_2)\right]$$
$$= \frac{6}{27^2}(52E[P_1^2]) + 157E[P_1 P_2] + 115E[P_2^2])$$
$$= 72.24\text{kN}^2 \cdot \text{m}$$
$$\text{Cov}(V_B, M_B) = E[V_B M_B] - \mu_{V_B}\mu_{M_B} = 0.305\text{kN}^2 \cdot \text{m}$$

（3）相关系数 $\rho_{V_B M_B}$ 为

$$\rho_{V_B M_B} = \frac{\text{Cov}(V_B, M_B)}{\sigma_{V_B}\sigma_{M_B}} = 0.99$$

相关系数接近 1.0，说明 V_B 和 M_B 密切相关。

9.3.2 相关变量的变换

考虑一组新的变量 $\{Y\} = (Y_1, Y_2, \cdots, Y_n)^T$，其中 $Y_i (i = 1, 2, \cdots, n)$ 是 $X_1, X_2, \cdots, X_n$ 的线性函数。通过适当的变换，可使 $\{Y\}$ 成为一组不相关的随机变量，作变换

$$\{Y\} = [A]^T \{X\} \qquad (9-25\text{a})$$
$$\{X\} = ([A]^T)^{-1}\{Y\} \qquad (9-25\text{b})$$

式中，$[A]$——正交矩阵，其列向量 $[C_X]$ 为标准正交特征向量。

这时 $\{Y\}$ 的协方差矩阵即为对角矩阵。

$$[C_Y] = \begin{bmatrix} \text{Var}[Y_1] & & 0 \\ & \text{Var}[Y_2] & \\ 0 & & \text{Var}[Y_n] \end{bmatrix} \quad (9-26)$$

并且有

$$[C_Y] = [A]^T [C_X] [A] \quad (9-27)$$

$[C_Y]$ 的对角线元素就等于 $[C_X]$ 的特征值。

【例9.6】 随机变量 X_1、X_2 和 X_3，其均值为 $E(X) = (2.831, 1.0, 0.745)^T$，协方差矩阵为 $[C_X] = \begin{bmatrix} 1.0 & 0.8 & 0.0 \\ 0.8 & 1.0 & 0.3 \\ 0.0 & 0.3 & 1.0 \end{bmatrix}$，现求一组不相关的随机变量 $\{Y\}$。

解： (1) 列特征方程，求特征值。

$[C_X]$ 的特征方程 $\begin{vmatrix} 1.0-\lambda & 0.8 & 0.0 \\ 0.8 & 1.0-\lambda & 0.3 \\ 0.0 & 0.3 & 1.0-\lambda \end{vmatrix} = 0$

整理，得

$$(1-\lambda)[(1-\lambda)^2 - 0.73] = 0$$

求得特征值为 $\lambda_1 = 1.8544$，$\lambda_2 = 0.1456$，$\lambda_3 = 1.0000$

(2) 求 $\{Y\}$ 的协方差矩阵 $[C_Y]$。

由式 (9-26)，得

$$[C_Y] = \begin{bmatrix} 1.8544 & 0 & 0 \\ 0 & 0.1456 & 0 \\ 0 & 0 & 1.0000 \end{bmatrix}$$

(3) 求转换矩阵 $[A]$。

将 $\lambda_1 = 1.8544$，$\lambda_2 = 0.1456$，$\lambda_3 = 1.0000$ 分别代入方程 $([C_X] - \lambda[I])\{V\} = 0$，解得与之相应的标准化特征向量。

$$\{V_1\} = \begin{bmatrix} 0.6621 \\ 0.7071 \\ 0.2483 \end{bmatrix}, \quad \{V_2\} = \begin{bmatrix} 0.6621 \\ -0.7071 \\ 0.2483 \end{bmatrix}, \quad \{V_3\} = \begin{bmatrix} 0.3511 \\ 0.0 \\ -0.9363 \end{bmatrix}$$

所以正交矩阵为

$$[A] = \begin{bmatrix} 0.6621 & 0.6621 & 0.3511 \\ 0.7071 & -0.7071 & 0.0 \\ 0.2483 & 0.2483 & -0.9363 \end{bmatrix}$$

(4) 求不相关的随机变量 $\{Y\}$。

不相关的随机变量 $\{Y\} = [A]^T \{X\} = \begin{bmatrix} 0.6621 & 0.7071 & 0.2483 \\ 0.6621 & -0.7071 & 0.2483 \\ 0.3511 & 0.0 & -0.9363 \end{bmatrix} \{X\}$

即 $\begin{Bmatrix} Y_1 \\ Y_2 \\ Y_3 \end{Bmatrix} = \begin{bmatrix} 0.6621 & 0.7071 & 0.2483 \\ 0.6621 & -0.7071 & 0.2483 \\ 0.3511 & 0.0 & -0.9363 \end{bmatrix} \begin{Bmatrix} X_1 \\ X_2 \\ X_3 \end{Bmatrix}$

均值为 $E[Y] = [A]^T E[X]$

得 $\mu_{Y_1} = E[Y_1] = 0.6621 \times 2.831 + 0.7071 \times 1.0 + 0.2483 \times 0.745 = 2.7665$

$\mu_{Y_2} = E[Y_2] = 0.6621 \times 2.831 - 0.7071 \times 1.0 + 0.2483 \times 0.745 = 1.3523$

$\mu_{Y_3} = E[Y_3] = 0.3511 \times 2.831 + 0.0 \times 1.0 - 0.9363 \times 0.745 = 0.2964$

9.3.3 相关变量可靠指标的计算

对于彼此相关的变量 $\{X\} = (X_1, X_2, \cdots, X_n)^T$，可以把它们转换为互不相关的变量 $\{Y\} = (Y_1, Y_2, \cdots, Y_n)^T$，然后将不相关的正态变量 $\{Y\} = (Y_1, Y_2, \cdots, Y_n)^T$ 标准化，得到标准正态化的不相关变量 $\{Z\} = (Z_1, Z_2, \cdots, Z_n)^T$，最后再按变量独立且服从正态分布的方法计算可靠指标 β。

【例 9.7】 某轴向受压短柱承受固定荷载 X_2 和活荷载 X_3 作用，柱截面承载能力为 X_1。它们都是服从正态分布的随机变量。各变量的统计信息为 $\mu_{X_1} = 21.6788 \text{kN}$，$\sigma_{X_1} = 2.6014 \text{kN}$；$\mu_{X_2} = 10.4 \text{kN}$，$\sigma_{X_2} = 0.8944 \text{kN}$；$\mu_{X_3} = 2.1325 \text{kN}$，$\sigma_{X_3} = 0.5502 \text{kN}$。它们的相关系数为 $\rho_{X_1 X_2} = 0.8$，$\rho_{X_1 X_3} = 0.6$，$\rho_{X_2 X_3} = 0.9$。极限状态方程 $Z = X_1 - X_2 - X_3 = 0$，试求其可靠指标 β。

解：(1) 求转换矩阵 $[A]$。

由式(9-23)可得，$\{X\}$ 的协方差矩阵为

$$[C_X] = \begin{bmatrix} 6.7673 & 1.8614 & 0.8588 \\ 1.8614 & 0.8000 & 0.4429 \\ 0.8588 & 0.4429 & 0.3027 \end{bmatrix}$$

$[C_X]$ 的特征值为 $\lambda_1 = 7.4264$，$\lambda_2 = 0.4148$，$\lambda_3 = 0.0287$

相应的特征向量为

$$\{V_1\} = \begin{bmatrix} 0.9520 \\ 0.2762 \\ 0.1319 \end{bmatrix}, \quad \{V_2\} = \begin{bmatrix} -0.2973 \\ 0.7318 \\ 0.6132 \end{bmatrix}, \quad \{V_3\} = \begin{bmatrix} 0.0728 \\ -0.6230 \\ 0.7788 \end{bmatrix}$$

所以正交矩阵 $[A]$ 为

$$[A] = \begin{bmatrix} 0.9520 & -0.2973 & 0.0728 \\ 0.2762 & 0.7318 & -0.6230 \\ 0.1319 & 0.6132 & 0.7788 \end{bmatrix}$$

(2) 确定 Y_i 的均值和方差。

由 $E[Y] = [A]^T E[X]$ 和式(9-27)，得

$\mu_{Y_1} = 23.7920$，$\mu_{Y_2} = 2.4733$，$\mu_{Y_3} = -3.2402$

$\sigma_{Y_1} = 2.7251$，$\sigma_{Y_2} = 0.6440$，$\sigma_{Y_3} = 0.1694$

(3) 确定以 Y_i 为变量的极限状态方程。

由式(9-25b)，有

$X_1 = 0.9520 Y_1 - 0.2973 Y_2 + 0.0728 Y_3$

$X_2 = 0.2762 Y_1 + 0.7318 Y_2 - 0.6230 Y_3$

$X_3 = 0.1319 Y_1 + 0.6132 Y_2 + 0.7788 Y_3$

代入极限状态方程,得
$$Z = X_1 - X_2 - X_3 = 0.5439Y_1 - 1.6423Y_2 - 0.083Y_3 = 0$$

(4) 计算可靠指标 β。
$$\mu_Z = 0.5439\mu_{Y_1} - 1.6423\mu_{Y_2} - 0.083\mu_{Y_3} = 1.1425$$
$$\sigma_Z = \sqrt{0.5439^2\sigma_{Y_1}^2 + 1.6423^2\sigma_{Y_2}^2 + 0.083^2\sigma_{Y_3}^2} = 1.8210$$
$$\beta = \frac{\mu_Z}{\sigma_Z} = 5.023$$

9.4 结构体系的可靠度计算

前几节介绍的结构可靠度分析方法,计算的是结构某一种失效模式、一个结构或一个截面的可靠度,其极限状态是唯一的。实际工程中,结构的构成是复杂的。从构成的材料来看,有脆性材料和延性材料;从力学的图式来看,有静定结构和超静定结构;从结构构件组成的系统来看,有串联系统、并联系统和混联系统等。不论从何种角度来研究其构成,它总是由许多构件所组成的一个体系,根据结构的力学图式、不同材料的破坏形式、不同系统等来研究它的体系可靠度才能较真实地反映其可靠度。

结构体系的失效是结构整体行为,单个构件的可靠性并不能代表整个体系的可靠性。对于结构的设计者来说,最关心的是结构体系的可靠性。由于整体结构的失效总是由结构构件的失效引起的,因此由结构各构件的失效概率估算整体结构的失效概率成为结构体系可靠度分析的主要研究内容。

9.4.1 结构体系可靠度

不同构件或不同构件集合的失效,将构成不同的体系失效模式。设结构体系有 K 个失效模式,不同的失效模式有不同的功能函数。各功能函数表示为
$$g_j(X) = g_j(X_1, X_2, \cdots, X_n) \quad (j=1, 2, \cdots, K) \tag{9-28}$$
式中,$X_1, X_2, \cdots, X_n$——基本变量。

若用 E_j 表示第 j 个失效模式出现这一事件,则有
$$E_j = [g_j(X) < 0] \tag{9-29}$$
E_j 的逆事件为与第 j 个失效模式相应的安全事件,则有
$$\overline{E_j} = [g_j(X) > 0] \tag{9-30}$$
于是结构体系安全这一事件表示为
$$\overline{E} = \overline{E}_1 \cap \overline{E}_2 \cap \cdots \cap \overline{E}_k \tag{9-31}$$
结构体系失效事件表示为
$$E = E_1 \cup E_2 \cup \cdots \cup E_k \tag{9-32}$$
结构体系的可靠概率表示为
$$P_r = \int\cdots\int_{(E_1 \cap \cdots \cap E_n)} f_{x_1, x_2 \cdots x_n}(x_1, x_2, \cdots, x_n) dx_1 \cdots dx_n \tag{9-33}$$

结构体系的失效概率表示为

$$P_f = \int_{(E_1\cup\cdots\cup E_n)}\cdots\int f_{x_1,x_2\cdots x_n}(x_1, x_2, \cdots, x_n)dx_1\cdots dx_n \quad (9-34)$$

式中，$f_{x_1,x_2\cdots x_n}(x_1, x_2, \cdots, x_n)$——各基本变量的联合概率密度函数。

由式(9-34)可见，求解结构体系的可靠度需要计算多重积分。对于大多数工程实际问题而言，不但各随机变量的联合概率难以得到，而且计算这一多重积分也非易事。所以，对于一般结构体系，并不直接利用上述公式求其可靠度，而是采用近似方法计算。

9.4.2 结构系统的基本模型

为对复杂的结构进行可靠性预测，通常需要把结构模型化为基本的结构系统。下面介绍3种基本的结构系统。

1. 串联模型

若结构中任一构件失效，则整个结构体系失效，具有这种逻辑关系的结构系统可用串联模型表示，如图9.6所示。所有的静定结构的失效分析均可采用串联模型。如静定桁架结构，其中每个杆件均可看成串联系统的一个元件，只要其中一个元件失效，整个系统就会失效。

2. 并联模型

若结构中所有单元失效，则该结构体系失效，具有这种逻辑关系的结构系统可用并联模型表示，如图9.7所示。

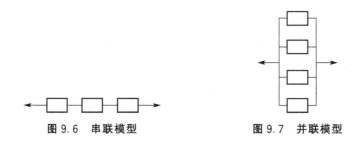

图9.6　串联模型　　　　图9.7　并联模型

超静定结构的失效可用并联模型表示。如一个多跨的排架结构，每个柱子都可以看成是并联系统的一个元件，只有当所有柱子均失效后，该结构体系失效。一个两端固定的刚梁，只有当梁两端和跨中形成了塑性铰(塑性铰截面当作一个元件)时，整个梁才失效。

对于并联系统，元件的脆性或延性性质将影响系统的可靠度及其计算模型。脆性元件在失效后将逐个从系统中退出工作，因此在计算系统的可靠度时，要考虑元件的失效顺序。而延性元件在失效后仍将在系统中维持原有的功能，因此只需考虑系统最终的失效形态。

3. 混联模型

实际的超静定结构通常有多个破坏模式，每一个破坏模式可简化为一个并联体系，

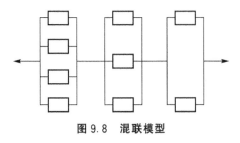

图9.8 混联模型

而多个破坏模式又可简化为串联体系,这就构成了混联模型,如图9.8所示。图9.9所示为单层单跨刚架,在荷载作用下,最终形成塑性铰机构而失效。失效的形态可能有3种,只要其中一种出现,就会使结构体系失效。因此这一结构是一串并联子系统组成的串联系统,即串-并联系统。

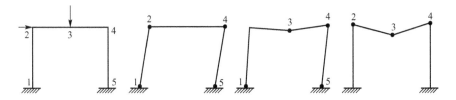

(a) 单层单跨刚架塑性铰结构

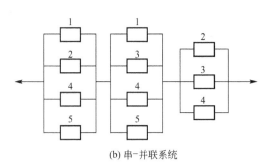

(b) 串-并联系统

图9.9 单层单跨刚架

对于由脆性元件组成的超静定结构,若超静定程度不高,当其中一个构件失效而退出工作后,继后的其他构件失效概率就会被大大提高,几乎不影响结构体系的可靠度,这类结构的并联子系统可简化为一个元件,因而可按串联模型处理。

9.4.3 结构系统中功能函数的相关性

构件的可靠度取决于其荷载效应和抗力。对于实际的结构系统,构件的能力之间、荷载之间并非孤立,而是互相联系的。同时,由于各种失效形式的极限状态方程中都包含上述随机变量,因此各失效形式之间也是相关的。所以在进行结构系统的可靠度分析时,必须考虑这种相关性。考虑失效形式间的相关性,不仅可以得出比较合理的可靠指标,同时又往往使问题简单化。

设与破坏模式 i、j 对应的功能函数为 Z_i、Z_j,功能函数包含两个独立变量 R 和 S,其均值和标准值为 μ_R、μ_S 和 σ_R、σ_S,则功能函数 Z_i、Z_j 的表达式为

$$Z_i = a_i R - b_i S, \quad Z_j = a_j R - b_j S \tag{9-35}$$

Z_i 和 Z_j 的协方差为

$$\mathrm{Cov}(Z_i, Z_j) = E(Z_i Z_j) - E(Z_i)E(Z_j) = a_i a_j \sigma_R^2 + b_i b_j \sigma_S^2 \tag{9-36}$$

Z_i 和 Z_j 的相关系数为

$$\rho_{Z_i,Z_j} = \frac{\text{Cov}(Z_i, Z_j)}{\sigma_{Z_i}\sigma_{Z_j}} = \frac{a_i a_j \sigma_R^2 + b_i b_j \sigma_S^2}{\sigma_{Z_i}\sigma_{Z_j}} \quad (9-37)$$

上述结果可以推广到功能函数含有多个随机变量的情况。功能函数 Z_i、Z_j 分别为

$$Z_i = \sum_p a_{ip} R_p - \sum_m b_{im} S_m, \quad Z_j = \sum_p a_{jp} R_p - \sum_m b_{jm} S_m \quad (9-38)$$

则其相关系数为

$$\rho_{Z_i,Z_j} = \frac{\sum_{pj} a_{ip} a_{jp} \sigma_{R_p}^2 + \sum_m b_{im} b_{jm} \sigma_{S_m}^2}{\sigma_{Z_i}\sigma_{Z_j}} \quad (9-39)$$

当功能函数为非线性函数时，可通过 Taylor 级数在验算点 X^* 处展开，并取一次式计算相关系数的近似值(假定基本变量是不相关的)，可得 Z_i 和 Z_j 的协方差为

$$\text{Cov}(Z_i, Z_j) = \sum_{k=1}^{n} \left(\frac{\partial Z_i}{\partial x'_k}\right)_{X^*} \left(\frac{\partial Z_j}{\partial x'_k}\right)_{X^*} \quad (9-40)$$

式中，$x'_k = \dfrac{x_k - \mu_{x_k}}{\sigma_{x_k}}$。

相关系数为

$$\rho_{Z_i,Z_j} = \frac{\text{Cov}(Z_i, Z_j)}{\sigma_{Z_i}\sigma_{Z_j}} = \frac{\sum_k \left(\frac{\partial Z_i}{\partial x'_k}\right)_{X^*} \left(\frac{\partial Z_j}{\partial x'_k}\right)_{X^*}}{\sqrt{\sum_k \left(\frac{\partial Z_i}{\partial x'_k}\right)^2_{X^*}} \sqrt{\sum_k \left(\frac{\partial Z_j}{\partial x'_k}\right)^2_{X^*}}} = \sum_{k=1}^n a^*_{ik} a^*_{jk} \quad (9-41)$$

式中，$a^*_{ik} = \dfrac{\left(\frac{\partial Z_i}{\partial x'_k}\right)_{X^*}}{\sqrt{\sum_k \left(\frac{\partial Z_i}{\partial x'_k}\right)^2_{X^*}}}$，$a^*_{jk} = \dfrac{\left(\frac{\partial Z_j}{\partial x'_k}\right)_{X^*}}{\sqrt{\sum_k \left(\frac{\partial Z_j}{\partial x'_k}\right)^2_{X^*}}}$。

在结构系统中，两种失效模式的相关性具有下述特点。

(1) 在同一结构系统中，来自同一个随机变量的两种失效形式完全相关。设失效模式 i 和 j 的功能函数为

$$Z_i = aR + c, \quad Z_j = bR + d$$

式中，R——随机变量；
a、b、c、d——常量。

Z_i 和 Z_j 的相关系数

$$\rho_{Z_i,Z_j} = \frac{a \times b \sigma_R^2}{\sqrt{(a\sigma_R)^2} \sqrt{(b\sigma_R)^2}} = 1$$

(2) 同一结构系统中，两种失效形式一般是正相关的，即 $0 \leq \rho_{ij} \leq 1$。

(3) 同一结构系统中两种失效形式的相关性可按相关系数的大小分为高级相关与低级相关。通常定义 $\rho_{Z_i,Z_j} \geq \rho_0$ 为高级相关；$\rho_{Z_i,Z_j} < \rho_0$ 为低级相关。ρ_0 为临界相关系数，可根据结构的重要性与经济性修正，一般取 $\rho_0 = 0.7 \sim 0.8$。

当 $\rho_{Z_i,Z_j} \geq \rho_0$ 时，可以用一种形式代替另一种失效形式，这样就可使结构系统的可靠度分析简化。当 $\rho_{Z_i,Z_j} < \rho_0$ 时，必须考虑各种失效形式对结构系统失效的影响。

9.4.4 结构体系可靠度计算方法

1. 区间估计法

对于实际结构,破坏模式很多,要精确计算其破坏概率是不可能的。通常采用一些近似计算方法,其中常用的有区间估计法。区间估计法上最有代表性的是 A·Cornell 提出的宽界限法和 Ditevsen 提出的窄界限法。

1) 宽界限法

宽界限法(一阶方法)指取两种极端状态作为上下限,利用基本事件的失效概率来研究多种失效模式结构体系的失效概率。

若所考虑的各构件的抗力是完全相关的,即 $\rho=1$,体系的可靠概率为

$$P_s = \min(P_{s1}, P_{s2}, \cdots, P_{si}, \cdots, P_{sn}) \quad (9-42)$$

式中,P_{si}——第 i 个构件可靠概率,若其失效概率为 P_{fi},则有 $P_{si}=1-P_{fi}$,式(9-42)表示只有当第一个构件不破坏时,体系才不破坏,因各构件失效之间是完全相关的。

若各构件的抗力是相互统计独立的,并且作用效应也是统计独立的,则有

$$P_s = \prod_{i=1}^{n} P_{si} = \prod_{i=1}^{n}(1-P_{si}) \quad (9-43)$$

实际结构的抗力与作用效应既不会完全统计独立,也不会完全相关,一般介于二者之间。式(9-42)、式(9-43)可作为估计体系可靠概率 P_s 的上下限,即

$$\prod_{i=1}^{n} P_{si} \leqslant P_s \leqslant \min_n P_{si} \quad (9-44)$$

相应地,体系失效概率的 P_f 的上下限为

$$\max P_{fi} \leqslant P_f \leqslant 1-\prod_{i=1}^{n}(1-P_{fi}) \quad (9-45)$$

如果 P_{fi} 很小,有 $1-\prod_{i=1}^{n}(1-P_{fi}) \approx \sum_{i=1}^{n} P_{fi}$,则

$$\max P_{fi} \leqslant P_f \leqslant \sum_{i=1}^{n} P_{fi} \quad (9-46)$$

上述公式虽不能完全确定结构体系的失效概率,但可以估计失效概率的上下限。

图 9.10 链环结构图

【例 9.8】 如图 9.10 所示,有 10 条完全一样的链用环串联起来。受拉力为 T,每一条链的失效概率为 $P_{fi}=10^{-4}$,试就链的各种相关条件讨论该串联体系的失效概率。

解: 下面分 3 种情况进行讨论。

(1) 设每条链都是独立的,此时的失效概率为

$$P_f \approx 20 \times 10^{-4} = 0.002$$

(2) 设各条链的失效是完全相关的,此时有

$$P_f = P_i = 10^{-4}$$

(3) 设任意两条链的失效是相关的,相关系数 $\rho_{ij}=\rho=0.5$。由式(9-45),得

$$10^{-4} \leqslant P_f \leqslant 1.998 \times 10^{-3}$$

2）窄界限法

针对宽界限法给出的界限过宽，一些学者对结构体系失效概率的窄界限法（二阶法）作了进一步研究。考虑的出发点是针对失效模式间的关系，其界限必须是共同事件 $E_i E_j$ 发生的概率，如 $P(E_i E_j)$ 或 $P(\overline{E_i} \overline{E_j})$，从而根据概率论求出结构体系失效概率 P_f 的上下界限。

结构体系失效概率的上下限为

$$P(E_i) + \max\left[\sum_{i=2}^{k}\left\{P(E_i) - \sum_{j=1}^{i-1} P(E_i E_j)\right\}, 0\right] \leqslant P_f \leqslant \sum_{i=1}^{n} P(E_i) - \sum_{i=2}^{n} \max_{j \leqslant i} P(E_i E_j) \tag{9-47}$$

$P(E_i E_j)$ 为共同事件 $E_i E_j$ 的概率，当所有随机变量都是正态分布且相关系数 $\rho_{ij} \geqslant 0$ 时，由事件 i、j 的可靠指标 β_i 和 β_j 有

$$\max[P(A), P(B)] \leqslant P(E_i E_j) \leqslant P(A) + P(B) \tag{9-48}$$

式中，$P(A) = \Phi(-\beta_i)\Phi\left(-\dfrac{\beta_j - \rho_{ij}\beta_i}{\sqrt{1-\rho_{ij}^2}}\right)$，$P(B) = \Phi(-\beta_j)\Phi\left(-\dfrac{\beta_i - \rho_{ij}\beta_j}{\sqrt{1-\rho_{ij}^2}}\right)$。

在计算联合事件的概率时，可近似取其中的边界值。

在估计底限时取

$$P(E_i E_j) = P(A) + P(B)$$

在估计高限时取

$$P(E_i E_j) = P(A) \cdot P(B)$$

【例 9.9】 简支钢梁跨度 $l = 6.1\text{m}$，在均匀荷载 q 作用下有 3 种可能的失效模式：抗弯能力 M_0 失效，抗剪能力 V_0 失效，抗弯与抗剪能力联合失效。已知梁的抗弯能力为 M_0，$\mu_{M_0} = 637 \text{kN} \cdot \text{m}$，$\sigma_{M_0} = 63.7 \text{kN} \cdot \text{m}$；梁的抗剪能力为 V_0，$\mu_{V_0} = 706.8 \text{kN}$，$\sigma_{V_0} = 106.0 \text{kN}$。均匀荷载为 q，$\mu_q = 87.6 \text{kN/m}$，$\sigma_q = 19.0 \text{kN/m}$。随机变量 M_0、V_0 和 q 均服从正态分布，试用窄界限法求该梁的失效概率。

解：（1）3 种失效模式的功能函数。

经分析，弯曲失效发生在梁的中点截面，剪切失效发生在梁支座处，联合作用下失效发生在 $\left(\dfrac{1}{2} - \dfrac{M_0}{V_0}\right)$ 处。其失效模式的功能函数如下。

抗弯模式的功能函数为

$$g_1(X) = M_0 - \frac{1}{8}ql^2$$

抗剪模式的功能函数为

$$g_2(X) = V_0 - \frac{1}{2}ql$$

抗弯与抗剪联合的功能函数为

$$g_3(X) = 1 - \frac{M}{M_0} - \frac{V}{V_0} = 1 - \left(\frac{ql^2}{8M_0} + \frac{qM_0}{2V_0^2}\right)$$

（2）计算单个失效模式概率 P_{fi}。

功能函数 $g_1(X)$ 为线性方程，受弯失效概率 P_{f1} 和可靠指标 β_1 如下。

$$\beta_1 = \frac{\mu_{M_0} - \frac{1}{8}\mu_q l^2}{\sqrt{\sigma_{M_0}^2 + \left(\frac{1}{8}\sigma_q l^2\right)^2}} = 1.92, \quad P_{f1} = 2.74 \times 10^{-2}$$

功能函数 $g_2(X)$ 也是线性方程，受剪失效概率 P_{f2} 和可靠指标 β_2 如下。

$$\beta_2 = \frac{\mu_{V_0} - \frac{1}{2}\mu_q l}{\sqrt{\sigma_{V_0}^2 + \left(\frac{1}{2}\sigma_q l\right)^2}} = 3.51, \quad P_{f2} = 2.24 \times 10^{-4}$$

功能函数 $g_3(X)$ 为非线性方程，用改进的一次二阶矩求联合失效概率 P_{f3} 和可靠指标 β_3，有 $\beta_3 = 1.57$, $P_{f3} = 5.82 \times 10^{-2}$。

（3）计算相关系数。

由式(9-41)求得 $\rho_{g_1 g_2} = 0.451$, $\rho_{g_1 g_3} = 0.989$, $\rho_{g_2 g_3} = 0.569$

（4）计算共同事件发生的概率。

对失效模式 1 和 2，有

$$P(A) = \Phi(-\beta_1)\Phi\left(-\frac{\beta_2 - \rho_{12}\beta_1}{\sqrt{1-\rho_{12}^2}}\right) = 4.22 \times 10^{-5}$$

$$P(B) = \Phi(-\beta_2)\Phi\left(-\frac{\beta_1 - \rho_{12}\beta_2}{\sqrt{1-\rho_{12}^2}}\right) = 7.88 \times 10^{-5}$$

由式(9-48)，得 $7.88 \times 10^{-5} \leqslant P(E_1 E_2) \leqslant 1.21 \times 10^{-4}$

对失效模式 1 和 3，有

$$P(A) = \Phi(-\beta_1)\Phi\left(-\frac{\beta_3 - \rho_{13}\beta_1}{\sqrt{1-\rho_{13}^2}}\right) = 2.70 \times 10^{-2}$$

$$P(B) = \Phi(-\beta_3)\Phi\left(-\frac{\beta_1 - \rho_{13}\beta_3}{\sqrt{1-\rho_{13}^2}}\right) = 3.84 \times 10^{-4}$$

由式(9-48)，得 $2.70 \times 10^{-2} \leqslant P(E_1 E_3) \leqslant 2.74 \times 10^{-2}$

对失效模式 2 和 3，有

$$P(A) = \Phi(-\beta_2)\Phi\left(-\frac{\beta_3 - \rho_{23}\beta_2}{\sqrt{1-\rho_{23}^2}}\right) = 1.56 \times 10^{-4}$$

$$P(B) = \Phi(-\beta_3)\Phi\left(-\frac{\beta_2 - \rho_{23}\beta_3}{\sqrt{1-\rho_{23}^2}}\right) = 4.30 \times 10^{-5}$$

由式(9-48)，得 $1.56 \times 10^{-4} \leqslant P(E_1 E_3) \leqslant 2.00 \times 10^{-4}$

（5）求解失效概率窄界限范围。

由式(5-47)，得

$$P(E_1) + \max\{[P(E_2) - P(E_2 E_1) + P(E_3) - P(E_3 E_1) - P(E_2 E_3)], 0\}\}$$

$$\leqslant P_f \leqslant P(E_1) + P(E_2) + P(E_3) - \{P(E_2 E_1) + \max[P(E_3 E_1), P(E_3 E_2)]\}$$

代入有关数据，得

$$5.82 \times 10^{-2} \leqslant P_f \leqslant 5.87 \times 10^{-2}$$

2. PNET 法

PNET(Probability Network Evaluation Technique)法也被称为概率网络估算技术法，它是将网络技术用于结构体系可靠度分析，把结构体系所具有的失效模式，根据其间的相关分析分成若干组，每组中的失效模式间具有很高的相关性，然后选取各组中失效概率最大的失效模式作为各组的代表，称为该体系的主要失效模式。根据以上原理，设 n 个代表的失效模式中，第 i 个失效模式的失效概率为 P_{fi}，则结构体系的可靠概率为

$$P_s = \prod_{j=i}^{n}(1-P_{fi}) = \prod_{i=1}^{n} P_{si} \tag{9-49}$$

相应地结构体系的失效概率为

$$P_f = 1 - P_s = 1 - \prod_{j=i}^{n}(1-P_{fi}) = 1 - \prod_{i=1}^{n} P_{si} \tag{9-50}$$

当 P_{fi} 很小时，式(9-50)可近似为

$$P_f = \sum_{i=1}^{n} P_{fi} \tag{9-51}$$

PNET 法的基本思路为：对 $\rho_{ij} \geqslant \rho_0$ 的相关事件，假设为相互高级相关；低级相关事件 ($\rho_{ij} < \rho_0$) 假设为相互独立；ρ_0 为临界相关系数。将基本失效事件分为 n 组，任一组包括的失效事件为 $E_1, E_2, \cdots, E_k$。它们与其中的一个失效事件 E_r 高级相关(即 $\rho_{rj} \geqslant \rho_0$，$j = 1, 2, \cdots, k$)，在此情况下，可以用 E_r 作为代表，亦即该组的失效概率都可以由单个事件的失效概率来代表，即

$$P(E_1 \cup E_2 \cup \cdots \cup E_k) \approx P(E_r) \tag{9-52}$$

式中，$P(E_r) = \max(E_j, j = 1, 2, \cdots, k)$。进一步假设不同组的 E_r 是相互独立的，亦即对 E_q 和 E_r 有 $\rho_{qr} < \rho_0$。因此，结构体系的失效概率近似由下式计算

$$P(E) \approx 1 - \prod_{r} P(\overline{E_r}) \tag{9-53}$$

用 PNET 法计算结构体系可靠度的步骤如下。

(1) 选择 ρ_0 值。

(2) 计算单个失效模式的概率，并按失效概率值由大到小依次将各失效事件排序，如 $E_1, E_2, \cdots, E_n$。

(3) 取 E_1 作为比较依据，依次计算其余各事件与 E_1 的相关系数 $\rho_{12}, \rho_{13}, \cdots, \rho_{1n}$，其中 $\rho_{1j} \geqslant \rho_0$ 的事件 E_j 可用 E_1 代表。

(4) 对 $\rho_{ij} < \rho_0$ 的各事件再按失效概率由大到小依次排列，取失效概率最大的事件为依据，用第(3)步的方法，找出它所代表的事件。重复上述步骤，直到各失效事件都找到代表事件为止。

(5) 由各代表事件的概率，由 $P(E) \approx 1 - \prod_{r} P(\overline{E_r})$ 求得结构体系的失效概率。

由于 PENT 法采用 ρ_0 作为衡量失效事件相关性的标准，因此，ρ_0 的取值与所得可靠度密切相关。如果取 $\rho_0 = 1$，则得出过低的可靠度，这是偏保守的；如果取 $\rho_0 = 0$，则得出过高的可靠度，所得的结果作为设计依据偏于危险。

【例 9.10】 在如图 9.11 所示的梁索体系中，梁长 $2l = 9.7536$m，等截面。梁承受

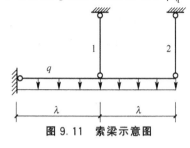

图 9.11 索梁示意图

均匀荷载 q 服从正态分布,$\mu_q=29.186\text{kN/m}$,$\sigma_q=5.837\text{kN/m}$。梁达到塑性极限的抗弯能力 M 服从正态分布,$\mu_M=135.58\text{kN}\cdot\text{m}$,$\sigma_M=18.981\text{kN}\cdot\text{m}$。钢索材料的屈服强度 f_y 也服从正态分布,$\mu_{fy}=413.6\text{N/mm}^2$,$\sigma_{fy}=41.36\text{N/mm}^2$。索 1 和索 2 截面面积分别为 $6.45\times10^{-2}\text{mm}^2$ 和 $3.32\times10^{-2}\text{mm}^2$。设每条钢索的抗拉能力和荷载 q 都是统计独立的,梁的抗弯能力也是统计独立的,但各截面完全相关。试求该体系的失效概率。

解:(1)失效模式及功能函数。

该梁索体系可能有 4 种失效模式,如图 9.12 所示。根据虚功原理依次得到失效模式的功能函数为

$$g_1(X)=6M-\frac{1}{2}ql^2,\quad g_2(X)=F_1l+2F_2l-2ql^2$$

$$g_3(X)=M+F_2l-\frac{1}{2}ql^2,\quad g_4(X)=2M+F_1l+2F_2l-ql^2$$

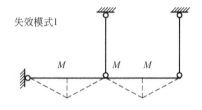

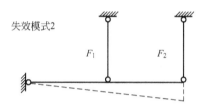

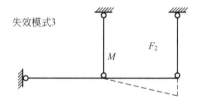

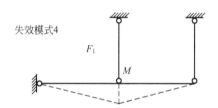

图 9.12 索梁结构失效模式

(2)计算单个失效模式概率 P_{fi}。

由式(9-6)分别计算单个失效模式概率。$\beta_1=3.32$,$P_{f1}=\Phi(-3.32)=4.5\times10^{-4}$;$\beta_2=3.65$,$P_{f2}=\Phi(-3.65)=1.33\times10^{-4}$;$\beta_3=4.51$,$P_{f3}=\Phi(-4.51)=3.25\times10^{-6}$;$\beta_4=4.51$,$P_{f4}=\Phi(-4.51)=3.25\times10^{-6}$。

(3)选取失效模式代表。

按失效概率由大到小依次排列,分别为失效模式 1、失效模式 2、失效模式 3 和失效模式 4。取 $\rho_0=0.8$,以失效模式 1 为依据,求 $g_1(X)$ 与 $g_2(X)$、$g_3(X)$、$g_4(X)$ 的相关系数,分别为

$$\rho_{12}=0.412,\quad \rho_{13}=0.534,\quad \rho_{14}=0.534$$

由此可见,当取 $\rho_0=0.8$ 时,失效模式 2、3、4 均不能用失效模式 1 代表。

以失效模式 2 为依据,求 $g_2(X)$ 与 $g_3(X)$、$g_4(X)$ 的相关系数,分别为

$$\rho_{23}=0.856,\quad \rho_{24}=0.856$$

由此可见，当取 $\rho_0=0.8$ 时，失效模式 3、4 可用失效模式 2 代表。
(4) 结构体系失效概率。
由上述分析可知，该梁索系统可由失效模式 1 和失效模式 2 来代表。由式(9-50)可得系统的失效概率为

$$P_f = 1-[(1-4.5\times10^{-4})\times(1-1.33\times10^{-4})] = 5.829\times10^{-4}$$

如果用宽界限法，可得 $4.5\times10^{-4} \leqslant P_f \leqslant 5.895\times10^{-4}$。

如果用窄界限法，可得 $5.822\times10^{-4} \leqslant P_f \leqslant 5.855\times10^{-4}$。

本 章 小 结

结构在规定的时间内(如设计基准期为 50 年)，在规定的条件下(正常设计、正常施工、正常使用维护)完成预定功能(安全性、适用性和耐久性)的能力，称为可靠性。其能力的概率度量即可靠度。可见，可靠度是对结构可靠性的一种定量描述。

结构能够完成预定功能的概率称为可靠概率；结构不能完成预定功能的概率称为失效概率。二者是互补的。因此，结构可靠性也可用结构的失效概率来度量，失效概率愈小，结构可靠度愈大。

整个结构或结构的一部分超过某一特定状态就不能满足设计规定的某一功能要求，此特定状态称为该功能的极限状态。极限状态是区分结构工作状态可靠或失效的标志。极限状态可分为两类：承载力极限状态和正常使用极限状态。

思 考 题

1. 结构的功能要求有哪些？
2. 简述结构功能函数的意义和结构极限状态设计的要求。
3. 何谓结构的可靠性和可靠度？
4. 可靠指标与失效概率有什么关系？说明可靠指标的几何意义。
5. 简述中心点法和设计验算点法的基本思路，并分析其优缺点。
6. 简述相关随机变量可靠度的计算方法。
7. 非正态随机变量当量化为正态 x^* 的基本假定是什么？
8. 何谓结构体系可靠度？简述结构系统的基本模型。
9. 简述 PNET 法的基本思路。

习 题

1. 已知一伸臂梁如图 9.13 所示。梁所能承担的极限弯矩为 M_u，若梁内弯矩 $M>M_u$

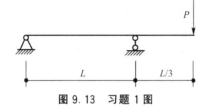

图 9.13 习题 1 图

时,梁便失效。现已知各变量均服从正态分布,其各自的平均值及标准差为:荷载统计参数,$\mu_P=4\mathrm{kN}$,$\sigma_P=0.8\mathrm{kN}$;跨度统计参数,$\mu_l=6\mathrm{m}$,$\sigma_l=0.1\mathrm{m}$;极限弯矩统计参数,$\mu_{M_u}=20\mathrm{kN\cdot m}$,$\sigma_{M_u}=2\mathrm{kN\cdot m}$。试用中心点法计算该构件的可靠指标 β。

2. 假定钢梁承受确定性的弯矩 $M=128.8\mathrm{kN\cdot m}$,钢梁截面的塑性抵抗矩 W 和屈服强度 f 都是随机变量,已知分布类型和统计参数为如下。

抵抗矩 W:正态分布,$\mu_W=884.9\times10^{-6}\mathrm{m}^3$,$\delta_W=0.05$;

屈服强度 f:对数正态分布,$\mu_f=262\mathrm{MPa}$,$\delta_f=0.10$;

该梁的极限状态方程:$Z=fW-M=0$

试用验算点法求解该梁可靠指标。

3. 某随机变量 X 服从极值 I 型分布,其统计参数为:$\mu_X=300$,$\delta_X=0.12$。试计算 $x^*=\mu_X$ 处的当量正态化参数。

4. 某结构体系有 4 种失效可能,其功能函数分别 $g1$、$g2$、$g3$ 和 $g4$。经计算对失效模式 1,$\beta_1=3.32$,$P_{f1}=\Phi(-3.32)=4.5\times10^{-4}$;失效模式 2,$\beta_2=3.65$,$P_{f1}=\Phi(-3.65)=1.33\times10^{-4}$;失效模式 3,$\beta_3=4.51$,$P_{f3}=\Phi(-4.51)=3.25\times10^{-6}$;失效模式 4,$\beta_4=4.51$,$P_{f3}=\Phi(-4.51)=3.25\times10^{-6}$。已知 $g1$ 与 $g2$ 的相关系数为 0.412,$g1$ 与 $g3$ 的相关系数为 0.534,$g1$ 与 $g4$ 的相关系数为 0.534;$g2$ 与 $g3$ 的相关系数为 0.856,$g2$ 与 $g4$ 的相关系数为 0.534。试用窄界限估算公式计算该结构体系的失效概率。

5. 单跨 2 层刚架如图 9.14(a)所示。已知各随机变量及统计特征,竖向杆的抗弯力矩 $M_1=(111,16.7)\mathrm{kN\cdot m}$;水平杆的抗弯力矩 $M_2=(277,41.5)\mathrm{kN\cdot m}$;荷载 $F_1=(91,22.7)\mathrm{kN}$,$F_2=(182,27.2)\mathrm{kN}$,$P=(15.9,4)\mathrm{kN}$。刚架可能出现塑性铰的位置如图 9.14(b)所示,共 14 个,主要失效机构为 8 个,相应的功能函数以及其对应的可靠指标和失效概率列于表 9-3 中。试用 PNET 法求该刚架体系的可靠度。

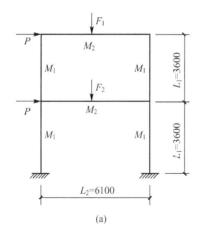

(a)

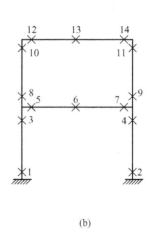

(b)

图 9.14 习题 5 图

表 9-3 主要机构的功能函数以及其对应的可靠指标和失效概率

机构	塑性铰	功能函数 Z_i	β_i	P_{fi}
1	5、6、7	$4M_2 - F_2L_2/2$	2.98	1.44×10^{-3}
2	1、2、4、6、8、9	$6M_1 + 2M_2 - 3L_1P - F_2L_2/2$	3.06	1.11×10^{-3}
3	1、2、4、6、7、8	$4M_1 + 3M_2 - 3L_1P - F_2L_2/2$	3.22	0.64×10^{-3}
4	3、4、6、8、9	$4M_1 + 2M_2 - F_2L_2/2$	3.28	0.52×10^{-3}
5	1、2、3、4	$4M_1 - 3L_1P$	3.38	0.36×10^{-3}
6	1、2、4、6、9、10、11	$8M_1 + 2M_2 - 4L_1P - F_2L_2/2$	3.50	0.23×10^{-3}
7	1、2、6、7、11、13	$4M_1 + 6M_2 - 4L_1P - F_1L_2/2 - F_2L_2/2$	3.64	0.14×10^{-3}
8	1、2、6、7、10、11	$4M_1 + 4M_2 - 4L_1P - F_1L_2/2$	3.72	0.10×10^{-3}

第10章 概率极限状态设计法

教学目标

（1）掌握结构设计的目标。
（2）掌握直接概率设计法。
（3）熟练应用概率极限状态的实用设计表达式。

教学要求

知识要点	能力要求	相关知识
结构设计的目标与原则	（1）掌握结构设计的目标 （2）掌握结构设计的原则	（1）结构安全等级 （2）可靠度 （3）耐久性 （4）设计使用年限
直接概率设计法	（1）掌握直接概率设计法概念 （2）掌握直接概率设计法计算方法	（1）可靠指标 （2）失效概率
概率极限状态的实用设计表达式	（1）掌握概率极限状态设计法概念 （2）熟练应用概率极限状态的实用设计表达式	（1）承载能力极限状态 （2）正常使用极限状态 （3）结构抗震设计

基本概念

可靠度、耐久性、设计基准期、基本组合、偶然组合、短期效应、长期效应

 引例

以概率理论为基础的极限状态设计法简称为概率极限状态设计法。其将结构的极限状态分为承载能力极限状态和正常使用极限状态两大类。对应不同的设计情况,采用不同的极限状态进行设计。

10.1 结构设计的目标与原则

结构的设计、施工和维护应使结构在规定的设计使用年限内以适当的可靠度且经济的方式满足规定的各项功能要求。

10.1.1 建筑结构安全等级与可靠度

结构设计时,为了满足设计安全性要求,应根据房屋的重要性、结构破坏所造成的后果,即危害人的生命、造成经济损失、产生社会影响的严重程度,采用不同的可靠度水准。《工程结构可靠性设计统一标准》(GB 50153—2008)将建筑结构安全等级划分为 3 级,见表 10-1。《高耸结构设计规范》(GB 50135—2006)则将高耸结构安全等级划分为两级,见表 10-2。

表 10-1 建筑结构安全等级

安全等级	破坏后果	建筑物类型示例
一级	很严重:对人的生命、经济、社会或环境影响很大	大型的公共建筑等
二级	严重:对人的生命、经济、社会或环境影响较大	普通的住宅和办公楼等
三级	不严重:对人的生命、经济、社会或环境影响很小	小型的或临时性贮存建筑等

表 10-2 高耸结构的安全等级

安全等级	破坏结果	高耸结构类型示例
一级	很严重	重要的高耸结构类型
二级	严重	一般的高耸结构类型

注:① 对特殊的高耸结构,其安全等级可根据具体情况另行确定。
② 结构构件的安全等级宜采用与整个结构相应的安全等级,对部分构件可按具体情况调整其安全等级。

大量的一般房屋列入二级，重要的房屋提高一级，次要的房屋降低一级。建筑物中各类结构构件的安全等级，宜与整个结构的安全等级相同，但也允许对部分结构构件根据其重要程度和综合经济效益进行适当调整。主要包括两个方面，如一个方面可提高某一结构构件的安全等级，所需额外费用很少，又能减轻整个结构的破坏，从而大大减少人员伤亡和财产损失，则可将该结构构件的安全等级比整个结构的安全等级提高一级。另一方面，如果某一结构构件的破坏并不影响整个结构或其他结构构件的安全性，则可将其安全等级降低一级，但最低不低于三级。

10.1.2 耐久性和设计使用年限

工程结构设计时应对环境影响进行评估，当结构所处的环境对其耐久性有较大影响时，应根据不同的环境类别采用相应的结构材料、设计构造、防护措施、施工质量要求等，并应制定结构在使用期间的定期检修和维护制度，使结构在设计使用年限内不致因材料的劣化而影响其安全或正常使用。

耐久性是材料抵抗自身和自然环境双重因素长期破坏作用的能力，即保证其经久耐用的能力。耐久性越好，材料的使用寿命越长。耐久性设计就是根据结构的环境类别和设计使用年限进行设计，主要解决环境作用与材料抵抗环境作用能力的问题。要求在规定的设计使用年限内，结构能够在自然和人为环境的化学和物理作用下，不出现无法接受的承载力减小、使用功能降低和不能接受的外观破损等耐久性问题，所以还要掌握设计基准期和设计使用年限的概念。

设计基准期就是指结构设计时，为确定可变作用及与时间有关的材料性能等取值而选用的时间参数。例如，现行的建筑结构设计规范中的荷载统计参数是按设计基准期为50年确定的，桥梁结构为100年，水泥混凝土路面结构不大于30年，沥青混凝土路面结构不大于15年。

设计使用年限指结构在正常设计、正常施工、正常使用和维护下所应达到的使用年限，在这个年限内，结构只需要进行正常的维护而不需要进行大修就能够按预期目的使用。如果达不到这个年限，则意味着在设计、施工、使用和维护的某一环节上出现了不正常情况，应查找原因。

结构的可靠度或失效概率与结构的使用年限长短有关。当结构的实际使用年限超过设计使用年限后，结构失效概率将会比设计时的预期值增大，但并不意味着该结构会立即丧失功能或报废。《建筑结构可靠度设计统一标准》规定的各类建筑结构设计使用年限见表10-3。

表10-3 建筑结构设计使用年限分类

类别	设计使用年限/年	示例
1	5	临时性结构
2	25	易于替换的结构构件
3	50	普通房屋和构造物
4	100	纪念性建筑和特别重要的建筑结构

10.1.3 设计状况与极限状态设计

由于结构物在建造和使用过程中所承受的作用和所处环境不同，设计时所采用的结构体系、可靠度水准、设计方法等也应有所区别。因此，建筑结构设计时，应根据结构在施工和使用中的环境条件和影响，区分下列 4 种设计状况。

(1) 持久设计状况：在结构使用过程中一定出现、其持续期很长的状况。持续期一般与设计使用年限为同一数量级，如房屋结构承受家具和正常人员荷载的状况。

(2) 短暂设计状况：在结构施工和使用过程中出现概率较大，而与设计使用年限相比持续时间很短的状况，如结构施工和维修时承受堆料和施工荷载的状况。

(3) 偶然设计状况：在结构使用过程中出现的概率很小，且持续期很短的状况，如结构遭受火灾、爆炸、撞击等作用的状况。

(4) 地震设计状况：结构遭受地震时的设计状况。

对于不同的设计状况均应进行承载能力极限状态设计；对持久状况尚应进行正常使用极限状态设计；对短暂设计状况和地震设计状况，可根据需要进行正常使用极限状态设计；对偶然设计状况，可不进行正常使用极限状态设计。

10.1.4 目标可靠指标

为了使结构设计既安全又经济合理，因此必须确定一个公众所能接受的建筑结构的失效概率或可靠指标，这个失效概率或可靠指标就称为目标失效概率（允许失效概率）或目标可靠指标（允许可靠指标），它代表了设计所要预期达到的结构可靠度，是预先给定作为结构设计依据的可靠指标。

建筑结构或构件在设计基准期内，在规定的条件下，不能完成预定功能的概率 P 低于目标失效概率（允许失效概率）$[P]$，则有

$$P \leqslant [P] \tag{10-1}$$

式中，P——失效概率；

$[P]$——目标失效概率（允许失效概率）。

由于可靠指标与失效概率是一一对应的关系，则有

$$\beta \geqslant [\beta] \tag{10-2}$$

式中，β——可靠指标；

$[\beta]$——目标可靠指标（允许可靠指标）。

目前可靠指标与工程造价、使用维护费用以及投资风险、工程破坏后果等有关。如目标可靠指标定得较高，则相应的工程造价增大，而维修费用降低，风险损失减小；反之，目标可靠指标定得较低，工程造价降低，但维修费用及风险损失就会提高。因此，结构设计的目标可靠指标应综合考虑社会公众对事故的接受程度、可能的投资水平、结构重要性、结构破坏性质及其失效后果等因素，以优化方法确定。目标可靠指标 $[\beta]$ 的确定应遵循下面几个原则。

(1) 建立在对原规范类比法或校准的基础上，运用近似概率法对原有各类结构设计规

范所设计的各种构件进行分析,反算出原规范在各种情况下相应的可靠指标 β。然后,在统计分析的基础上,针对不同情况作适当调整,确定合理且统一的目标可靠指标 $[\beta]$。

(2) $[\beta]$ 与结构安全等级有关。安全等级要求愈高,目标可靠指标就应该愈大。

(3) $[\beta]$ 与结构破坏性质有关。延性破坏结构的目标可靠指标可稍低于脆性破坏结构的目标可靠指标。因为延性破坏的构件在破坏前有明显的预兆,如构件的裂缝过宽,变形较大等,破坏过程较缓慢。属于延性破坏的有钢筋混凝土受拉、受弯等构件,而脆性破坏则带有突发的性质。构件在破坏前无明显的预兆,一旦破坏,其承载力急剧降低甚至断裂,例如轴心受压、受剪、受扭等构件。

(4) $[\beta]$ 与不同的极限状态有关。承载能力极限状态下的目标可靠指标应高于正常使用极限状态下的目标可靠指标。因为承载能力极限状态是关系到结构构件是否安全的根本问题,而正常使用极限状态的验算则是在满足承载能力极限状态的前提下进行的,只影响到结构构件的正常适用性。

《建筑结构可靠度设计统一标准》(GB 50068—2001)和《公路工程结构可靠度设计统一标准》(GB/T 50283—1999)根据结构的安全等级和破坏类型,在"校准法"的基础上,规定了承载能力极限状态设计时的目标可靠指标 $[\beta]$ 值,见表 10-4、表 10-5 和表 10-6。表中规定的 $[\beta]$ 值是各类材料结构设计规范应采用的最低 $[\beta]$ 值。

表 10-4 建筑结构承载能力极限状态的目标可靠指标 $[\beta]$ 值

破坏类型	安全等级		
	三级	一级	二级
延性破坏	3.7	3.2	2.7
脆性破坏	4.2	3.7	3.2

表 10-5 公路桥梁结构承载能力极限状态的目标可靠指标 $[\beta]$ 值

破坏类型	安全等级		
	三级	一级	二级
延性破坏	4.7	4.2	3.7
脆性破坏	5.2	4.7	4.2

表 10-6 公路路面结构的目标可靠指标 $[\beta]$ 值

安全等级	一级	二级	三级
目标可靠指标	1.64	1.28	1.04

结构构件正常使用极限状态的设计可靠指标的取值,GB 50068—2001 根据国际标准 ISO 2394 的建议,结合国内近年来的分析研究成果,对结构构件正常使用的可靠指标,根据其作用效应的可逆程度宜取 0~1.5。可逆程度较高的结构构件取较低值;可逆程度较低的结构构件取较高值。

可逆极限状态指产生超越状态的作用被移去后,将不再保持超越状态的一种极限状态;不可逆极限状态指产生超越状态的作用被移去后,仍将永久保持超越状态的一种极限状态。例如,有一简支梁在某一数值的荷载作用后,其挠度超过了允许值,卸去该荷载后,若梁的挠度小于允许值,则为可逆极限状态,其可靠指标取为 0;若梁的挠度还是超过允许值,则为不可逆极限状态,其可靠指标取 1.5。当可逆程度介于可逆与不可逆二者之间时,$[\beta]$ 取 0~1.5 之间的值。

10.2 直接概率设计法

10.2.1 一般概念

所谓直接概率设计法就是根据预先给定的目标可靠指标 β 及各基本变量的统计特征,通过可靠度计算公式反求结构构件抗力,然后进行构件截面设计的一种方法。简单来讲,就是要使所设计结构的可靠度满足某个规定的概率值。也就是说要使失效概率 P_f 在规定的时间段内不应超过规定值 $[P_f]$。直接概率设计法的设计表达式可以用式(10-1)和式(10-2)来表示。

目前,直接概率设计法主要应用于以下方面。

(1) 在特定情况下,直接设计某些重要的工程(例如核电站的安全壳、海上采油平台、大坝等)。

(2) 根据规定的可靠度,核准分项系数模式中的分项系数。

(3) 对不同设计条件下的结构可靠度进行一致性对比。

10.2.2 直接概率法的基本方法

若当结构抗力 R 和荷载效应 S 都服从正态分布,并且已知统计参数 μ_R、μ_S、σ_R 和 σ_S,且极限状态方程是线性的,那么根据可靠指标计算公式可以直接求出抗力 R 的平均值,即

$$\mu_R - \mu_S = \beta \sqrt{\sigma_R^2 + \sigma_S^2} \tag{10-3}$$

从式(10-3)可以看出,对于所设计的结构,当 μ_R 和 μ_S 之差值愈大或者 μ_R 和 μ_S 值越小,可靠指标 β 值就愈大,也就意味着失效概率愈小,结构愈可靠,反之结构就不可靠了。

当给定结构的目标可靠指标 β,且已知荷载效应的统计参数 μ_S、δ_S 和抗力的统计参数 x_R、δ_R 时,则可直接应用式(10-2)设计结构,把式(10-3)代入式(10-2)整理后可得

$$\mu_R - \mu_S = \beta \sqrt{(\mu_R \delta_R)^2 + (\mu_S \delta_S)^2} \tag{10-4}$$

求解上式即得 μ_R,再由 $R_K = \mu_R / x_R$ 求出抗力标准值 R_K,而后根据 R_K 进行截面设计。

当极限状态方程为非线性,或者其中含有非正态基本变量的情况,就不能采用上述方法来简单求解。这时可利用一次二阶矩法的验算点法,求解某一基本变量 X_i 的平均值 μ_{xi}。在一般情况下,直接求出 μ_{xi} 是不可能的,要进行非线性与非正态的双重迭代才能求出,计算过程比较复杂。直接概率设计法的计算步骤如图 10.1 所示。

【例 10.1】 已知某拉杆,采用 Q235A$_3$ 钢材,承受的轴向拉力和截面承载力服从正态分布,$\mu_N=219$kN,$\delta_N=0.08$,$x_R=1.16$,$\delta_R=0.09$,目标可靠指标 $\beta=3.3$,试求该拉杆所需的截面面积(假定不计截面尺寸变异和计算公式精确度的影响)。

解：

$$\mu_R - \mu_S = \beta\sqrt{(\mu_R \cdot \delta_R)^2 + (\mu_N \delta_N)^2}$$

$$\mu_R - 219 - 3.3 \times \sqrt{(0.09 \times \mu_R) + (219 \times 0.08)^2} = 0$$

解得 $\mu_R = 335\text{kN}$

则抗力标准值为

$$R_K = \mu_R / x_R = 335/1.16 = 288.79\text{kN}$$

$$R_K = f_{yk} \times A_S$$

$$f_{yk} = 235\text{N/mm}^2$$

$$A_S = 288790/235 = 1228.89\text{mm}^2$$

所以拉杆所需的截面面积 $A_S = 1228.89\text{mm}^2$

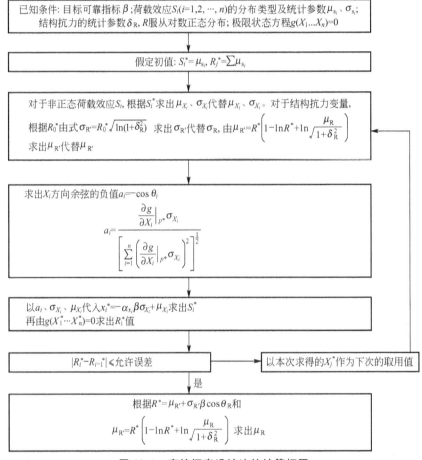

图 10.1 直接概率设计法的计算框图

10.3 概率极限状态的实用设计表达式

为了满足可靠度的要求，在实际结构设计中要采取以下几条措施。
（1）计算荷载效应时，取足够大的荷载值；多种荷载作用时考虑荷载的合理组合。

(2) 在计算结构的抗力时，取足够低的强度指标。

(3) 对安全等级不同的建筑结构，采用一个重要性系数来进行调整。

在采用上述措施以后，第 10.1 节给定的目标可靠指标可得到满足，而不必进行繁杂的概率运算。同时，考虑到工程结构设计人员长期以来习惯于采用基本变量的标准值和各种系数进行结构设计，而且在可靠度理论上也已建立了分项系数的确定方法。因而，GB 50068—2001 和 GB/T 50238—1999 都规定了在设计验算点处，把以可靠指标 β 表示的极限状态方程转化为以基本变量和相应的分项系数表达的极限状态设计表达式。下面介绍这两种标准所采用的实用设计表达式及有关参数的取值规定。

10.3.1 承载能力极限状态设计表达式

结构构件的承载力计算，应采用如下承载力极限状态设计表达式。

$$r_0 S \leqslant R \tag{10-5}$$

$$R = R(\gamma_R, f_k, a_k, \cdots) \tag{10-6}$$

式中，r_0——结构重要性系数，对安全等级为一级或设计使用年限为 100 年及以上的结构构件，不应小于 1.1；对安全等级为二级或设计使用年限为 50 年的结构构件，不应小于 1.0；对安全等级为三级或设计使用年限为 5 年及以下的结构构件，不应小于 0.9；对设计使用年限为 25 年的结构构件，各类材料结构设计规范根据各自情况而定；

S——承载能力极限状态的荷载效应组合的设计值；

$R(\cdot)$——结构构件的抗力函数；

R——结构构件的抗力设计值；

γ_R——结构构件抗力的分项系数；

f_k——材料性能的标准值；

a_k——几何参数的标准值，当其变异性对结构性能有明显影响时，可另增减一个附加值。

当结构上同时作用有多种可变荷载时应考虑到荷载效应的组合，即将所有可能同时出现的各种荷载加以组合，以求得组合后在结构或构件内产生的总效应。把其中对结构构件产生总效应最不利的一组组合称为最不利组合，并取最不利组合进行设计。

承载能力极限状态的荷载效应组合分为基本组合、偶然组合和地震组合。对持久设计状况或短暂设计状况，应采用基本组合；对偶然设计状况，应采用偶然组合；对地震设计状况，应采用地震组合。

1. 基本组合

对于基本组合，荷载效应组合的设计值 S 应从下列组合值中取最不利值确定。

(1) 由可变荷载效应控制的组合。

$$S = \gamma_G \cdot S_{GK} + \gamma_{Q1} \cdot S_{Q1K} + \sum_{i=2}^{n} \gamma_{Qi} \cdot \psi_{ci} \cdot S_{Q1K} \tag{10-7}$$

(2) 由永久荷载效应控制的组合。

$$S = \gamma_G \cdot S_{GK} + \sum_{i=1}^{n} \gamma_{Qi} \cdot \psi_{ci} \cdot S_{QiK} \quad (10-8)$$

在具体应用时，对于一般排架、框架结构，基本组合可采用简化规则，并应按下列组合值中取最不利的值确定。

(1) 由可变荷载效应控制的组合。

$$S = \gamma_G \cdot S_{GK} + \gamma_{Q1} \cdot S_{Q1K} \quad (10-9)$$

$$S = \gamma_G \cdot S_{GK} + 0.9 \sum_{i=1}^{n} \gamma_{Qi} S_{Q1K} \quad (10-10)$$

(2) 由永久荷载效应控制的组合仍按式(10-8)采用。

式中，γ_G——永久荷载的分项系数，当其效应对结构不利时，对式(10-7)、式(10-9)和式(10-10)，取1.2；对式(10-8)取1.35；当其效应对结构有利时，一般情况下应取1.0；对结构的倾覆、滑移或漂浮验算，应取0.9；

γ_{Q1}, γ_{Qi}——第1个和第i个可变荷载的分项系数，当其效应对结构构件不利时，一般情况下取1.4，对标准值大于4kN/m²的工业房屋楼面结构的活荷载，应取1.3；

S_{GK}——永久荷载标准值的效应值；

S_{Q1K}——第1个可变荷载标准值的效应，在基本组合中该效应大于其他任何第i个可变荷载标准值的效应；

S_{QiK}——第i个可变荷载标准值的效应；

ψ_{Ci}——第i个可变荷载的组合值系数；其值不应大于1.0，具体按《建筑结构荷载规范》(GB 50009—2001)有关规定取用；

n——参与组合的可变荷载数。

2. 偶然组合

对于偶然组合，荷载效应组合的设计值宜按下列规定确定：偶然荷载的代表值不乘分项系数，这是因为偶然荷载标准值的确定本身带有主观的臆测因数，与偶然荷载同时出现的其他可变荷载可根据观测资料和工程经验采用适当的代表值。具体的设计表达式及各种系数的取值，应符合专门规范的规定。

在GB/T 50283—1999中，对于基本组合，采用下列承载力极限状态设计表达式。

$$r_0 \cdot \gamma_S \cdot \left(\sum_{i=1}^{m} \gamma_{Gi} S_{GiK} + \gamma_{Q1} S_{Q1K} + \psi_c \sum_{j=2}^{n} \gamma_{Qj} S_{QjK} \right) \leqslant \frac{1}{\gamma_R} R(\gamma_f; f_K, \alpha_K, \cdots) \quad (10-11)$$

对于路面结构，可采用下式。

$$\gamma_r \cdot \sum_{i=1}^{n} S_{QiK} \leqslant R(f_K, \alpha_K) \quad (10-12)$$

式中，γ_S——作用效应计算模式不定性系数；

γ_{Gi}——第i个永久荷载的分项系数，对于恒荷载(结构及附加物自重)，取1.2；其效应对结构承载能力有利时，应取不大于1.0；

γ_{Q1}——汽车荷载分项系数，对于公路桥梁，根据荷载效应的组合情况取1.1或1.4；

γ_{Qj}——除汽车荷载外第j个其他可变荷载的分项系数；

S_{GiK}——第 i 个永久荷载标准值的效应;

S_{Q1K}——含有冲击系数的汽车荷载标准值的效应;

S_{QjK}——除汽车荷载外第 j 个其他可变荷载的分项系数;

ψ_c——除汽车荷载外其他可变荷载的组合值系数;

γ_f——结构材料,岩土性能的分项系数;

γ_r——路面结构的可靠度系数,此中已包含结构重要性系数 γ_0。

3. 地震组合

地震组合的效应组合值,宜根据重现期为 475 年的地震作用(基本烈度)确定,其效应设计值应符合下列规定。

$$S = \sum_{i \geq 1} G_{iK} + \gamma_1 S_{EK} + \sum_{j > 1} \psi_{qj} S_{QjK} \quad (10-13)$$

式中,γ_1——地震作用重要性系数;

ψ_{qj}——第 j 个可变作用的准永久值系数;

S_{EK}——根据重现期为 475 年的地震作用(基本烈度)确定的地震作用的标准值。

10.3.2 正常使用极限状态设计表达式

GB 50068—2001 规定,对于正常使用极限状态,结构构件应根据不同的设计要求,分别采用荷载效应的标准组合、频遇组合和准永久组合或考虑荷载长期作用影响来进行设计,使变形、抗裂度和裂缝宽度等荷载效应的设计值 S_d 不超过相应的规定限值 C,其表达式为

$$S_d \leqslant C \quad (10-14)$$

式中,S_d——正常使用极限状态的荷载效应组合值;

C——结构或结构构件达到正常使用要求(裂缝宽度、挠度)的规定限值。

对于荷载效应标准组合(短期效应组合)的设计值 S_d 应按下式采用。

$$S_d = S_{GK} + S_{Q1K} + \sum_{i=2}^{n} \psi_{ci} S_{QiK} \quad (10-15)$$

对于荷载效应频遇组合的设计值 S_d 应按下式采用。

$$S_d = S_{GK} + \psi_{f1} \cdot S_{Q1K} + \sum_{i=2}^{n} \psi_{qi} \cdot S_{QiK} \quad (10-16)$$

对于荷载效应准永久组合(长期效应组合)的设计值 S_d 应按下式采用。

$$S_d = S_{GK} + \sum_{i=1}^{n} \psi_{qi} \cdot S_{QiK} \quad (10-17)$$

式中,ψ_{f1}——在频遇组合中起控制作用的一个可变荷载频遇值系数;

ψ_{qi}——第 i 个可变荷载的准永久值系数。

GB/T 50283—1999 在正常使用极限状态设计时,与 GB 50009—2001 相类似,仍规定采用荷载的短期效应组合和长期效应组合进行验算。但在短期效应组合中,可变荷载代表值采用频遇值。

荷载短期效应组合公式为

$$S_{sd} = \gamma_s \left(\sum_{i=1}^{m} S_{GiK} + \sum_{j=1}^{n} \psi_{1j} S_{QjK} \right) \quad (10-18)$$

荷载长期效应组合公式为

$$S_{Ld} = \gamma_S \left(\sum_{i=1}^{m} S_{GiK} + \sum_{j=1}^{n} \psi_{2j} S_{QjK} \right) \quad (10-19)$$

式中，ψ_{1j}——第 j 个可变荷载的频遇值系数；

ψ_{2j}——第 j 个可变荷载的准永久值系数；

其他符号同前述。

【例 10.2】 已知某屋面板在各种荷载引起的弯矩标准值分别为永久荷载 2000N·m，使用活荷载 1200N·m，风荷载 300N·m，雪荷载 200N·m。若安全等级为二级，试求按承载能力极限状态设计时的荷载效应 M。又若各种可变荷载的组合值系数、频遇值系数、准永久系数分别为使用活荷载 $\psi_{c1}=0.7$，$\psi_{f1}=0.5$，$\psi_{q1}=0.4$；风荷载 $\psi_{c2}=0.6$，$\psi_{q2}=0$；雪荷载 $\psi_{c3}=0.7$，$\psi_{q3}=0.2$，再试求在正常使用极限状态下的荷载效应标准组合的弯矩设计值 M_K、荷载设计频遇组合的弯矩设计值 M_f 和荷载效应准永久组合的弯矩设计值 M_q。

解：(1) 按承载能力极限状态，计算荷载效应 M。

由可变荷载效应控制的组合为

$$\begin{aligned} M &= \gamma_0 \left(\gamma_G \cdot M_{GK} + \gamma_{Q1} \cdot M_{1K} + \sum_{i=2}^{3} \gamma_{qi} \psi_{ci} M_{iK} \right) \\ &= 1.0 \times (1.2 \times 2000 + 1.4 \times 1200 + 1.4 \times 0.6 \times 300 + 1.4 \times 0.7 \times 200) \\ &= 4528 \text{N} \cdot \text{m} \end{aligned}$$

由永久荷载效应控制的组合为

$$\begin{aligned} M &= \gamma_0 \left(\gamma_G M_{GK} + \sum_{i=1}^{3} \gamma_{qi} \psi_{ci} M_{iK} \right) \\ &= 1.0 \times [1.35 \times 2000 + 1.4 \times (0.7 \times 1200 + 0.6 \times 300 + 0.7 \times 200)] \\ &= 4324 \text{N} \cdot \text{m} \end{aligned}$$

可见是由可变荷载效应控制的。

(2) 按正常使用极限状态计算荷载效应 M_K、M_f、M_q。

荷载效应的标准组合为

$$\begin{aligned} M_K &= M_{GK} + M_{1K} + \sum_{i=2}^{3} \psi_{ci} M_{iK} \\ &= 2000 + 1200 + 0.6 \times 300 + 0.7 \times 200 \\ &= 3520 \text{N} \cdot \text{m} \end{aligned}$$

荷载效应的频遇组合为

$$\begin{aligned} M_f &= M_{GK} + \psi_{f1} M_{1K} + \sum_{i=2}^{3} \psi_{qi} M_{iK} \\ &= 2000 + 0.5 \times 1200 + 0 \times 300 + 0.2 \times 200 \\ &= 2640 \text{N} \cdot \text{m} \end{aligned}$$

荷载效应的准永久组合为

$$\begin{aligned} M_q &= M_{GK} + \sum_{i=1}^{3} \psi_{qi} M_{iK} \\ &= 2000 + 0.4 \times 1600 + 0 \times 300 + 0.2 \times 200 \\ &= 2680 \text{N} \cdot \text{m} \end{aligned}$$

10.3.3 结构抗震设计表达式

根据《建筑结构可靠度设计统一标准》(GB 50068—2001)的规定,建筑结构应采用极限状态设计方法进行抗震计算。在进行建筑结构抗震设计的具体方法上,《建筑抗震设计规范》(GB 50010—2010)采用第二阶段设计法。

第一阶段设计是为了满足第一水准抗震设防目标"小震不坏"的要求,按小震作用效应与其他荷载作用效应的基本结合,验算构件截面的抗震承载力,以及在小震作用下验算结构的弹性变形,用以满足在第一水准下具有必要的承载力可靠度和满足第二水准的损坏可修的目标。

第二阶段设计是对特殊要求的建筑、地震时易倒塌的结构以及有明显薄弱的不规则结构,除进行第一阶段设计外,还要进行结构薄弱部位的弹塑性层间变形验算,并采取相应的抗震构造措施,实现第三水准的设防要求,以满足"大震不倒"的抗震设防目标要求。

1. 截面抗震设计表达式

为了保证建筑结构的可靠性,按极限状态设计法进行抗震设计时,结构的地震作用效应不大于结构的抗力,即应采用下列设计表达式。

$$S \leqslant R/\gamma_{RE} \tag{10-20}$$

式中,γ_{RE}——承载力抗震调整系数,反映了各类构件在多遇地震烈度下的承载能力极限状态的可靠指标的差异,除另有规定外,应按表 10-7 采用;

S——结构构件内力组合的设计值,按《建筑抗震设计规范》(GB 50010—2010)采用。

R——结构构件承载力设计值;对砌体、钢、木结构的构件和连接分别按有关规范中非抗震设计承载力公式计算;钢筋混凝土结构的构件和连接按《混凝土结构设计规范》(GB 50010—2010)确定,其中受剪承载力按非抗震设计承载力乘以 0.8 计算。

对地震作用效应,当《建筑抗震设计规范》(GB 50010—2010)各章有规定时,应乘以相应的效应调整系数 η,如突出屋面小建筑、天窗架、高低跨厂房交接处的柱子、框架柱、底层框架-抗震墙结构的柱子、梁端和抗震墙底部加强部位等。

表 10-7 承载力抗震调整系数

材料	结构构件	受力状态	γ_{RE}
钢	柱、梁、支承、节点板件、螺栓、焊缝柱、支承	强度 稳定	0.75 0.80
砌体	两端均有构造柱、芯柱抗震墙其他抗震墙	受剪 受剪	0.90 1.00
混凝土	梁 轴压比小于 0.15 的柱 轴压比不小于 0.15 的柱 抗震墙 各类构件	受弯 偏压 偏压 偏压 受剪、偏拉	0.75 0.75 0.80 0.85 0.85

注:当仅计算竖向地震作用时,各类结构构件承载力抗震调整系数均宜采用 1.0。

2. 抗震变形验算的设计表达式

抗震设防3个水准的要求采用多遇地震作用下的层间弹性位移验算和结构薄弱层(部位)弹性层间位移的验算。

1) 多遇地震作用下的层间弹性位移验算表达式

楼层内最大的弹性层间位移应符合下列要求。

$$\Delta u_e \leqslant [\theta_e] h \qquad (10-21)$$

式中，Δu_e——多遇地震作用标准值产生的楼层内的最大弹性层间位移；

$[\theta_e]$——弹性层间位移角限值，宜按表10-8采用；

h——计算楼层层高。

表10-8 弹性层间位移角限值

结构类型	$[\theta_e]$
钢筋混凝土框架	1/550
钢筋混凝土框架-抗震墙、板柱-抗震墙、框架-核心筒	1/800
钢筋混凝土抗震墙、筒中筒	1/1000
钢筋混凝土框支层	1/1000
多、高层钢结构	1/250

2) 结构薄弱层(部位)弹塑性层间位移的验算表达式

$$\Delta u_p \leqslant [\theta_p] h \qquad (10-22)$$

式中，$[\theta_p]$——弹塑性层间位移角限值，可按表10-9采用；对钢筋混凝土框架结构，当轴压比小于0.40时，可提高10%；当柱子全高的箍筋构造比《建筑抗震设计规范》(GB 50010—2010)规定的最小配筋特征值大30%时，可提高20%，但累计不超过25%；

h——薄弱层楼层高度或单层厂房上柱高度；

Δu_p——弹塑性层间位移。

弹塑性层间位移可按下列公式计算。

$$\Delta u_p = \eta_p \Delta u_e$$

式中，Δu_e——罕遇地震作用下按弹性分析的层间位移；

η_p——弹塑性层间位移增大系数，当薄弱层(部位)的屈服强度系数不小于相邻层(部位)，且该系数平均值0.8时，可按表10-10采用。当不大于该平均值的0.5时，可按表内相应数值的1.5倍采用；其他情况采用内插法取值。

表10-9 弹塑性层间位移角限值

结构类型	$[\theta_p]$
单层钢筋混凝土柱排架	1/30
钢筋混凝土框架	1/50

（续）

结构类型	$[\theta_p]$
底部框架砖房中的框架-抗震墙	1/100
钢筋混凝土框架-抗震墙、板柱-抗震墙、框架-核心筒	1/100
钢筋混凝土抗震墙、筒中筒	1/120
多、高层钢结构	1/50

表 10-10 弹塑性层间位移增大系数

结构类型	总层数 n 或部位	楼层屈服强度系数 ξ_y		
		0.5	0.4	0.3
多层均匀框架结构	2～4	1.30	1.40	1.60
	5～7	1.50	1.65	1.80
	8～12	1.80	2.00	2.20
单层厂房	上柱	1.30	1.60	2.00

注：楼层屈服强度系数是按构件实际配筋和材料强度标准值计算的楼层受剪承载力和按罕遇地震作用标准值计算的楼层弹性地震剪力的比值；对排架柱，指按实际配筋面积、材料强度标准值和轴向力计算的正截面受弯承载力与罕遇地震作用标准值计算的弹性地震弯矩的比值。

本 章 小 结

本章介绍了基于可靠性理论的极限状态设计法。对于不同的设计状况均应进行承载能力极限状态设计；对持久状况尚应进行正常使用极限状态设计；对短暂设计状况和地震设计状况，可根据需要进行正常使用极限状态设计；对偶然设计状况，可不进行正常使用极限状态设计。

以结构设计的目标为基础，分别简述了根据预先给定的目标可靠指标 β 及各基本变量的统计特征，通过可靠度计算公式反求结构构件抗力，然后进行构件截面设计的直接概率设计法。

在实际结构设计中采取①计算荷载效应时，取足够大的荷载值；多种荷载作用时考虑荷载的合理组合；②在计算结构的抗力时，取足够低的强度指标；③对安全等级不同的建筑结构，采用一个重要性系数来进行调整而不必进行繁杂的概率运算，同时，考虑到工程结构设计人员长期以来习惯于采用基本变量的标准值和各种系数进行结构设计，而且在可靠度理论上也已建立了分项系数的确定方法，把以可靠指标 β 表示的极限状态方程转化为以基本变量和相应的分项系数表达的极限状态设计表达式。

思 考 题

1. 什么是结构的设计状况？包括哪几种？各需进行何种极限状态设计？
2. 结构的设计基准期和设计使用年限是否相同？为什么？
3. 怎样确定结构构件设计的目标可靠指标？
4. 什么是结构的设计使用年限？与结构使用寿命有何不同？
5. 试说明可变荷载的标准值与准永久值、组合值之间的关系。
6. 直接概率设计法的基本思路是什么？
7. 在概率极限状态的实用设计表达式中，如何体现结构的安全等级和目标可靠指标？
8. 结构抗震三水准是什么？简述结构抗震验算设计表达式。

习 题

1. 已知某钢拉杆，其抗力和荷载的统计参数为 $\mu_N = 237\text{kN}$，$\sigma_N = 19.8\text{kN}$，$\delta_R = 0.07$，$K_R = 1.12$，且轴向拉力 N 和截面承载力 R 都服从正态分布。当目标可靠指标为 $\beta = 3.7$ 时，不考虑截面尺寸变异的影响，求结构抗力的标准值。

2. 钢筋混凝土轴心受压短柱，截面尺寸为 $b \times h = 300\text{mm} \times 500\text{mm}$，配有 HRB335 钢筋，$A_s = 1964\text{mm}^2$。设荷载服从正态分布，轴力 N 平均值 $\mu_N = 1800\text{kN}$，变异系数 $\delta_N = 0.10$。钢筋屈服强度 f_y 服从正态分布，其平均值 $\mu_{fy} = 380\text{N/mm}^2$，变异系数 $\delta_{fy} = 0.06$。混凝土轴心抗压强度 f_c 也服从正态分布，其平均值 $\mu_{fc} = 24.80\text{N/mm}^2$，变异系数 $\delta_{fc} = 0.20$。不考虑结构尺寸的变异和计算模式的不准确性，试计算该短柱的可靠指标 β。

3. 受永久荷载 q 作用的钢筋混凝土拱，其拉杆轴力 $N = ql^2/(8f)$，其中 $l = 15\text{m}$，$f = 3\text{m}$。钢筋混凝土拉杆截面尺寸为 $b \times h = 250\text{mm} \times 200\text{mm}$。设永久荷载为正态分布，平均值 $\mu_q = 14\text{kN/m}$，变异系数 $\delta_q = 0.07$；钢材屈服强度 f_y 为正态分布，平均值 $\mu_{fy} = 374\text{kN/m}$，变异系数 $\delta_{fy} = 0.08$。目标可靠指标为 3.2，不考虑结构尺寸的变异和计算公式精度的不准确性。求此拉杆的配筋面积。

4. 一简支板，板跨上 $L_0 = 4\text{m}$，荷载的标准值：永久荷载（包括板自重）$g_k = 10\text{kN/m}$，楼板活荷载 $q_k = 2.5\text{kN/m}$，结构安全等级为二级，试求简支板跨中截面荷载效应设计值 M。

5. 当习题 2 中荷载的准永久值系数为 0.5 时，求按正常使用计算时板跨中截面荷载效应的标准组合和准永久组合弯矩值。

参 考 文 献

[1] 中华人民共和国国家标准. 建筑结构可靠度设计统一标准(GB 50068—2001)[S]. 北京：中国建筑工业出版社，2001.
[2] 中华人民共和国国家标准. 建筑结构荷载规范(GB 50009—2001)(2006年版)[S]. 北京：中国建筑工业出版社，2006.
[3] 中华人民共和国国家标准. 砌体结构设计规范(GB 50003—2011)[S]. 北京：中国建筑工业出版社，2012.
[4] 中华人民共和国国家标准. 建筑抗震设计规范(GB 50011—2010)[S]. 北京：中国建筑工业出版社，2010.
[5] 中华人民共和国国家标准. 混凝土结构设计规范(GB 50010—2010)[S]. 北京：中国建筑工业出版社，2010.
[6] 中华人民共和国国家标准. 工程结构可靠度设计统一标准(GB 50153—2008)[S]. 北京：中国建筑工业出版社，2008.
[7] 中华人民共和国行业标准. 公路桥涵设计通用规范(JTG D60—2004)[S]. 北京：中国建筑工业出版社，2004.
[8] 中华人民共和国国家标准. 起重机设计规范(GB/T 3811—2008)[S]. 北京：中国建筑工业出版社，2008.
[9] 中华人民共和国国家标准. 高层建筑混凝土结构技术规程(GB 50010—2010)[S]. 北京：中国建筑工业出版社，2010.
[10] 中华人民共和国国家标准. 人民防空地下室设计规范(GB 50038—2005)[S]. 北京：中国计划出版社，2005.
[11] 中华人民共和国国家标准. 公路工程结构可靠度设计统一标准(GB/T 50238—1999)[S]. 北京：中国计划出版社，1999.
[12] 中华人民共和国国家标准. 高耸结构设计规范(GB 50135—2006)[S]. 北京：中国计划出版社，2007.
[13] 白国梁，刘明. 荷载与结构设计方法[M]. 北京：高等教育出版社，2003.
[14] 柳炳康. 荷载与结构设计方法[M]. 武汉：武汉理工大学出版社，2003.
[15] 赵阳，方有珍，孙静怡. 荷载与结构设计方法[M]. 重庆：重庆大学出版社，2001.
[16] 李国强，黄宏伟，郑步全. 工程结构荷载与可靠度设计原理[M]. 2版. 北京：中国建筑工业出版社，2002.
[17] 陈基发，沙志中. 建筑结构荷载设计手册[M]. 2版. 北京：中国建筑工业出版社，2005.
[18] 徐建. 一级注册结构工程师专业考试应试题解[M]. 北京：中国建筑工业出版社，2005.
[19] 李桂青. 结构可靠度[M]. 武汉：武汉工业大学出版社，1989.
[20] 赵国藩，金伟良，贡金鑫. 结构可靠度理论[M]. 北京：中国建筑工业出版社，2000.
[21] 张新培. 建筑结构可靠度分析与设计[M]. 北京：科学出版社，2001.
[22] 胡卫兵，何建. 高层建筑与高耸结构抗风计算及风振控制[M]. 北京：中国建材工业出版社，2003.
[23] 张建仁，刘扬，许福友，郝海霞. 结构可靠度理论及其在桥梁工程中的应用[M]. 北京：人民交通出版社，2003.
[24] 王有志，王广洋，任锋，王广月. 桥梁的可靠性评估与加固[M]. 北京：中国水利水电出版社，2002.

[25] 余建星,郭振邦,徐慧,黄衍顺.船舶与海洋结构物可靠性原理[M].天津:天津大学出版社,2001.

[26] 贡金鑫.工程结构可靠度计算方法[M].大连:大连理工大学出版社,2003.

[27] 武清玺.结构可靠性分析及随机有限元法[M].北京:机械工业出版社,2005.

[28] 沈蒲生.混凝土结构设计[M].北京:高等教育出版社,2003.